# 铁路（高铁）及城市轨道交通给排水工程设计

梁　政／编著

西南交通大学出版社

·成　都·

图书在版编目（CIP）数据

铁路（高铁）及城市轨道交通给排水工程设计 / 梁
政编著. —成都：西南交通大学出版社，2019.3
ISBN 978-7-5643-6806-7

Ⅰ. ①铁… Ⅱ. ①梁… Ⅲ. ①高速铁路 – 给排水系统
– 工程设计②城市铁路 – 给排水系统 – 工程设计 Ⅳ.
①U238②U239.5

中国版本图书馆 CIP 数据核字（2019）第 055890 号

Tielu (Gaotie) ji Chengshi Guidao Jiaotong Ji-Paishui Gongcheng Sheji

## 铁路（高铁）及城市轨道交通给排水工程设计

梁　政　编著

| | |
|---|---|
| 责 任 编 辑 | 杨　勇 |
| 封 面 设 计 | 何东琳设计工作室 |
| | 西南交通大学出版社 |
| 出 版 发 行 | （四川省成都市二环路北一段 111 号 |
| | 西南交通大学创新大厦 21 楼） |
| 发行部电话 | 028-87600564　028-87600533 |
| 邮 政 编 码 | 610031 |
| 网　　　址 | http://www.xnjdcbs.com |
| 印　　　刷 | 四川煤田地质制图印刷厂 |
| 成 品 尺 寸 | 185 mm × 260 mm |
| 印　　　张 | 21.25 |
| 字　　　数 | 452 千 |
| 版　　　次 | 2019 年 3 月第 1 版 |
| 印　　　次 | 2019 年 3 月第 1 次 |
| 书　　　号 | ISBN 978-7-5643-6806-7 |
| 定　　　价 | 98.00 元 |

# 前　言

　　铁路是国民经济的大动脉，是国家重要基础设施和大众交通工具，是综合交通运输体系骨干，是重要的民生工程和资源节约型、环境友好型运输方式，在我国经济社会发展中的地位至关重要。

　　中国瞄准世界先进水平，走出了一条有中国特色的铁路自主创新之路，在高速铁路、既有线提速、重载运输等许多领域取得一大批重大技术成果，形成了我国高速铁路设计、制造、施工、验收、运营全产业链的技术和标准体系。

　　铁路给水工程为旅客候车、旅行等运输服务提供安全优质的饮用水，为铁路办公、卫生清洁等提供充足的生活用水，为建筑及设备设施提供足量的消防用水，为铁路生产部门提供合格的生产用水。铁路排水工程消除降水、污水等危害，收集、输送、处理和处置生产、生活废水，改善和保护生态环境。总之，铁路给水排水工程对于提高旅客运输服务品质，提升铁路职工办公生活条件，确保生产设施正常运转，保障交通大动脉安全畅通具有重要的意义。

　　本书是一本以设计实践为主题的专著，主要阐述了国内铁路（高铁）及轨道交通工程站、段、所、工区、工点等给排水勘察与设计的主要内容。本书对通用的给水排水设计只做简单介绍，重点分析研究铁路、高铁及城市轨道中具有行业特点及近年来伴随高铁建设而产生的一些新的设计内容和方法，比如客车上水自动化、动车组卸污、高速铁路隧道消防及机务段、车辆段生产污水处理、车站低影响开发（衔接海绵城市规划）设计等。

　　本书主要适用对象为从事铁路及轨道交通工程的设计人员或相关大中专院校师生。

　　感谢华东交通大学胡锋平教授的指点和审稿，为本书的知识体系完善起到了画龙点睛的作用。

　　由于时间仓促，以及本人学识的欠缺，书中难免存在不足之处，期望各位学者、专家、读者给予批评指正，以便日后再版时予以修订。

梁　政

2018 年 10 月

# 目　录

# 第一章 绪 论

## 第一节 铁路给排水发展概况

铁路给水工程的功能主要是满足不间断地供给旅客列车、牲畜车、鱼苗车等运输用水，供给机车车辆检修维护（洗刷）生产用水，以及供给铁路沿线站段工区办公、生活用水，以及消防、绿化用水等。给水工程主要内容包括水源工程、贮配水构筑物、给水机械、水质处理、消防系统等。

铁路排水工程的功能主要是消除降水、污水等危害，改善和保护车站环境。排水工程主要内容主要包括卫生器具、排水管网及构筑物、污水处理设备（排放或回用）、排水机械等。

### 一、给水工程

#### （一）专业技术沿革

我国铁路自第一条标准轨货运铁路唐胥铁路自主建设成功，自制了第一台"中国之飞箭"蒸汽机车开始，就出现了为蒸汽机车上水的工作，但直至中华人民共和国成立前，没有专业的给排水设计技术人员。1953 年，原铁道部设计总局各设计分局成立后相继成立给水科。60 多年来，随着勘测设计任务的增长，给排水专业经历了从无到有，从小到大的发展过程。

#### 1. 给水站

给水站多年以来根据铁路运输生产力布局的调整以及牵引类型、机车交路及其他技术标准的变化，铁路给水站的分布也相应发生了较大的变化。

清末时期在蒸汽机车机务段、折返段所在地设给水站。

民国政府时期除蒸汽机车机务段、折返段所在地外，增设蒸汽机车上、下行给水站。

新中国成立初期（1949—1969）除蒸汽机车机务段、折返段所在地，蒸汽机车上、下行给水站外，又增设旅客列车上水站和牲畜车、鱼苗车上水站。1960 年以后又增设有软水设备的给水站和用水量大于 150 m³（不含消防用水）的县城所在车站为给水站。1970 年以后大功率蒸汽机车时期，增加了蒸汽机车上、下行补助给水站。1988 年铁路全面停产干线蒸汽机车。

1990 年以后，铁路干线牵引机车逐渐采用内燃、电力机车后，客车上水得到快速发展，设旅客列车上水站；区段站、枢纽客站所在地为给水站，机务折返段所在地（有软水设备）为给水站；工业站、港湾站所在地车站为给水站和用水量大于 300 m³/d（不含消防用水）的县城所在地车站为给水站。2004 年年底，无论是国铁，还是企业自营铁路，蒸汽机车全部淘汰，至此蒸汽机车上水全部停止。

2007 年以后设动车段（所）所在车站为给水站；集装箱中心站为给水站；2016 年后物流中心站为给水站。

铁路用水分为固定用水方式和移动用水方式。固定用水方式：比如站段、场站、工区、工点等办公、生产、生活、消防等用水。移动用水方式：主要是指客车上餐车、茶炉、卫生间、盥洗间用水，需要在始发、终到、中途车站或客车段、动车段、动车所等地点向客车水箱提前注入符合《生活饮用水水质标准》GB5749 的清水。

客车上用水地点主要为：茶炉、餐车、盥洗间、卫生间。客车上常见的用水地点如图 1-1。

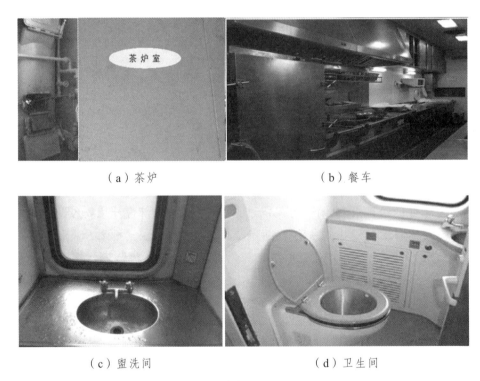

（a）茶炉 　　　　　　　　　　　（b）餐车

（c）盥洗间 　　　　　　　　　　（d）卫生间

图 1-1　客车上用水地点

## 2. 给水水源

铁路用水点多而分散，且对有行车生产作业站段，要求不间断供水。水源普遍采用城镇自来水，并根据其水质、水量、水压和供水保证程度设计加压、储水和水处理设施。当无地方水源或水源不足时则自建水源。1950—1960 年，多以大口井，渗渠等取水方式为主；1960年后，铁路自建水源多以深井为主。水源勘探开始时仅凭调查就盲目打井，50年代后期采用物理勘探方法，查清水源地的水文地质条件。在西北地区因干旱少雨，地表水稀少，多设计管井或水平集水管取水。1970年，在沟海线新开站，设计了深度达1000余米的两口深井，井径为250 mm，采用无缝钢管作井壁管。在困难地区水源设计中，在山区利用越岭隧道两端基岩开挖涌出的地下水，引至用水的车站及工区，解决供水问题。随着城镇自来水普及率不断提高，新建铁路车站水源接引自来水的条件越来越好。现在铁路车站水源已优先采用城镇自来水。

**3．给水排水构筑物**

20世纪50、60年代，给水水塔采用英兹式钢筋混凝土结构和砖石结构。1965年至1967年，在通让线设计并建成钢丝网水泥水箱构架式水塔、钢水箱构架式水塔。

20世纪70年代初，国内开始出现倒锥壳钢筋混凝土水塔。1987年，为位于八度地震区、Ⅲ类场地的天津站设计500 m³×34 m钢筋混凝土倒锥壳水塔，这在当时是铁路系统最大最高的倒锥壳水塔，全部结构设计计算基本上采用计算机完成。

20世纪90年代初，球型钢壳水塔开始应用，首次在京九线设计50 m³×20 m球型钢壳体保温水塔。2002年秦沈线葫芦岛站配合周边景观及规划条件设计了150 m³×28 m钢结构不锈钢椭球水箱水塔。

**4．水质处理**

1）水质净化

铁路初期基本没有进行水质净化，均选择地下水、较清澈的地表水直接取用，民国政府时期，对地表水开始进行沉淀处理，使水的浑浊度有所降低。

1949年后，铁路中心站区开始对地表水进行沉淀、过滤处理。

1960年后，对含有一些特殊的有害物质的地下水，例如：除铁、除锰、除氟等水处理工艺相继采用，曝气池、锰砂过滤池是最常见的工艺设备。由于对水质的要求日益提高，对采用地表水的给水所增净化工艺，设计中多采用澄清池净化。

1980年后，铁路沿线小站多采用集混凝、过滤于一体化的净水器完成水处理任务。

1990年后，针对一些铁路地区的水源受到污染，水质变坏，将生产、生活用水分开供应，不少站区通过反渗透生产生活饮用水；通过在常规净化工艺的基础上，因地制宜地采用气浮池、臭氧氧化、活性炭过滤等工艺处理生产用水，收到了较好的效果。

2003年11月26日，原铁道部发布"铁办〔2003〕117号"《关于推进铁路主辅分离辅业改制和做好再就业工作的指导意见》，铁路从此不再新建自来水厂。

2）水质消毒

铁路初期的给水一般不进行消毒。民国政府初期至1949年，对采用地表水水源的铁路中心站区用水采用漂白粉消毒。

1960年后，对采用地表水水源且有液氯来源的区段站开始采用液氯消毒。1970年后，所有的给水站用水均进行消毒处理设计，对采用地表水水源且有液氯来源的中心站区用水采用液氯消毒，其他给水站用水均采用漂白粉消毒。黄河以北采用地下水水源的给水站冬季用水不进行消毒。

1990 年后，以化学法或电解食盐工艺的二氧化氯发生器开始在一些铁路中心站小规模使用。2000 年后，随着制取二氧化氯技术的成熟，二氧化氯消毒开始在铁路中小车站广泛使用。

3）地下水除铁、除锰

20 世纪五六十年代，地下水除铁、除锰设计多采用曝气、反应、沉淀和石英砂过滤除铁工艺。70 年代初，在援坦赞铁路工程设计中，采用天然锰砂直接过滤。80 年代以来，国内除铁除锰技术有较大的突破，采用二次跌水曝气、重力无阀滤池锰砂过滤，滤后水又采用次氯酸钠装置消毒。90 年代，在滨洲线设计中，针对海拉尔站水源铁锰共存，采用跌水曝气→无阀滤池→表面曝气→天然锰砂滤池，滤后水亦采用次氯酸钠发生器装置，进行消毒处理，确保了生活用水水质。对其他日用水量大于等于 50 m³ 的中小站，则采用射流曝气→压力滤器（天然锰砂）成套设备。除铁除锰滤罐如图 1-2。

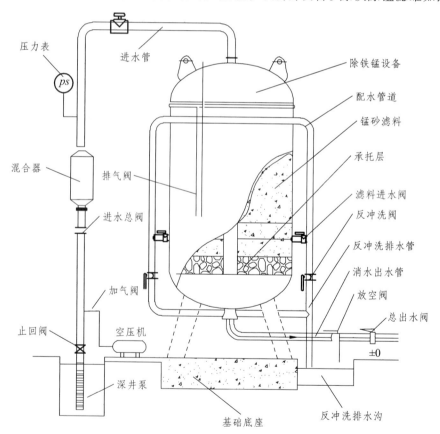

图 1-2 除铁除锰滤罐及流程示意图

4）降 氟

铁路给水除个别大站设有降氟设备外，大量中小站多未考虑降氟设备。20 世纪 70 年代初，在京通线设计中采用化学沉淀法，投加碱性氯化铝简易降氟措施。1982 年饮用水设计采用了活性氯化铝吸附过滤工艺降氟设备。90 年代初，京九线设计采用骨炭吸附过滤法降氟设备。如图 1-3 所示。

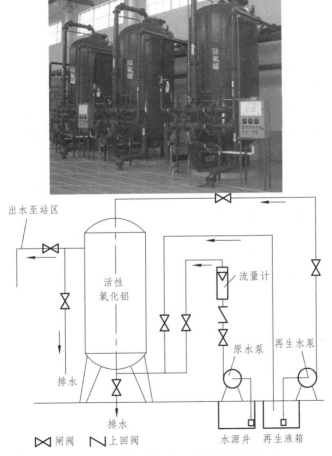

图 1-3 除氟设备及工艺流程示意图

5）水质软化与除盐

20 世纪 50 年代，蒸汽机车锅炉用水，主要采用炉内处理，即向机车水箱投加泥垢调节剂和化学消泡剂，定期放水排污。50 年代末期，随着大蒸汽量新型机车投入使用，对给水水质要求提高，开展炉外水处理，有重点地进行炉外水质软化的科研与设计工作。本着"炉内炉外相结合，重点改善不良水质"的方针，设计采用固定床顺流再生设备。除固定床外，还采用了国内先进技术——连续式移动床和流动床两种形式。

**5. 给水设施**

1）长距离输水管道

20 世纪 90 年代初，兰新复线铁路途经河西走廊和沙漠地区，为解决沿线铁路站区的用水困难，设计选择了疏勒河、了墩、鄯善、后沟四处水源，铺设了 660 km 长距离输水管道。

集二铁路地处缺水地区，在赛汉塔拉扩建水源，通过长距离输水管道将水送至二连及沿线站区。长距离输水管道的贯通使用，不但满足了沿线运输、生产和职工家庭的用水需要，而且还满足了绿化治理风沙的需求。

2）扬水设备

扬水设备经历了锅炉、往复泵—内燃泵—电动扬水机组三个阶段。锅炉、往复泵在 1960 年以前在全路为主用扬水机组。内燃泵在 1960—1990 年间使用较多。在无电站，内燃泵是主用机组。电动扬水机组的使用与车站站区的电力设施投入的时间同步。1960 年以后电动扬水机组增速加快，逐渐成为全路的主用扬水机组。随着车站供电条件的改善，1990 年以后，电动扬水机组已成为铁路唯一的扬水机组。

3）输水管网

铁路初期，水源至蒸汽机车上水点铺设一条单管输水管道，向水塔或水箱扬水，水塔或水箱则通过枝状管网向各用水地点输水。

1949 年后，为提高供水的可靠性，在蒸汽机车机务段所在地给水站和枢纽站，对蒸汽机车上水和客车上水采用环状管网供水。

1960 年后，在铁路运输的区段站，从水源向水塔铺设两条扬水管道向水塔扬水，由水塔则通过多环管网和配套枝状管网向各用水地点输水。

1949 年前，输水管道从地下穿越铁路股道多采用直埋方式。1949 年后，设计中输水管道从地下穿越铁路股道有不少采用套管方式。1980 年后输水管道从地下穿越铁路股道多采用涵管方式。涵洞的净高在 2 m 以上。涵洞一般为圆形。将输水管道铺设在铁路股道下的涵洞里，方便抢修和巡检作业。

4）给水管材

铁路初期的给水管材：直径 100 mm 及以上的输水管道采用普通铸铁管，直径

75 mm 及以下的输水管道采用普通碳素钢管,俗称"黑铁管"。1949 年后,DN100 mm 及以上的输水管道采用普通铸铁管,DN75 mm 及以下的输水管道采用铸铁管或镀锌铁管。1970 年后,铸铁管很少供应,不少工程采用钢筋混凝土管材。1990 年后,球墨铸铁管在铁路重点水源工程获得较多使用。2000 年后,陆续引进了新型管材生产线越来越多,尤其非金属管材居多。目前,铁路广泛采用的管材主要有 PE 管、球墨铸铁管、钢塑及铝塑管材、钢骨架聚乙烯塑料复合管等。

5)机车上水设备

蒸汽机车上水的设备由最初水亭、弯臂木水塔逐步演变为水鹤。水亭、弯臂木水塔不能跨越股道加水。1940 年,接管 DN150 mm 的水鹤是最早使用的水鹤。

1960 年以后,为缩短蒸汽机车上水时间,水鹤接管直径由 150 mm 型扩大为 200 mm。1980 年以后,为达到保证 4 m³/min 吐水量,DN250 mm 水鹤问世。

1971 年以前水鹤开关全部是手动闸阀。1971 年水力开关水鹤问世。至 1988 年年底,全路的水鹤开关都改为水力开关。

6)客车上水设备

清末时期铁路沿途车站没有客车上水设备。民国政府时期,旅客列车除在车库加水外,沿途只有餐车及其相邻的卧铺车厢在区段站上水。

中华人民共和国成立后,给水车站股道间每隔 50 m 左右设置一座客车上水栓井,一井一栓。车站加水主要是餐车及其相邻的卧铺车厢。

1980 年后,给水车站股道间每隔 25 m 左右设置一座客车上水栓井、一井一栓或一井双栓,对旅客列车全部车厢上水。

高速铁路给水车站给水栓按一井一栓设置;给水栓栓室距离为 20~25 m;采用上水软管自动回卷装置,寒冷地区设防冻设施。

动车组列车安排在客车库满水,在动车段(所)的车站设给水设备。客车上水如图 1-4 所示。

7)消防给水设备

铁路初期只在车站货场布设室外消火栓。

1949 年后,铁路开始设计在特等、一等客运站的一站台设置 2~3 组室外消火栓。车站站房、货仓仓库及一些办公综合楼内设置室内消火栓,行包房、售票厅票据室等设自动喷淋系统。

1980 年以后,内燃机务段、机务折返段油库设置低倍数泡沫消防设施。2000 年以后,随着铁路提速及高速铁路的建设,消防标准逐步提高,对各型车站站台、油品换装线及长度大于 5 km 客货共线铁路隧道进出口布置消防水池、消火栓及配备消防器具。

近年来随着高铁网络的不断扩大,开始研究高速铁路、客运专线 10 km、20 km 以上长隧道、隧道群内紧急疏散通道、消防救援站等消防设施的配置。

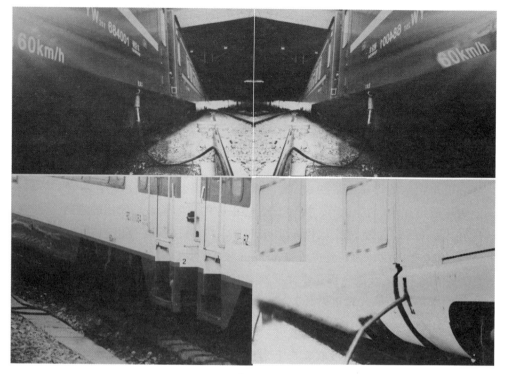

图 1-4    客车上水作业

8）集中监控设备

在 1970 年前后，利用水塔水柜的上下水位临界点作为控制自动开关水泵的技术条件，这是最早的给水自动控制装置。将水塔水柜的上下水位临界点的水压值信号通过管道传到给水所值班室，用以控制水泵的开关，实现了水压自动控制。1978 年后，铁路供水系统通过建立有线或无线远程控制平台进行有线、无线远程自动控制。

1995 年后，由于在线监测设备的日益成熟和计算机网络技术的普及使用，最初给水自动化的控制中心采用水压自动控制模式，采用有线、无线远程自动控制模式，控制中心设在给水站的中心给水所铁路车站给水集中监控系统通过网络实现其部分或全部的监控功能。

集中监控后可以把车站供水系统生产过程全部纳入集中监控设备的网络监控中，实现无人值守；通过监控设备网络对各个生产工序参数的变化实现全天候监控。

## 二、排水工程

铁路排水工程是伴随铁路完善建筑卫生系统、生产污（废水）收集治理，环境保护的要求而发展起来的，早期作为建筑给水系统的出口，仅收集使用后产生的生活污水就近排放至车站附近的河流、湖泊、洼地、农田等。铁路站段排放的污水长期以来一直采用直排方式。20 世纪 50 年代粪便污水采用化粪池简单处理后直接就近排放。60

年代生产污水采用隔油、沉淀等简单处理，80 年代以后，开始依据其污染源的特性采用相应治理工艺处理，好氧生物处理方法开始在铁路排水工程设计中使用。在站段（车间）和车站总排放口设置废水处理装置，其出水水质达到国家和地方污水排放标准。90 年代以后，随着铁路建设项目环境影响评价工作的开展，污水处理要满足排放水体环境质量标准、环境影响评价中污水排放总量指标等相关规定才允许排放。

## （一）污水管网

铁路站段、工区每天都排出生活污水、生产污水，如不及时收集处理，必然污染环境，影响正常的生产生活条件。近年来，国家对环境保护事业越来越重视，环境标准愈加严格，因此铁路站段等场所污水排放必须达到相应的环境标准。

污水管是排放输送污水的管网，室外污水管网主要由污水管道及检查井、跌水井、污水处理构筑物、泵站等组成。污水管网的任务是将车站建筑物内的卫生器具或生产构筑物、设备排放的污（废）水，迅速输送排至污水处理构筑物处理后再予以排放。

污水管道的渗漏将造成环境污染，危害公共安全和公共利益，尤其是在地下水位较高、地下水渗透性强的地区，铁路应注意污水管网的设计、施工质量，防止污水渗入地下水中造成地下水、土壤环境污染。

## （二）雨水管网

降水即大气降水，包括液态降水（雨）和固态降水（雪），通常主要指降雨。降落的雨水一般比较清洁，但初期降雨的雨水径流会携带大气中、地面和屋面上的各种污染物质，污染程度相对严重，应予以控制。由于降雨时间集中，径流量大，特别是暴雨，若不及时排泄，会造成灾害。为消除降水对铁路生产、生活设施的危害，对于降水要及时有效地排除。另外，车站冲洗道路和消防用水等，由于其性质和雨水相似，也并入雨水。通常雨水不需处理，可直接就近排入附近沟渠、水体。

车站一般由车场（由正线、站线、段管线、岔线、特别用途线组成）和车站生产办公、辅助生活建筑区构成，车场（股道间）的雨水排除一般由站场专业考虑设置站场排水设备，生产办公建筑区的雨水一般由给排水专业采用管道收集排除。

站场排水设备主要由纵向排水设备和横向排水设备组成。明的雨水排水设备（明渠），暗的雨水排水设备（暗渠）。

### 1. 纵向排水设备

与线路中心线平行，汇集线路间的积水。

纵向排水设备布置：设置在大量雨水汇集产生积水、废水、渗漏水的地方，横坡最低处。

### 2. 横向排水设备

与线路中心线垂直，把纵向沟内汇集的雨水排至站外合适的场所。

横向排水设备布置：首先考虑利用站内既有的过水桥涵，设置在路基较稳定处或填方较低处。横向排水设备所连接的纵向排水设备长度一般不超过 300 m。

排水设备的坡度：纵向不小于 2‰，且由上游到下游坡度逐渐加大（防止泥沙沉积），但单站不超过 1.5‰。

集水井或检查井设备：纵横交汇处，拐弯处，标高变化处，减少冲刷对沟渠的破坏。检查井的间距为每个 3 ~ 6 条线设置，间距不大于 40 m。

站场排水设备的布置如图 1-5 和图 1-6。

一般站场的径流顺序为路基雨水（站台雨水）→纵向排水设备→横向排水设备→站场排水回流管网→排水出口。车站建筑区雨水管网的设计应与站场排水设备布置及排水出路相结合。管网布置对站场排水设备末端埋深有较大的影响，应遵循路径短，埋深小的原则。

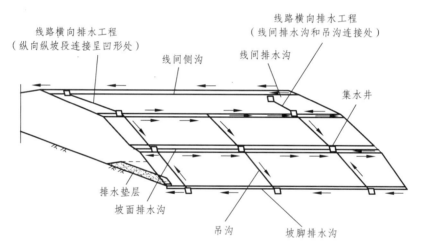

图 1-5　站场排水设备布置图

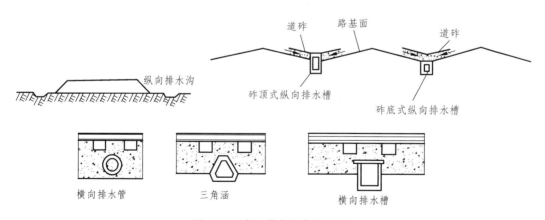

图 1-6　站场排水设备剖面图

（三）污水处理

由于铁路点多线长的行业特点，普速铁路沿线中小车站大都远离城市、在相对偏僻的地域，其排水系统通常不在城市市政管网覆盖的范围以内，铁路站段分布形式的特殊性，使得绝大多数情况下，只有采用自行处理的方式。铁路沿线站区污水具有下列特点：

（1）污水主要以生活污水为主，污水排水量很不均衡、污染源分散。

（2）污水量小，沿线小站污水水量一般都低于 $100 \ m^3/d$。

（3）生活污水水质优于一般市政污水，一般为：$COD_{cr}$ 50～220 mg/L，$NH_3$-N 10～50 mg/L，SS 50～200 mg/L，石油类 5～20 mg/L，动植物油类 5～30 mg/L，pH 值呈中性。

（4）一天之内水量、水质出现了两个高峰期，11:00～14:00 和 17:00 左右，其余各时段变化不是很大。这两个时间段一般 $COD_{cr}$ 在 100～220 mg/L，氨氮在 30～50 mg/L，SS 在 90～200 mg/L；其水量大小主要受站区工作人员数量和车站规模的影响，工作人员数量和车站规模相对较大的站段水量较大。

（5）铁路生产部门，污水性质比较复杂，污水中污染物质浓度和种类与生产工艺息息相关。例如货洗所、集装箱中心站生产过程中可能会排放运输危险品清洗车辆（集装箱）产生的含危险品物质的污水；铁路机务段、车辆段、动车段（所）因为生产工艺的原因，会排放含油污水。需要根据实际情况具体分析。

相对地方市政污水，铁路大部分站点生活污水水量较小，排水点多分散；污水处理设施多以小型、紧凑、自动化、一体化的处理设备为主。污水处理应采用工艺简单、少维护、节能效率高，处理效果好的设计方案。

（四）列车真空集便卸污污水

旅客列车始发终到立折的车站、客车车辆段、客车整备所、动车段、动车运用所根据运输组织，会排放列车真空集便器卸污污水，铁路客车集便污水属于高氮高浓度粪便污水。列车真空集便卸污如图 1-7。

图 1-7　列车真空卸污设施

## 第二节　铁路给排水维护管理机构

各铁路企业单位，给水排水设施、设备管理机构和模式不尽相同。但大部分铁路供水设施、设备及系统的维护管理一般由供电段下设给水车间负责。排（雨污）水设施、设备及系统一般由建筑段负责维护管理和更新改造。

随着铁路技术设备的升级换代，改革发展的不断深化，铁路给水排水工程维护管理的内容也在不断调整。

国办发〔2016〕45号《国务院办公厅转发国务院国资委、财政部关于国有企业职工家属区"三供一业"分离移交工作指导意见的通知》，总体要求2016年开始，在全国全面推进国有企业（含中央企业和地方国有企业）职工家属区"三供一业"分离移交工作，对相关设备设施进行必要的维修改造，达到城市基础设施的平均水平，分户设表、按户收费，交由专业化企业或机构实行社会化管理，2018年年底前基本完成。2019年起国有企业不再以任何方式为职工家属区"三供一业"承担相关费用。"三供一业"分离移交具体内容是指职工生活区的供水、供电、供热（或供气）分离移交给供水、供电、供热（或供气）单位管理，物业管理分离移交给所属地市县区政府，实行社会化管理。

"三供一业"对铁路行业的影响：很多铁路单位自备水厂和用户正在移交或者已移交地方完毕。

随着铁路运输动力换型，主辅分离、"三供一业"分离改革，铁路给水由过去的"生产保障型"转变成今天的"办公服务型"和"经营管理型"专业。面对这种形势，铁路给水设计就必须树立新的设计理念，适应铁路"提质增效、高可靠、少维修"的形势，认真总结设计、施工经验，在提高供水可靠性，减少保养维修、运管费用，节约人力资源上下功夫。以创新的精神做好设计，服务于铁路生产大局。

虽然铁路给排水管理维护模式需要创新，但是铁路给排水工作依然重要。首先供水工作的技术标准部分是强制性标准，直接涉及用户健康和人身、财产的安全。例如国家标准《生活饮用水卫生标准》GB5749、《二次供水设施卫生规范》GB 17051、《建筑防火设计规范》GB 50016等。推荐性标准《室外给水设计规范》GB50013、《建筑给水排水设计规范》GB50015等其中也有不少强制性条文。

行业标准《铁路工程设计防火规范》TB10063，《铁路给水排水设计规范》TB10010对供水设施、设备的标准也有明确的技术要求。客车上水、卸污是旅客列车运用中不可或缺的环节，是列车环境卫生、服务品质的基本保障。

再者随着高铁、城际铁路大型站房、长大隧道（群）的不断增加，消防供水的重要性不言而喻，消防设施检测、维护的专业性、技术性要求不断提高，相信铁路供水事业还会继续发展。

　　另外路外单位进入铁路车站、用地防护栅栏内部维护、检修供水设备设施，尤其在车站股道间、区间隧道内作业需要熟悉铁路安全管理制度以及相关的设备设施技术标准，否则存在较大的安全隐患。因此将铁路供水部门完全社会化管理还需要妥善研究。

　　新时代"加大自然生态系统和环境保护力度，大力推进生态文明建设"，铁路排水工作还应按照要求不断加强，研究经济适用的污水处理设备、设施，强化维护管理，保证污水排放水质的稳定达标。

# 第二章　铁路给水排水勘察

为规范铁路给排水专业勘测工作，提高勘测质量，一般铁路设计单位都制定给排水勘测企业标准。

铁路给排水勘察术语：

（1）初测 Preliminary survey

对应于项目可行性研究阶段，编制专业文件所需要的现场调查、勘察、协议（意向）签订、完成相关联系的任务以及内业整理资料等工作的总称。

（2）定测 Location survey

对应于项目初步设计阶段，编制专业设计文件所需要的现场调查、勘察、测绘、协议（意向）补充签订以及内业整理资料等工作的总称。

（3）补充定测 Final-location survey

对应于项目施工图阶段，编制专业设计文件所需要补充完善的个别工点勘察、测绘资料以及内业整理资料等工作的总称。

## 第一节　铁路给排水勘察总体要求

进行勘测工作前，应明确勘测任务和要求。充分收集和研究现有资料，制定勘测计划，并加强和有关工种的协作配合，以保证工作的顺利进展。

勘测工作应积极采用新设备、新技术和新方法以提高勘测资料的质量。

在选择水源方案时，应协调好与农业、工业、城镇和水利等部门的用水关系。管路定线及给排水构筑物建设场地的选择，应节约集约利用土地，切实保护耕地，并尽量做到"少占农田、不占良田"。铁路各厂、段、站、所生产废水和生活污水（泥）处理及排放方案的选择，必须贯彻执行国家《中华人民共和国环境保护法》《中华人民共和国水资源保护法》《建设项目环境保护设计规定》的要求，并应符合国家和地方其他现行的有关法律法规及规定。

勘测中应遵循有关给水排水设计方面的技术规定：《生活饮用水卫生标准》GB5749以及《污水综合排放标准》GB8978、《农田灌溉水质标准》GB 5084等污染物排放标准，并按国家和有关部委和地方政府颁发的法规和现行标准执行。

对位于多年冻土、软土、膨胀土、盐渍土、湿陷性黄土及高地震等地区，需要特别设计的工程，其勘测内容与资料要求，还应按相关的规范、规程增加相应的勘测内容。

管线测量前，应收集测区线路、桥梁等站前专业已有控制和地形资料，对缺少控制点和地形图的测区，基本控制网的建立和地形图的施测，以及对已有控制和地形图的检测和修测，均应按现行的行业标准《铁路工程测量规范》TB10101 和《城市测量规范》CJJ8 的有关规定执行。

既有地下管线的平面位置测定宜采用解析法或数字测绘法进行，推荐采用数字测绘法进行。地下管线控制点的高程测量宜采用水准测量。

勘测的内业工作，要及时做好外业资料的计算、复核、检查和整理。根据已搜集的资料及有关方面意见，做好方案的研究和比选、提出合理的比选意见和有关资料。

对各种测量仪器、工具均应定期进行检查校验，在校验合格证的有限期内使用，并应按有关规定建立相关的安全保管、使用制度，做好经常的保养和维护工作。

勘测中应加强协议（意向）等的签订工作，协议（意向）的签订内容要具体、翔实、明确、严谨。经常与铁路相关单位的联系沟通，必要时形成会议纪要，以构建完善的外部接口条件。

桥隧守护、长大隧道进出口消防点、沿线高铁警务区的工作参照生活供水站（点）的勘测方法执行。

勘测工作必须认真贯彻"安全生产"的方针，并应结合勘测地点的自然环境和工作特点，制定安全措施，尤其要注意野外高山河流、既有车站、交通干道等地点的安全防护工作，确保勘测人员人身和财产的安全。

## 第二节　新建铁路给排水勘察

新建（改建）铁路及独立枢纽（单独立项或单独编制文件）等建设项目的给排水勘测，一般按初测、定测及补充定测三个阶段进行。当编制《预可行性研究》文件，需提供全线（段）水源情况和投资预估算，用搜集既有资料的办法不能满足要求时，可增加"踏勘、调查"工作阶段。

（一）踏勘与调查

现场踏勘、调查工作是为编制《预可行性研究》文件提供基础资料。经过本阶段工作，应提出线路方案可能经过地段的水源概况及本线给排水设计方案的初步意见，满足本专业编写《预可行性研究》文件，编制本专业投资预估算的要求。

工作进行前，应搜集该线（段）的线路方案示意图及技术标准。根据收集到的资料和任务要求拟定工作计划。

新建铁路本阶段工作，应与线路、站场、地质等有关专业配合采用现场调查的办法进行。现场踏（探）勘，应沿线路可能经过的重点地区（可能设置给水站或区段站等大站的地区）进行。踏勘范围，视具体情况决定。应调查接引沿线城镇自来水或由其他工矿、企（事）业单位水源的可能性，了解区域内地下水和地表水作为供水水源的可能性。调查利用城镇或其他单位排水系统排水的可能性以及区域内的河流分布、水体环境功能类别和当地水利、环保等部门对水资源开采和对污水处理及排放的要求等。

在充分研究分析收集到的资料和踏勘、调查结果的基础上编写"踏勘、调查报告"，主要说明各站水源、输配水和排水初拟方案。

（二）初　测

初测是为编制《可行性研究》文件提供基础资料。初测工作应能满足初步确定给水站的给排水方案和拟定生活供水站（点）的给排水方案，并能提出主要工程数量和工程投资估算的要求。

对给水站进一步作水源调查，必要时进行勘探试验等工作，初步查明各类水源的特征和各项技术数据，进行水源方案比选，提出经济合理的供水水源方案（含水质处理意见）。

对生活供水站（点）开展资料收集和水源调查工作，必要时进行有代表性的勘探试验，提出水源方案的初步意见。新建车站，有条件应尽量采用当地城镇或工矿、企（事）业单位的自来水供水，当经济、技术条件不允许时，自建地下水源。

合理选择各站污水排出方案。根据车站周围地形尽量采用重力自流排水方案，就近排入附近农渠、排洪沟。具备条件的新建车站，站区污水应尽量排入当地城镇市政污水管道。

当工程较复杂，收集到的资料不能满足文件编制要求时，应进行必要的测量工作。

按应交资料汇总表提交各项勘测资料以满足编制《可行性研究》文件的需要。

1. 初测准备工作

初测前，应熟悉、搜集、准备下列资料：
（1）在"踏勘、调查"阶段已收集的资料和"踏勘、调查"报告。
（2）线路方案平面图、给水站及生活供水站（点）的位置。
（3）认真研究"初测任务书（技术要求）"，拟定工作计划。

2. 水源调查与选择

水源调查应以解决水源方案比选为重点，应充分收集和研究已有的资料。对生活供水站（点）作一般调查，对给水站、区段站等大站作重点调查。

地下水源调查，按《铁路工程水文地质勘察规程》TB10049办理。地表水源调查，应按附录四"地表水调查表"逐项进行。当设计所需的洪、枯水位推算有困难时，可请有关专业协助解决。

选择水源，必须进行详细的调查研究和必要的勘探试验。

地下水和地表水取水构筑物位置及型式的选择，应遵循《铁路给水排水设计规范》

TB10010 和《室外给水设计规范》GB50013 有关规范办理。

选定水源位置和卫生防护设施时，应与有关部门联系并取得书面意见（意向书、审批文件或会议纪要）。

凡拟采用由城镇、工矿企（事）业等单位供水方案时，应与上述单位协商，并签订供水意向。意向书应包括下列主要内容：

（1）供水单位的有关意见。

（2）供水方式。

（3）供水量、水压、水质和供水秒流量。

（4）接管点位置、管径、埋深。

（5）供水单位的有关意见。

（6）参考水价。

（7）有关工程投资划分、维修及产权等问题。

有关水价、工程投资划分、维修及产权等问题，可以留待建设单位与供水单位签订正式合同。

如供水单位提出接管（增容）费时，应该要求其出示政府及相关物价部门出具的有关收费文件。

距离城区较近的车站，需联系当地的规划、市政管理部门，了解车站在城市规划中相关情况，以及车站对外道路的给水、污（雨）水道路的规划及建设计划。必要时请相关部门签收工作联系单，详见附件五。

初步调查与建设项目相关的站场、枢纽范围内的给排水管道。新建铁路区间的各种给排水管道要求测绘专业负责初步的测量、调绘。其隐蔽工程由物探专业配合测绘专业调查、测绘。

## 3．排水调查

凡有污（废）水排出的车站均应进行排水调查工作。

污（废）水排出口位置的选择，应结合地形、地质、污水性质、处理情况等因素考虑。当污水排出口距离水体较近时，应查明水体环境功能分类，并与环保专业沟通确定污水处理后排放标准。

应将拟定的处理方案及排放方案（含排出口位置）报当地环保部门或有关单位，征询其意见并争取取得书面协议或审批意见。

当污（废）水排入城镇或工矿企业排水系统时，应与相关的单位签订排水协议（或纪要）协议书应包括下列主要内容：

（1）接管点的位置、管径及管底高程。

（2）对排入污水的要求。

（3）有关工程投资的划分、产权划分、维修管理分工等问题。

### 4. 工程地质及其他项目调查

应对拟建场地的稳定性和适宜性做出评价，并符合下列要求：

在充分收集和分析既有资料的基础上，通过踏勘了解场地的地层、岩性、不良地质作用和地下水等工程地质条件。为工程措施、投资估算取得所需资料。

对站场内管路和给排水构筑物的工程地质条件的了解应充分利用线路、站场、房建等专业所取得的地质资料。对站场范围以外的管路和构筑物应进行一般的工程地质调查。

对特殊地质地段（湿陷性黄土、盐渍土、膨胀土、软土、冻土等），应进行较深入的调查并提出工程措施的初步意见。

站场图范围以外的管路及给排水构筑物处，应进行用地分类数量调查，提出给水排水用地概数汇总表。详见附录五。

### 5. 导线测量

管路导线应与线路导线发生关系，其坐标和高程系统应和线路采用一致。导线基点宜选在稳固、易于保存并便于测距和测绘地形处。

在地形图上测设管路导线时，为提高工作效率及精度，最好采用全站仪测量。首先设置棱镜常数，大气改正值或气温、气压值，量仪器高、棱镜高并输入全站仪，采用精测模式。存贮好所测的转点坐标，在转点上安置好仪器后，调出存贮数据，后视前一测点，仪器能准确获得水平盘读数，并对下一点进行坐标自动计算、存储。

两导线点间距离不宜长于 400 m 和短于 50 m，导线长度取往返平均值至整米。管路导线桩应钉设方桩并设标志板桩。桩号应分别冠以汉语拼音字母的字头以资区别。例如："$G_1C_4$"表示给水管路初测第一导线第四个导线桩；"$P_1C_2$"表示排水管路初测第一导线第二个导线桩等。取水地点的导线桩，应用混凝土连续加固 3 个并刻出桩号。

测设地形导线（或管路导线兼作地形导线）时，在全站仪坐标测量模式下观测导线点，利用仪器的计算功能直接获得三维坐标（$x$, $y$, $z$），以此获得各个导线点的坐标。然后再切换到距离、角度测量模式测得距离 $D$、水平角 $\alpha$、高差 $h$，以备后用检核。并且记入记录簿。

采用用全站仪时，无论是管路导线或地形导线的水平角、距离及高程，均可进行一次测量。

导线测量精度要求见表 2-1。

表 2-1　导线测量限差表

| | 闭 合 导 线 | |
|---|---|---|
| 水平角 | 全站仪测角 | ±2″ |
| | 光电测距仪 | ±30″ |
| 长　　度 | 全站仪测距 | 1/6 000 |
| | 光电测距仪 | 1/2 000 |

注：表中 $N$ 为置镜点总数。

一、二、三级全站仪（光电测距）导线应符合表 2-2 的技术要求。

表 2-2　全站仪（光电测距）导线的主要技术要求

| 等级 | 附合导线长度<br>（km） | 平均边长<br>（m） | 每边测距<br>中误差（mm） | 测角中误差<br>（"） | 导线全长<br>相对闭合差 |
|------|----------|----------|----------|----------|----------|
| 一级 | 3.6 | 300 | ≤±15 | ≤±5 | ≤1/14 000 |
| 二级 | 2.4 | 200 | ≤±15 | ≤±8 | ≤1/10 000 |
| 三级 | 1.5 | 120 | ≤±15 | ≤±12 | ≤1/6 000 |

注：1. 一、二、三级导线的布设可根据管线性质、高级控制点的密度、管路的曲折、
地物的疏密等具体条件，选用两个级别。

2. 导线网中结点与高级点间或结点间的导线长度不应大于附合导线规定长度的
0.7 倍。

3. 当附合导线长度短于规定长度的 1/3 时，导线全长的绝对闭合差不应大于
13 cm；光电测距导线的总长和平均边长可放长至 1.5 倍，但其绝对闭合差不
应大于 26 cm。当附合导线的边数超过 12 条时，其测角精度应提高一个等级。

## 6. 高程测量

高程测量一般采用全站仪同时测量。无全站仪时，亦可用光电测距仪进行三角高
程测量。

测量范围：凡地形导线桩的桩顶、水源和排水口的各项水位、钻孔孔口等处都需
测量其高程。此外，当导水、排水高差很紧，能否自流导（排）水不易判定、以及长
距离输水需确定中继给水所位置或数量时，其控制点高程，必须准确测量。

采用的高程系统应与线路一致。水准基点应结合水源、排水口、贮配水设备、导
线转点等具体位置布设。一般 2 km 左右设置一个并以 SBM 表示。

水准基点的闭合差值应±20 mm。

## 7. 地形测绘

给水站给排水平面图测绘范围，应包括本站拟建的全部给排水构筑物以及输、配、
排水管路的位置。当管路及构筑物位置超出能搜集到的平面图时，应根据具体情况，
采取如下补测措施：

（1）超出不多时，利用原图补测加宽。若为带状地形，其宽度一般为管线两侧各
80～100 m。比例尺和测绘精度，应与原图一致。

（2）超出较多时，应补测 1∶2 000 或 1∶5 000 的带状地形，管线两侧各 200～300 m。

测量方法及要求：地形点的分布密度，要求能反映出地形、地物、地貌、耕地、
非耕地（绘出地表分界线）及勘探孔等真实情况。图上点间距离一般不大于 20 mm。

## 8. 断面及流量测量

当以地表水为水源时，选定的取水位置应测量取水断面 1～2 个。对于常规的河道
断面测量我们通常采用交会法、视距法以及斜距法等测量，水深测量方式主要是测深

杆法、超声波回声探测法等。复杂断面建议采用数字测深仪与 GPS-RTK 技术。所测断面应与导线发生关系并在平面图中标明其位置。

流量测量，一般采用浮标断面法或三角堰法。

1）浮标断面法

适用于水面宽度不大的小河沟，流量采用下式计算：

$$施测时流量\ Q=KVW（m^3/s）$$

$$枯水流量\ Q'=KVW'（m^3/s）$$

式中　$K$——浮标速度换算为全断面的平均速度的系数，按表 2-3 采用。

　　　$V$——浮标速度（几次速度的平均值）（m/s）；

　　　$W$——流水断面积的平均值（m²），一般测上、中、下三个断面，其平均值 $W=$（$W_上+2W_中+W_下$）/4；

　　　$W'$——枯水位时流水断面积的平均值（m²）；

$$R=\frac{w}{x}$$

　　　$R$，$R'$——施测时及枯水位时，河沟三个流水断面的水力半径平均值（m）；

　　　$X$——湿周，为过水断面上水流所湿润的边界长度。

表 2-3　浮标速度换算系数表

| 水力半径 R | K 值 | | 水力半径 R | K 值 | |
|---|---|---|---|---|---|
| | 普通土质河床 | 生草的或有石块的河床 | | 普通土质河床 | 生草的或有石块的河床 |
| 0.1 | 0.55 | 0.49 | 0.50 | 0.69 | 0.64 |
| 0.15 | 0.58 | 0.53 | 0.60 | 0.70 | 0.66 |
| 0.20 | 0.61 | 0.56 | 0.80 | 0.72 | 0.68 |
| 0.25 | 0.63 | 0.58 | 1.00 | 0.73 | 0.69 |
| 0.30 | 0.65 | 0.60 | 1.20 | 0.74 | 0.71 |
| 0.40 | 0.67 | 0.62 | 1.60 | 0.75 | 0.72 |

2）三角堰法

施测时流量 $Q$ 可直接从附录十二（三角堰流量表）中查得。表中 $H$ 为三角堰过堰水深（应在堰口上游 $3H$ 处测得）

枯水流量 $Q'$ 可按下式计算：

$$Q'=QW'/W$$

式中　$W$，$W'$——施测时及枯水位时河沟的流水面积（m²）；

　　　$R$，$R'$——施测时及枯水位时河沟流水断面的水力半径（m）。

### 9. 水样采集、保存及水质分析要求

水样的采集和保存应按《生活饮用水标准检验方法　水样的采集和保存》GB/T5750.2 办理。分析用的水样，须具有代表性。水样瓶应用具有磨口玻璃塞的细口瓶或聚乙烯塑料容器。水样瓶及瓶塞应于取样前洗刷干净，取样时再用所取水样冲洗2～3次。作细菌检验时，必须进行灭菌处理，应采用卫生部门经过严格消毒的专用容器并按有关规定取样、送样。

地表水水样的采集地点，应在拟定的取水口附近，距岸边1m以外的水面以下。

水样装瓶时，应稍留空隙，并随即加盖。以胶布粘好，再用蜡封瓶口，置于阴凉处。每瓶水样必须粘贴水样标签，其内容为：水样种类、水样编号（包括本水样共几瓶、第几瓶）、取样地点、取样时间、分析目的、送样者等。采集水样后，应尽快送检。运送途中应防止震荡、日晒、并应防寒。需要加入保存剂的水样应符合有关规定。

分析项目按现行的《生活饮用水卫生标准》GB5749 的要求办理。应充分利用可收集到的原水水质资料。

### 10. 生活供水站（点）勘测

凡符合《铁路给水排水设计规范》TB10010 规定设立的生活供水站（点），其供水方式，除采用城镇、企（事）业等单位供给的自来水和重力导水者外，均应考虑配备机械取水设备和配套的供水设施，水源以因地制宜解决为原则。

水源调查应以供水站（点）为中心由近向远进行。结合"踏勘、调查"阶段搜集的资料，进一步作详细的调查研究。经技术经济比较后，提出采用水源方案的初步意见。其调查方法，可参照给水站办理。当条件相近时，应优先采用城镇、企（事）业单位的自来水供水方案。自建水源时优先考虑地下水方案。

当生活供水站（点）水源在近距离内无法解决时，应扩大范围，必要时可结合邻近给水站或生活供水站（点）进行水源调查，并提出输水方案。

当水源特别困难，经技术经济比较后，也可采用运水的供水方案，但必须提出由何处运水，运水方式。如由邻站供水则需考虑在中心供水站相应增加其水量和供水、上水设施。

当水源能由附近的城镇、企（事）业单位解决时，应与相应的单位签订供水协议（意向），协议书主要内容参照附录十办理。

应利用综合水文地质图标出采用水源方案的位置、水质、水量、水位等概略数据和示意图。

利用线路航测图标出站外管线走向并注明其长度。

利用小比例（1：10 000 或 1：50 000）和大比例（1：2 000）的线路图，了解线路经过的城区、工矿企业、较大的村镇，初步判定可能存在管路迁改的地区，然后到现场调查有无重要的各种供水、排水管道。

### 11. 给水排水管线迁改初步调查

初测阶段，由线路（外业队勘测队）测量地面架空或明铺给水排水管线，给排水专业可以通过查阅线路平面初测图估算管线迁改数量。

对于地下埋设的给水排水管线，根据线路方案距离城市、大型工矿企业的远近，主要考虑工程大概估算一个值，由于在本阶段线路还没有打中线，还是打导线阶段，无法准确把握铁路位置。线路方案也不稳定，对于地下管道（给水、雨水、污水）首先应以采用现场到相关产权单位收集资料为主。迁改数量估列可适当富余一些。

一般都是铁路线路方案在城市内或城市附近、大型工矿企业附近有较大的给排水管道交叉或者压占，需要考虑相应的给水排水迁改工程。

### 12. 应交资料

本阶段应交资料按表 2-4 办理。

表 2-4　初测阶段应交资料汇总表

| 类别 | 编号 | 资料名称 | 说　明 | 份数 | 附注 |
|---|---|---|---|---|---|
| 综合资料 | 1 | 给水排水总报告书 | | 1 | |
| | 2 | 水文地质勘测报告 | 含水文地质图件 | 1 | |
| 给水站资料 | 3 | 给水排水平面图 | 比例尺与车站平面图一致 | 1 | |
| | 4 | 管路地形地质平面图 | 1：5 000、1：10 000 | 1 | |
| | 5 | 水质化验单 | | 1 | |
| | 6 | 气象资料汇总点 | | 1 | |
| | 7 | 运输便道资料 | | 1 | |
| | 8 | 各种调查表 | 地表水、用地拆迁等调查表 | 1 | |
| | 9 | 规划、水务部门工作联系单 | | 1 | |
| | 10 | 环保部门排水征求意见单 | | 1 | |
| | 11 | 供水意向书 | | 1 | |
| 供水站 | 12 | 各生活供水站（点）给水排水调查报告 | | 2 | |
| | 13 | 各生活供水站（点）平面图 | | 1 | |
| | 14 | 供水意向书 | | 1 | |
| | 15 | 管线迁改初步调查资料 | 列表说明或参照给水站分站编写报告书 | 1 | |

## （三）定　测

### 1. 工作目的及要求

根据批准的可行性研究及审查意见，对给水站及沿线生活供求站（点）的水源方案进行检查核对，必要时，进行补充调查测绘及进一步的勘探试验工作。确定各站（点）采用水源的位置及取水构筑物类型，提出水源的产水量、水质、水位等方面的准确数据。

确定排水方式及排出口位置。

确定给水处理和污水处理方案及主要给排水构筑物类型。

精确测绘各站（点）水源、站外给排水管线和主要给排水构筑物的位置、地形、距离及各项高程，并进行相应的工程地质勘测。

按应交资料汇总表提出各项勘测资料以满足初步设计的需要。

### 2. 准备工作

定测前应搜集下列资料：

（1）初测阶段的全部资料。

（2）可行性研究及其审查意见。

（3）全线线路平面图。

（4）各站的站场平面图及其车站起止点里程或站中心里程、坐标和站附近的水准基点编号、高程和位置。

认真研究定测任务书，拟定执行任务的措施。

### 3. 水　源

确定地下水水源位置时，应注意以下各点：

（1）水源井在满足用水量、水质以及相关规范的前提下，原则上与车站站房、货场位于同侧，靠近车站范围内主要用水点。距建筑物的安全距离，应根据工程地质条件确定，距站场最外股道中心线的距离应不小于 50 m。

（2）应在地下水位埋藏较浅且不被洪水淹没的地区。

（3）在地下水源影响半径范围内，不应有坟墓、垃圾堆、排放生活污水和工业废水的明渠以及渗水厕所等污染源。

在已有的取水设备附近增建新的取水设备或新建两个及以上取水设备并需同时运转时，应考虑相互干扰，协调好与工业、城镇及农业用水的关系。

确定地表水取水口地理位置时，应注意以下各点：

（1）应该对初测时搜集的各项水文资料，若准确度不够或有疑点时，应进行补测，并应进一步查明取水口处的地质特征、冲刷、淤积、冰冻、航运、污染及其发展规划等情况。

（2）若选择的取水口位置不能肯定为最佳方案时，应另选一至二处作为比较方案。

（3）应提出取水口形式和取水口附近河床、岸坡的加固和防护等措施。若河流水深不够时，应考虑修建低坝式取水构筑物或铺设水平集水管的可能性。

以泉水为水源时，应在泉水露头周围进行详细的调绘工作，以取得判断泉水的补给来源和泉水与地表水联系的足够资料，以便对泉水进行质和量的评价和确定卫生防护带的范围。

采用地方自来水或由其他单位供水时，若初测阶段由于某种原因未签订书面供意向，或协议内容有所变更时，应签订或修订书面协议。

采用水槽车、汽车运水方案时，除注意在供水点相应增加需水量外，还应考虑在本站和供水点选定供水、卸水、贮水构筑物及给水所位置，并进行相应的测绘工作。

采用的水源地，应测绘 1∶500 的地形地质平面图，其范围一般为 200 m×200 m，具体要求如下：

（1）地下水水源地：应包括试坑、钻孔位置及编号。若以大口井或管井取水，地形又特别平坦时，可与管路平面图合并，不单独测绘。

（2）泉水水源地：应包括主要泉眼、引泉工程的整修及防护围墙。

（3）采用地方公用水源或与其他单位联合供水时，应绘出接管点以及洽商拟定的水表、阀门井及加压泵站、水处理所等的位置。如铁路不需另建加压设备或水处理设备时，可与管路平面图合并。

## 4. 排　水

污水处理与排放，应符合国家与地方现行的排放标准和规定。当铁路污水单独处理或排放时。处理及排放方案应取得当地有关部门的同意并取得书面意见（排水报告的审批意见）。

有条件的地方，应尽量利用当地城镇或企（事）业单位的排水系统进行排水，并应与相关单位签订书面协议。若初测时已签协议，定测时只进行核对落实即可，如有变化则进行修订。

有条件时，生活污水经适当处理后，可考虑用作农业灌溉，但应与有关单位签订协议。水质应符合《农田灌溉水质标准》GB5084，并应解决好污水的常年利用和冬季防冻等问题。

对污水排放口，应进一步落实初测时所选定的位置并核对所调查的各项资料，若有缺项或疑点时，应进行补充调查及测绘工作（含排水协议）。如初测未决定排出口位置或由于情况变化，初测选定的排出口位置定测时认为不尽合理时，应重新选定。并应搜集相应的资料。

## 5. 管路选线

站外管路定测，力求现地定线，定线时，应考虑地形、地质、道路规划及与其他管线或构筑物的水平或垂直最小净距等条件，尽量使管路工程量小，施工维修方便、经济合理。

给水管路应尽量远避坟墓、粪坑及垃圾堆等污染源。

排水管路的选线，应考虑充分利用地形，尽量使污水以最短距离重力排出，避免设置抽升站，避免深挖和管底高出原地面。

盐渍土地区，管路应避免在长期滞水的地方通过。

在沼泽地区，管路应避免设置在地面长期积水而地下水又不易排泄的地方，应寻找在泥层较薄沼泽较窄的地区通过。

在湿陷性黄土地区，管路应避免沿着发展的冲沟陡壁地段通过，并应绕避滑坡和陷穴等地段。

在沙漠地区，管路应尽可能选在沙漠移动方向的上侧边缘地带或固定的、半固定的和生长有植物的地区通过，并应尽量避开严重的流沙或活动沙丘地段。管线应尽量避免填方。如管路铺设方向与铁路线一致时，应尽量考虑选择在铁路防沙区域内。管路选线还要考虑对沙生植物的保护。

在多年冻土地区的管线勘测，按有关规定办理。

### 6. 管路中线测量

凡在 1:2 000 线路航测图范围以外的给水主干道及车站的排水干管（由站内控制点至排出口）均应进行中线测量。

管路中线应与线路中线发生关系，坐标与高程系统与线路所采用的系统一致。

管路中线每百米钉桩橛一个（地形变化处应加桩），转点应钉设方桩并设标志板桩，桩号前应分别冠以汉语拼音字母的字头以资区别。例如："$G_1D_2$"表示给水管路定测，第 1 条中线，第 2 个转点桩；"$P_1D_3$"表示排水管路定测，第 1 条中线，第三个转点桩等。当管线在站外部分的长度超过 2 km 时，应将取水地点及每隔 2 km 处的中线桩用混凝土连续加固 3 个并刻出桩号。

管路中线的转点、中桩及加桩均应用全站仪测量高程。

管路中线若用光电测距仪测量时，有关的方法及规定同初测。

管路中线测量精度要求详见表 2-5。

表 2-5　管路中线测量限差表

| | 闭 合 导 线 | |
|---|---|---|
| 水平角 | 全站仪测角 | ±2″ |
| | 光电测距仪 | ±30″ |
| 长　度 | 全站仪测距 | 1/6 000 |
| | 光电测距仪 | 1/2 000 |

注：表中 $N$ 为置镜点总数。

### 7. 高程测量

测量范围：除管路中线桩应进行高程测量外，对于水源井及取水口位置（含设计所需的各种水位）、水塔、山上水池、水处理所、中继给水所、污水处理厂排出口等处均需进行高程测量并在附近加设水准基点。

测量上述控制点及管路中线的转点高程时，取位到毫米，中桩取位到厘米。

测量方法与精度要求：同初测。（管路中桩要求误差±0.1 m）。

### 8. 给水排水管路迁改调查

主要调查内容：管线类型（给水、排水、中水、再生水、循环水）、管径，与新建铁路交叉或并行（重叠）的里程、角度；具体位置、埋设深度、产权单位等。

准备工作：利用小比例（1∶10 000 或 1∶50 000）和大比例（1∶2 000）的线路图，了解线路经过的城区、工矿企业、较大的村镇。根据初测阶段给水排水管路迁改统计数量表，拟定管路迁改勘察测绘任务。

如地方规划部门有需要，可以由铁路考虑预留（埋）近期需要实施的管线。

对于城市、工矿企业的大管径、标准高的重要给水排水管线，应该准确调查管道位置，如果收集资料不能准确、详细的确定地下管道的各种状况时，应该采用打扦、物探、挖探等方法辅助以测绘手段确定位各种管线平面、竖向位置，并将勘测结果绘制在平面图上。当物探方法不适用，不影响周边建筑、交通时可采用挖探法，先循问当地居民，调查了解现场给水排水管线大概的位置，然后雇用工人，垂直于管路方向开挖，直到挖到相关管路。随后应测量发现的管径、埋设深度，记录管道类型、管材。

管路调查要明确产权单位、管道类型、管材、管径、埋设方式、深度，能否允许临时断水、与产权单位协商补偿标准等内容。

地下给排水管线点的探测精度：平面位置限差 $\delta_{ts}$：0.10$h$；埋深限差 $\delta_{th}$：0.15$h$（式中 $h$ 为地下管线的中心埋深，单位为厘米，当 $h < 100$ cm 时则为以 100 cm 代入计算）。

注：特殊工程精度要求可单独提出要求，由委托方与承接方商定，并以合同形式书面确定。

地下管线点平面位置测量目前主要采用的三种方法，即导线串测法、GPS 和极坐标法。用串测法测量管线点平面位置时，管线点可视为导线点。用 GPS 技术测量管线点平面位置时要顾及作业环境，可采用快速静态法或 RTK 快速动态法，参照 GPS 导线测量技术要求实施。地下给排水管线点的测量精度：

（1）地下管线点的测量精度：平面位置中误差 $m_s$ 不得大于±5 cm$^2$（相对于邻近控制点），高程测量中误差 $m_h$ 不得大于±3 cm（相对于邻近控制点）。

（2）地下管线图测绘精度：地下管线与邻近的建筑物、道路、相邻管线以及铁路中心线的间距中误差不得大于图上±0.05 mm。

根据调查内容，根据线路与管线交叉并行段是路基、桥梁、还是涵洞。路基是路堑（下挖）、还是路堤（填方），桥梁的桥墩的承台宽度的影响，现场初定迁改方案。

征询产权单位的迁改实施的意见，对迁改工程的报价，以及断水对生产、生活的影响以及补偿标准，可要求产权单位提供，可作为概算参考。

采用全站仪连测管线点时，可同时测定管线点的平面坐标与高程，水平角和垂直角均测一测回即可。若又采用管线数字测量时，为了作业方便与效率，则可观测半测回即可，但应注意观测照准和读数的粗差问题，测距长度不超过 150 m，同时注意仪器高和觇牌高量测和输入的准确性。

城市大型地下管网控制测量应在线路等级控制网的基础上进行布设或加密，以确保地下管线测量成果平面坐标和高程系统与铁路系统的一致性，以便于成果共享和使用；同时也避免重复测量造成不必要的浪费。

地下管线控制测量应在线路的等级控制网的基础上布设 GPS 控制点，一、二，三级导线，图根导线。线路等级控制点密度不足时应按现行的行业标准《新建铁路测量规范》TB10101 要求补测等级控制点。补测等级控制点应符合以下技术要求：

（1）采用 GPS 技术布测地下管线控制点，可采用静态、快速静态和动态 RTK 等方法进行。其作业方法和数据处理可以参考现行行业标准《全球定位系统（GPS）铁路测量规程》TB10054 的要求执行。

（2）静态 GPS 测量应符合表 2-6 的技术要求。

表 2-6　GPS 测量的主要技术要求

| 等级 | 平均点距（km） | 最弱边相对中误差（km） | 闭合环或附合路线边数 | 观测方法 | 卫星高度角（°） | 有效卫星观测 | 平均重复设站数 | 观测时间（min） | 数据采样间隔（s） |
|---|---|---|---|---|---|---|---|---|---|
| 一级 | 1 | 1/20 000 | ≤10 | 静态 | ≥15 | ≥4 | ≥1.6 | ≥45 | 10～60 |
| | 快速静态 | | ≥5 | | | | ≥15 | | |
| 二级 | ≤1 | 1/10 000 | ≤10 | 静态 | ≥15 | ≥4 | ≥1.6 | ≥45 | 10～60 |
| | 快速静态 | | ≥5 | | | | ≥15 | | |
| 注：1. 当采用双频机进行快速静态观测时，时间长度可缩短为 10 min；<br>　　2. 当边长小于 200 m 时，边长中误差应小于 20 mm；<br>　　3. 各等级的点位几何图形强度因子 PDOP 值应小于 6 | | | | | | | | | |

## 9. 地形测绘

给排水管路若超出站场地形图范围，应补测带状地形。比例尺：在一般地区为 1：2 000，测绘宽度：管线两侧各 80～120 m。在地势平坦地区，若管线长度超过 10 km 时，比例尺亦可用 1：5 000，其宽度为管线两侧各 200 m 左右。

在拟建给水所、山上水池、水处理所、污水抽升站、污水处理厂等重要给排水构筑物处，均应测绘 1：500 工点地形，其范围，应以满足工艺布置的要求为原则，一般为 200 m×200 m。

地形图测点密度，一般间距为 2 cm，可视地形、地貌复杂程度而有所不同，以能正确反映地形、地貌、地物情况为原则。地形图的等高距规定如表 2-7。等高线高程中误差不应超过表 2-8 规定。

表 2-7　地形图等高距

| 测图比例尺 | 1：500 | 1：1 000 | 1：2 000 | 1：5 000 | 1：10 000 |
|---|---|---|---|---|---|
| 等高距（m） | 0.5；1 | 1 | 1；2 | 2；5 | 5；10 |

表 2-8　等高线高程中误差　　　　　　　　　　　　　单位：m

| 测图比例尺 | 垂直于等高线的地面坡度 | | | |
|---|---|---|---|---|
| | 1：5 以下 | 1：5～1：3 | 1：3～1：1.5 | 1：1.5～1：1 |
| 1：500 | 0.25 | 0.5 | 0.75 | 1.0 |
| 1：1 000 | 0.5 | 0.75 | 1.0 | 1.5 |
| 1：2 000 | 0.75 | 1.5 | 2.0 | 3.0 |
| 1：5 000 | 1.0 | 2.0 | 3.0 | 5.0 |
| 1：10 000 | 2.0 | 4.0 | 6.0 | 10.0 |

## 10. 断面及流量测量

当采用地表水源时，垂直于河岸的取水断面应测 3 个（间距 30 m 左右），以供设计比选之用，其宽度，一般河流应做全河断面，河流较大时，可自岸边泵站至河心，作半河断面。比例尺应根据具体情况决定，断面图上应标明设计所需的洪水水位并应填绘工程地质资料。

管路跨越河流、沟谷等处，应绘制纵断面大样图，水平比例尺 1：100～1：500（竖向比例尺可视具体情况确定），并应填绘工程地质资料及相应的水文资料。

有关断面及流量的测量方法及要求同初测。

## 11. 水质分析

若初测时未能准确采取水样，或初测后采用水源的地理环境（含水源受污染等情况）发生变化，或对初测阶段化验结果的某些项目有怀疑，且影响到水源方案或水处理方案的最后确定时，应对该水源的水样重新取样化验。

水样的采集方法，分析项目及要求同初测。

## 12. 管路工程地质勘测要求

凡测绘的各种管路地形平面图内，均需填绘岩层分界线、地层小柱状图、试坑（钻孔）位置、编号等工程地质内容。

导水、排水管路和地形复杂或不良地质地段的扬水管路，均应测绘地质纵断面图。一般地区的扬水管路只要有分段工程地质说明即可。

管路穿过河谷、深沟等复杂地带，有冲刷可能需作特别防护的地方，应单独测绘地形地质平面图及地质纵断面图，并调查最高、普通及最低水位和河（沟）岸的地质条件和冲刷等情况。

管路可能埋设在地下水中时，应取水样作侵蚀性分析，并绘出地下水位线，注明初见水位、稳定水位高程及季节性水位变化情况。

盐渍土地区，应根据拟定的管路埋设深度，查明土壤对金属和混凝土的腐蚀性。

湿陷性黄土地区，应查明管路通过地段土壤湿陷性等级。

沙漠地区，应查明沙丘的分布范围，沙丘的类型（活动、半固定、固定沙丘）和结构，测定沙子的颗粒成分，并调查防护材料。

沼泽及软土地区，应查明沼泽及软土的地貌特征、层次、厚度、各种土壤的物理力学性质及承载能力等。并提出相应的措施。

多年冻土地区管路工程地质工作应按相关规定办理。

### 13. 给排水构筑物建筑场地的选择

给水站（点）需要设贮配水构筑物并有地形利用时，应优先考虑利用高地设置山上水池。若高地距站较远，则应与就近设水塔方案进行技术经济比较，当条件相近时，仍应优先选用山上水池。若采用水塔，则水塔位置距车站远期最外股道不小于 50 m。

在 8 度及其以上地震区，给排水构筑物如水塔、水池、沉淀池、过滤池、给水所、水处理所、污水抽升站、污水处理厂等，应尽量避免设在下列岩性土地区：

（1）饱和水分的土壤。

（2）填土（不论其湿度如何）。

（3）成分极不均匀的土壤。

（4）松散的岩层。

（5）堆积的土壤及沼泽地。

（6）有地壳构造破坏痕迹的地段。

（7）有陷穴、滑坡、坍塌危害的陡坡和不坚固的斜坡以及坍方坍陷的地区。

### 14. 给排水构筑物工程地质勘探要求

初步查明地质构造、地层结构、岩土工程特性、地下水埋藏条件。

一般给排水构筑物，基础勘探深度 2 ~ 4 m。应提出地质柱状图及地层岩性特征、基底土壤允许承载力等资料。

水池及给水、污水处理构筑物，基础勘探深度，一般为 6 ~ 8 m。应提出地质柱状图及各层土壤的允许承载力、安息角、开挖边坡及工作措施等资料。

水塔等大型构筑物，基础勘探深度应不小于 10 m，有软层或不良下卧层时，勘探深度应不小于 20 m，并以穿透为宜。应提出地质柱状图及各层土壤的允许承载力、安息角、开挖边坡及工程措施等资料。当地面以下 15 m 范围内有饱和砂土层或饱和轻亚土层时还应按现行的《建筑结构抗震规范》GB50011 鉴定在地震时能否液化。

如某些建筑物的具体位置在勘探时难于确定，亦应就可能设置的地点按上述要求搜集有代表性的资料。

在勘测过程中，若在上述规定的勘探深度以上遇基岩，基础的勘探深度，可以只作到基岩顶面以下 0.3 m 为止，并就该处情况提出工程地质资料。

在勘测过程中，高位水池设置在山坡基岩上，要注意避开滑坡、断裂、山洪汇水面。

### 15. 运输便道勘测

为满足施工及运营的运输要求，当水源地、水处理或污水处理等设备设在站场范围以外，且没有交通道路可资利用或仅能局部利用时，应对可以利用及新建便道进行测量或实测。如全部利用已有道路又不需加强时，亦应将已有道路测出，以了解上述设备距便道的远近情况。

运输便道一般利用管路地形地质平面图进行纸上定线，点绘纵断面图，并查明已有道路可资利用程度，提出增补工程意见。如该图不能利用时，应加宽或另测带状地形地质平面图。

运输便道主要技术标准：

纵坡不大于 8%；最小曲线半径 12 m；路面宽度 3 m，路基宽度 4.5，单车道，并适合增加会车道。

### 16. 应交资料

本阶段应交资料，按表 2-9 办理。

表 2-9　定测阶段给水站及生活供水站（点）应交资料汇总表

| 类别 | 编号 | 资料名称 | 说明 | 份数 | 附注 |
|---|---|---|---|---|---|
| 综合 | 1 | 给水排水报告书 | 分站提交 | 2 | |
| 水源 | 2 | 水源地形地质平面图 | 1：500 | 1 | |
| | 3 | 取（集）水构筑物处地质断面图 | 横 1：200，1：500，竖 1：20，1：50 | 1 | 取地表水或渗渠取水时才要 |
| | 4 | 水质分析报告表 | | 1 | |
| | 5 | 水源协议书 | | 4 | |
| | 6 | 水文地质报告书 | 包含钻探、抽水试验等图件 | | 分站详细提供 |
| 管路 | 7 | 给水排水工程总平面图 | 比例尺与站场平面图一致 | 1 | |
| | 8 | 管路地形地质平面图 | | 1 | 站外输水管,地形平坦时可 1：5 000 |
| | 9 | 管路地质纵断面图 | 横 1：200，竖 1：200 | 1 | |
| | 10 | 管路特别设计地段地形地质平面图 | 根据具体情况自定 | 1 | |

续表

| 类别 | 编号 | 资料名称 | 说明 | 份数 | 附注 |
|------|------|---------|------|------|------|
| | 11 | 用地及临时用地图 | 1∶500，1∶1 000 | 1 | 与管路平面图合并者，不另绘 |
| 给水构筑物 | 12 | 水塔、山上水池地形地质平面图 | 1∶500 | 1 | 地形平坦的可与管路平面图合并 |
| | 13 | 给水站、水处理所等地形地质平面图 | 1∶500 | 1 | |
| 排水构筑物 | 14 | 污水抽升站、处理厂、排出口地形地质平面图 | 1∶500 | 1 | |
| 其他资料 | 15 | 排水协议书 | | 2 | |
| | 16 | 气象资料汇总表 | | 2 | |
| | 17 | 管路迁改平、纵面图及调查表格、资料 | | 1 | 初步迁改方案 |
| | 18 | 当地建筑材料及动力调查表 | | 2 | |
| | 19 | 运输便道平面及纵横断面图 | | 1 | 利用管路平面图时,可不另绘 |
| | 20 | 有关协议、意向书及公文、纪要等 | | 2 | |
| | 21 | 各种调查表及勘测记录本等 | | 1 | |

注：以上文件均需提供电子版文档。

## （四）补充定测

### 1. 工作目的

初步设计经过审查，如主要内容有局部变更，而已有的定测资料不能满足编制施工图的要求时，应进行补充定测。补充定测是在已有定测资料的基础上进行必要的补充调查、勘测。搜集的资料，应能满足编制施工图设计的需要。

### 2. 准备工作

认真研究"补充定测任务书"，明确工作范围和工作内容并制订工作计划。

工作前应搜集下列资料：

（1）定测报告书及定测资料。

（2）初步设计文件及其审查意见。

（3）有关站（点）前后线路平纵断面及线路定测桩号、高程、经纬距及水准基点。

（4）有关站（点）带房屋的站场平面图。

（5）给排水管路和构筑物在本阶段需进一步做工作相关的桥涵、隧道、改移公路、改移河道等方面的资料。

### 3. 工作要求

按"补充定测任务书"的具体要求进行工作。

如因执行初步设计审查意见，站场位置发生变动，使给排水工程设计需做相应变更时，则变更部分应按定测阶段的要求重新定测（可考虑尽量利用原定测资料）。

如已有的定测资料能满足设计更改后施工图编制的需要时，可不进行补充定测。

### 4. 应交资料

本阶段应交资料，按"补充定测任务书"要求办理。

附录一 新建铁路初测给水排水总报告书内容

（1）概述：线路起讫点、经由、全长、任务依据、铁路等级、牵引种类、机车类型、机车交路、列车对数以及勘测经过、完成任务情况等。

（2）给水站设置原则及地点。

（3）沿线自然地理、水文、水文地质情况简述（包括气象、地震烈度等级、不良地质地段及其分界里程等）

（4）扼要说明各给水站水文、水文地质特征、水源方案及主要给排水构筑物方案的选择和给水处理以及污水处理方案的意见。

（5）沿线车站、工区及桥隧守护人员驻地的生活供水方案意见（一般可列表说明）。

（6）新建铁路行政区划分及定员的意见。

（7）新建铁路沿线给排水管线迁改工程初步统计表。

（8）待进一步解决的问题及下阶段注意事项等。

附录二 新建铁路初测给水站给水排水报告书内容

（1）概述：车站名称、中心里程及设计高程、近、远期日用水量及本站勘测过程等。

（2）简述自然地理条件（如在总报告书中已有说明而又合并成一册时，可不再重复）。

（3）水源方案的选定和依据（附技术经济比较）。

（4）水源水质分析与水处理的意见。

（5）主要给水构筑物及设备选定的依据和基础处理意见。

（6）污水处理方案的意见，排水系统的污水排出方案的选择。

（7）主要排水构筑物与设备选定的依据和基础处理的意见。

（8）存在问题及下阶段勘测应注意事项等。

（注：勘测负责人及配合人员完成外业、内业任务后，应在现场通过电子邮件等手段向专业负责人及总工提交相应阶段的给水排水报告书，确认工作完成无误后返回。）

附录三 新建铁路初测阶段既有车站（接轨站）给排水现状调查表（表 2-10）

表 2-10　新建铁路既有＿＿＿＿＿＿＿＿＿＿车站调查表

| 序号 | 站名 | 车站性质 | 里程 | 附注 | 给水 | | | | | | | 排水 | | | 备注 |
|---|---|---|---|---|---|---|---|---|---|---|---|---|---|---|---|
| | | | | | 水源类型能力 | 实际用水量 | 贮配水构筑物 | 消防 | 水处理及消毒方式 | 供水设备情况及存在的问题 | | 污水量、性质 | 污水处理设备及构筑物 | 排水设备情况及存在的问题 | |
| 1 | | | | | | | | | | | | | | | |
| 2 | | | | | | | | | | | | | | | |
| 3 | | | | | | | | | | | | | | | |
| 4 | | | | | | | | | | | | | | | |
| 5 | | | | | | | | | | | | | | | |
| 6 | | | | | | | | | | | | | | | |
| 7 | | | | | | | | | | | | | | | |
| 8 | | | | | | | | | | | | | | | |
| 9 | | | | | | | | | | | | | | | |

附录四　新建铁路定测给水站及生活供水站（点）给水排水报告书

**1．概　述**

车站名称、中心里程、设计高程、耗水量及勘测经过等。

**2．自然地理条件**

简述气候、地震、地形、地貌、地质等情况。

**3．水源位置的确定**

应提出初步设计审查中所要求的补充资料及必要的水文、水文地质说明，根据技术经济比较，确定水源位置和取水构筑物类型。

**4．管路及给水排水构筑物**

（1）管路：管路走向、长度及选线依据，沿线控制点高度及困难地段情况。管路经过不良地质地段需作特殊设计和防护措施的意见。占用耕地情况及有关注意事项。

（2）给水构筑物：给水所、水塔或山上水池、水处理所等位置的选择意见及拟设构筑物场地工程地质情况与基础处理意见等。

（3）污水排放及排水构筑物：生产、生活污水排放方案选择意见。污水抽升站、污水处理厂、污水排出口位置的选择，建筑场地工程地质情况及基础处理意见。

（4）新建铁路沿线给排水管线迁改工程统计表。

（5）运输便道：说明改建或新建便道的概况（含既有便道可资利用的程度及增补

工程的措施意见），以及相应地段的工程地质、占用耕地等情况。

（6）设计及施工、运营应注意事项。

（注：勘测负责人及配合人员完成外业、内业整理任务后，应在现场通过电子邮件等手段向专业负责人及总工提交相应阶段的给水排水报告书。确认工作完成无误后返回。）

附录五　新建铁路地表水勘测工点调查表（表 2-11）

表 2-11　新建铁路地表水勘测工点调查表

| 地表水名称 | | 水流主要方向 | | 里程及位置 | |
|---|---|---|---|---|---|
| 简明地貌及水文特征 | | | | | |
| 取水位置 | | 取水方式 | | | |
| 水位 | 50 年一遇洪水位（m） | | 流量 | 50 年一遇洪水流量（m³/d） | |
| | 勘测时水位（m） | | | 勘测时流量（m³/d） | |
| | 33 年一遇枯水位（m） | | | 33 年一遇枯水流量（m³/d） | |
| | | | | | |
| 最大水深（m） | | | 洪水和枯水季节 | | |
| 冻结 | 最大冰厚度（m） | | 最大流速（m/s） | | |
| | 冰冻起解日期 | | 平均流速（m/s） | | |
| 浑浊起讫时间 | | | 水样标号 | | |
| 水流漂浮物情况 | | | 取样日期 | | |
| 水流被利用情况 | | | | | |
| 其　他 | | | | | |
| 地表水位置平面示意图 | | | | 附　注 | |

调查　　　　　　　　复核

年　月　日

附录六 给水排水用地概数汇总表（表 2-12）

表 2-12 给水排水用地概数汇总表

| 起讫里程 | 所属单位 | 征用地（亩） | | | | | | | | | | | | 征收土地（亩） | 临时用地（亩） | 备注 |
| --- | --- | --- | --- | --- | --- | --- | --- | --- | --- | --- | --- | --- | --- | --- | --- | --- |
| | | 稻田 | 林地 | 旱地 | 菜地 | 竹林 | 经济林 | 水浇地 | 水塘/鱼塘 | 宅基地 | 荒地 | 铁路回收 | 道路 | 河流 | | |
| | | | | | | | | | | | | | | | | |
| | | | | | | | | | | | | | | | | |
| | | | | | | | | | | | | | | | | |
| | | | | | | | | | | | | | | | | |
| | | | | | | | | | | | | | | | | |
| | | | | | | | | | | | | | | | | |
| | | | | | | | | | | | | | | | | |
| | | | | | | | | | | | | | | | | |
| | | | | | | | | | | | | | | | | |
| | | | | | | | | | | | | | | | | |
| | | | | | | | | | | | | | | | | |
| | | | | | | | | | | | | | | | | |

注：1 亩 $\approx$ 666.67 $m^2$。

附录七　三角堰流量表（表2-13）

表2-13　三角堰流量表

| $H$ (mm) | $Q$ (m³/d) | $H$ (mm) | $Q$ (m³/d) | $H$ (mm) | $Q$ (m³/d) | $H$ (mm) | $Q$ (m³/d) | $H$ (mm) | $Q$ (m³/d) | $H$ (mm) | $Q$ (m³/d) | $H$ (mm) | $Q$ (m³/d) | $H$ (mm) | $Q$ (m³/d) | $H$ (mm) | $Q$ (m³/d) |
|---|---|---|---|---|---|---|---|---|---|---|---|---|---|---|---|---|---|
| 21 | 7.7 | 30 | 18.8 | 39 | 36.4 | 48 | 61.1 | 57 | 93.8 | 66 | 135.4 | 80 | 218.9 | 98 | 363.7 | 116 | 554.3 |
| 22 | 8.6 | 31 | 20.5 | 40 | 38.7 | 49 | 64.3 | 58 | 98.0 | 67 | 140.6 | 82 | 232.9 | 100 | 382.5 | 118 | 578.5 |
| 23 | 9.7 | 32 | 22.1 | 41 | 41.1 | 50 | 67.7 | 59 | 102.3 | 68 | 145.8 | 84 | 247.4 | 102 | 401.9 | 120 | 603.4 |
| 24 | 10.8 | 33 | 23.8 | 42 | 43.7 | 51 | 71.0 | 60 | 106.7 | 69 | 151.2 | 86 | 262.4 | 104 | 421.9 | 122 | 628.8 |
| 25 | 11.9 | 34 | 25.8 | 43 | 46.4 | 52 | 74.6 | 61 | 111.2 | 70 | 156.7 | 88 | 277.9 | 106 | 442.5 | 124 | 654.9 |
| 26 | 13.2 | 35 | 27.7 | 44 | 49.1 | 53 | 78.2 | 62 | 115.8 | 72 | 168.2 | 90 | 293.9 | 108 | 463.6 | 126 | 681.6 |
| 27 | 14.5 | 36 | 29.7 | 45 | 51.9 | 54 | 82.0 | 63 | 120.5 | 74 | 180.2 | 92 | 310.5 | 110 | 485.4 | 128 | 709.0 |
| 28 | 15.9 | 37 | 31.9 | 46 | 54.9 | 55 | 85.8 | 64 | 125.4 | 76 | 192.6 | 94 | 327.7 | 112 | 509.8 | 130 | 737.1 |
| 29 | 17.4 | 38 | 34.0 | 47 | 58.0 | 56 | 89.8 | 65 | 130.3 | 78 | 205.6 | 96 | 345.4 | 114 | 330.8 | 132 | 765.8 |

续表

| H (mm) | Q (m³/d) | H (mm) | Q (m³/d) | H (mm) | Q (m³/d) | H (mm) | Q (m³/d) | H (mm) | Q (m³/d) | H (mm) | Q (m³/d) | H (mm) | Q (m³/d) | H (mm) | Q (m³/d) |
|---|---|---|---|---|---|---|---|---|---|---|---|---|---|---|---|
| 134 | 795.0 | 152 | 1 089.6 | 170 | 1 441.3 | 188 | 1 853.6 | 206 | 2 336.6 | 224 | 2 877.3 | 242 | 3 486.6 | 260 | 4 167.0 |
| 136 | 825.1 | 154 | 1 125.8 | 172 | 1 484.4 | 190 | 1 903.4 | 208 | 2 393.4 | 226 | 2 941.6 | 244 | 3 558.6 | 262 | 4 247.1 |
| 138 | 855.7 | 156 | 1 162.7 | 174 | 1 527.6 | 192 | 1 953.9 | 210 | 2 451.0 | 228 | 3 006.7 | 246 | 3 631.6 | 264 | 4 328.2 |
| 140 | 887.1 | 158 | 1 200.3 | 176 | 1 571.9 | 194 | 2 005.1 | 212 | 2 509.4 | 230 | 3 072.6 | 248 | 3 705.4 | 266 | 4 410.1 |
| 142 | 919.0 | 160 | 1 238.6 | 178 | 1 616.9 | 196 | 2 057.2 | 214 | 2 568.6 | 232 | 3 139.4 | 250 | 3 780.1 | 268 | 4 493.0 |
| 144 | 951.8 | 162 | 1 277.7 | 180 | 1 662.8 | 198 | 2 110.2 | 216 | 2 628.6 | 234 | 3 207.2 | 252 | 3 856.7 | 270 | 4 576.8 |
| 146 | 985.1 | 164 | 1 317.5 | 182 | 1 709.3 | 200 | 2 163.8 | 218 | 2 689.6 | 236 | 3 274.8 | 254 | 3 932.2 | 272 | 4 661.5 |
| 148 | 1 019.3 | 166 | 1 358.0 | 184 | 1 756.6 | 202 | 2 225.5 | 220 | 2 751.3 | 238 | 3 345.1 | 256 | 4 009.5 | 274 | 4 747.1 |
| 150 | 1 054.1 | 168 | 1 399.3 | 186 | 1 804.8 | 204 | 2 280.6 | 222 | 2 813.9 | 240 | 3 415.4 | 258 | 4 087.8 | 276 | 4 833.6 |

附录八　新建铁路车站污水排放的函

_____市环保局：

新建_____铁路为国家（地区）重点建设项目，我院负责开展该项目的设计工作。在贵局管辖范围内设有_____车站，这些车站均有少量生活污水排放。

_____车站位于_____，设计拟将车站生活污水经过_____处理达到《_____水质标准》"_____级"标准后，就近集中排入车站附近_____，污水排放口位于_____。

以上处理方案是否可行，请予答复为盼。

××设计院铁路勘察项目部

年　月　日

（注：本附录仅作为格式的参考，可根据现场实际情况，修改上述内容。）

附录九 新建铁路供水意向书

新建_____铁路，线路自_____出发，经_____省至_____。

受_____委托，设计院承担_____的设计工作。设计中拟定_____车站供水水源采用_____市（县）自来水，现与贵公司签订供水意向书如下：

接管点位置：_____

接管管径：_____

水压：_____

供水时间及能保证的昼夜供应的水量：

供水水质应满足《生活饮用水水质卫生标准》GB5749要求。

补充事项：

有关工程产权划分、工程维护、水价等事项待工程实施时，由建设单位按国家、地方政府的有关规定与供水单位协商后签订正式协议。

本意向书作为_____车站给水管线与供水单位管道驳接施工的依据。

签收人

联系人：　　　　　　　　　　　　　　联系人：

自来水公司　　　　　　　　　　　　　设计单位（盖章）

联系电话：　　　　　　　　　　　　　联系电话：

　　　　　　　　年　月　日　　　　　　　年　月　日

（注：本附录仅作为格式的参考，可根据现场实际情况，修改上述内容。如有接管费、增容费应明确，并要求供水单位出示相关收费依据，以便纳入概算。）

附录十　新建铁路沿线车站用水预申请

_____ 水务（利）局

新建_____铁路，线路自_____站出发，经_____到达_____市，在_____线_____站接轨。

受建设单位的委托，设计院承担_____铁路的可行性研究工作。本阶段初步拟定在贵单位管辖范围内布设_____车站，为满足车站工作人员生活和生产需求，计划采取自建水源方案，具体车站地点及取水情况见下表。

| 车站名称及具体位置 | 用水量（m³/d） | 水源形式 |
|---|---|---|
|  |  |  |
|  |  |  |
|  |  |  |

为此，为满足设计的需要，选择一个合理、科学、环保的用水方案，特向贵单位提出取水预申请，作为本次设计的依据。

铁路将在施工前按照国家及地方政府的有关文件规定办理正式取水许可手续。

签收人

联系人：　　　　　　　　　　　　　　　联系人：

水务局（盖章）　　　　　　　　　　　　设计单位（盖章）

联系电话：　　　　　　　　　　　　　　联系电话：

年　　月　　日

（注：本附录仅作为格式的参考，可根据现场实际情况，修改上述内容。如有一次性费用应明确以便纳入概算。）

附录十一　　新建铁路（给水）工作联系单

＿＿＿＿＿　自来水公司

新建＿＿＿＿＿＿铁路，线路自＿＿＿＿＿＿站出发，经＿＿＿＿＿到达＿＿＿＿＿＿＿市，在＿＿＿＿＿＿线＿＿＿＿＿＿站接轨。

受 ＿＿＿＿＿＿的委托，设计院承担＿＿＿＿＿＿铁路的设计工作。本阶段初步拟定在贵单位管辖范围内布设＿＿＿＿＿＿＿＿车站，为满足车站工作人员生活和生产需求，根据＿＿＿市（县）规划局的规划，距离＿＿＿＿＿＿车站＿＿＿＿＿＿附近地区近期规划有给水市政管线。

车站附近地下市政给水管线项目建设的具体实施时间未定。为此，如果后期规划市政供水管线项目正式实施时，为使铁路供水水源设计能够选择一个合理、科学、经济的方案，满足铁路生产、生活、消防用水。届时烦请贵单位将市政管线的实施进程及时通知设计单位。设计单位将按要求及时与贵单位签订供水意向书。

铁路将在运营后按照国家及地方政府的有关文件缴纳水费及其他有关费用，并按有关规定正式签订供水协议。

签收人：

自来水公司（盖章）　　　　　　　　设计单位（盖章）

联系人：　　　　　　　　　　　　　联系人：

联系电话：　　　　　　　　　　　　联系电话：

＿＿＿＿年 ＿＿月＿＿日

（注：本附录仅作为格式的参考，可根据现场实际情况，修改上述内容。）

附录十二　新建铁路（消防）工作联系单

_____ 市（县）公安局消防队：

新建_____铁路，线路自_____站出发，经_____到达_____市，在_____线_____站接轨。

受建设单位委托，设计院集团公司承担_____铁路的设计工作。本阶段初步拟定在距离消防队_____km 的_____地区建设火车站，车站室外供水管道能够满足消防用水量的要求，拟采用低压消防方式，为满足车站的消防要求，铁路方面希望将火车站站房、货场消防纳入消防队保护范围，铁路提出的请求是否合适、科学、合理，请贵单位提出宝贵意见。

签收人：

消防队（盖章）　　　　　　　　　设计单位（盖章）

联系人：　　　　　　　　　　　　联系人：

联系电话：　　　　　　　　　　　联系电话：

_____年 ___月 __日

（注：本附录仅作为格式的参考，可根据现场实际情况，修改上述内容。）

附录十三　新建铁路（排水）工作联系单

_____ 规划局

新建_____铁路，线路自_____站出发，经_____到达_____市。

受　_____的委托，设计院承担_____铁路的设计工作。本阶段初步拟定在贵单位管辖范围内布设_____车站。根据____市（县）总体规划，贵市（县）在_____地区近期规划有城市污水处理厂，处理能力为_____。距离_____车站附近地区近期规划有污水市政管线。

车站附近地下市政污水管线以及城市污水处理厂具体实施时间未定。为此，如果后期规划的城市污水处理厂及污水管线项目正式实施时，为使铁路排水设计能够选择一个合理、科学、经济的方案，满足铁路达标排放的要求。届时烦请贵单位将市政管线的实施进程及时通知设计单位。设计单位将按要求及时与贵单位签订排（污）水意向书。

铁路将在运营后按照国家及地方政府的有关文件缴纳排污费及其他有关费用，并按有关规定签订正式排水协议。

签收人

联系人：　　　　　　　　　　　　　　联系人：

消防队（盖章）　　　　　　　　　　　规划局（盖章）

联系电话：　　　　　　　　　　　　　联系电话：

____年 ___月__日

（注：本附录仅作为格式的参考，可根据现场实际情况，修改上述内容。）

附录十四　管路迁改协议书

_____：

_____铁路工程，自_____至_____市。铁路在可能引起_____管道迁改。经过与_____对有关事项进行了沟通，形成如下管道迁改意向性协议：

1.　_____ 同意对铁路对经过地区各处可能迁改的管道进行迁改。

2.　本着既要服务铁路建设进行，又要保护市政给（排）水管道安全可靠的原则，建设单位责成迁改实施单位根据铁路建设工期要求，切实做好道路管道的迁改和防护工作，按时完成迁移改建工作。

3.　迁改投资由建设单位承担。在迁改工作实施过程中，产权单位提高原有标准等不属于铁路原因引起的技术改造所增加的工程而产生的投资由产权单位自行解决。

4.　迁改后的给（排）水管渠及设施仍由原产权单位负责维修、维护，且不能影响铁路的安全。

5.　本协议一式三份，建设单位、产权单位双方各执一份。本协议书自签订之日起盖章后生效。


（协议有关单位盖章）


签收人
联系人：　　　　　　　　　　　　　　　　　　联系人：
消防队（盖章）　　　　　　　　　　　　　　　规划局（盖章）
日期：　　　　　　　　　　　　　　　　　　　日期：


（注：本附录仅作为格式的参考，可根据现场实际情况，修改上述内容。）

附录十五　新建铁路给排水工程管线迁改统计表（表2-14）

表2-14　新建铁路给排水工程管线迁改统计表

| 序号 | 里程 | 交叉角度 | 管道规格 | 管材 | 数量（处） | 管道性质 | 产权单位 |
|------|------|----------|----------|------|------------|----------|----------|
| 1 | | | | | | | |
| 2 | | | | | | | |
| 3 | | | | | | | |
| 4 | | | | | | | |
| 5 | | | | | | | |
| 6 | | | | | | | |
| 7 | | | | | | | |
| 8 | | | | | | | |
| 9 | | | | | | | |
| 10 | | | | | | | |
| 11 | | | | | | | |
| 12 | | | | | | | |
| 13 | | | | | | | |

# 第三节　改建铁路给水排水勘察

## 一、踏勘、调查

### 1. 工作目的

踏勘、调查工作是为编制《预可行性研究》文件提供基础资料。经过本阶段工作，应提出改建铁路给水站、生活供水站在利用、改（扩）建或废弃原有水源、主要给排水构筑物和设备等方面的初步意见，满足本专业编制《预可行性研究》文件和投资预估算的要求。

### 2. 工作要求

本阶段工作，主要是到有关铁路局调查收集既有线的技术档案资料，必要时赴现场调查核对。在充分利用既有资料的基础上，还应参照新建铁路的要求，进行重点地段的现场踏勘，提出相应资料。

为了解既有铁路全线各站的概况，应向相关铁路单位调查收集下列资料：

1）全线资料

（1）现行的给排水行政区划分，组织及定员情况、管理方式、任务情况、存在问题及改进意见。

（2）现行给水站分布情况、存在问题及改进意见。

（3）全线既有生活供水站（点）的供水情况，存在问题及改进意见。

2）给水站资料

（1）既有各给水站的最高日用水量。

（2）各给水站既有水源类型、实际产水量、近年来供水情况、存在问题及改进意见。

（3）各给水站既有的给排水设备（含水处理及污水处理设备）概况、存在问题及改进意见。

铁路局供电段如无上述资料或资料中的某些部分欠准确、完善时，应到现场调查收集或进行核对补充。

重点地段（有可能进行水源改（扩）建或新增给水站、区段站等大站的地段）水源踏勘调查方法及要求，应参照新建铁路办理。

## 二、初　测

### 1. 工作目的及要求

向铁路局收集既有资料、给排水构筑物及设备的竣工图表及有关资料，并对给水站进行现场核对及必要的丈量测绘。针对改建铁路特点和技术要求提出给水站和全线给排水工程设施的改（扩）建的意见。如有新增的给水站（点），应参照新建铁路办理。收集资料，应能满足可行性研究的需要。

### 2. 初测资料的收集

初测期间，应向铁路局收集下列资料：

1）图表资料

（1）各给水站及生活供水站、点的实际最高日用水量（应分运输用水、生产用水、生活用水等的分项水量）及实际最高日排水量（应分出各车间排水量和集中排放时间）。

（2）各站、点既有水源的类型、规格、实际产水能力、协议书执行情况及水质分析资料（有水质处理设备的，应包括处理前后的水质资料）。

（3）各站、点既有给水设备（含水质处理设备）的能力、运转情况、存在问题及改进意见。

（4）机务段、车辆段等大站生产及生活污水的处理、利用及排放情况（含处理前后的水质），全站污水总排出口和分散排水时，各排出口的水质情况、协议执行情况、环境影响评价要求的排放标准、存在问题及改进意见。

（5）给水、排水管理维护机构的设置及房屋、设备配备现状、生产任务、存在问题及改进意见。

2）竣工图纸

（1）给排水工程总平面布置竣工图

（2）给排水管路纵断面竣工图。

（3）水源竣工图。

（4）给排水机械安装（含给水所、给水处理、污水处理及抽升的机械安装）竣工图。

（5）给水处理及污水处理设备竣工图。

（6）个别设计（如管桥、过河管路防护、水塔基础特殊处理等）的竣工图及其他有关图纸资料。

### 3. 既有设备的调查及测绘丈量

凡利用或需要改（扩）建的既有给水站应进一步查定既有给水设备（水源、扬水机械、处理设备、管路）的供水能力及主要排水设备（管路、污水处理及抽升站等）的排水能力。

既有给水站给排水设备能力不足时，根据现场情况选择新建构筑物位置，或增设新的给水站时，均应按新建铁路办理。

对改（扩）建的给水站，应绘制给排水工程总平面布置图。如收集到既有带状地形的给排水总平面图时，可予以利用。但应逐一核对给排水管路和各种构筑物的位置和高程。地形不足或管路改移部分，应做补测，有关测绘要求，参照新建铁路办理。

如需实测给水站给排水工程总平面布置图时，应按下述要求办理：

（1）尽量利用勘测队的车站航测平面图予以补充，并进行必要的探测。

（2）比例尺 1：1 000 或 1：2 000。坐标、高程系统与车站平面图一致。

（3）测绘范围与内容：实测与改（扩）建工程相关的给排水管线和构筑物。应包括管路及构筑物位置与高程，导、排水管应实测纵断面，如给排水构筑物及管路超出平面图范围时，应另测比例尺相同的管路地形地质平面图。

（4）图中应绘出并标明：

①管路转角及检查井的编号。

②水准基点的位置、编号及高程。

③地形等高线及地貌。

④扩建给排水工程的用地种类、等级及分界线。

⑤钻孔、试坑的位置及编号，不良地质及岩层分界线。

凡利用或改扩建的既有给水站，必须对原有水源进行调查。若采用水源为地下水、应精确查明其最大产水量与相应的降深、水位和历年动态变化资料，如为地表水，则应根据设计最低枯水位推算出最枯流量，并与调查所得的资料核对。同时，还应了解现有水源存在的问题，结合区域水文地质条件、河流的水文条件和其他对水源的水质和水量有影响的因素综合分析研究，对既有水源做出评价。并提出利用、改（扩）建既有水源或增建新水源的意见。

测绘既有站水源的取水构筑物，应尽量利用已有的竣工图纸进行现场核对补充，主要调查核对其类型、数量、构筑物所处地面高程，最高、最低和工作水位高程、建造年代、建筑材料、各部尺寸、现状防护设施、运营中存在的问题等。

对于各种不同的取水构筑物，还应调查、丈量，收集下列资料：

（1）地下水源：

① 大口井：井径、井深、内部扶梯、平台，吸水管管材、管径、管长、接头材料，底阀安装位置，有无淤塞或涌砂现象、清掏次数和规律等。

② 管井：井径、井深、扬水管径、过滤器口径，类型、长度和安装部位，潜水泵类型，有无翻砂、淤砂、堵塞情况等。

③ 渗渠（水平集水管）：管材、管径、管长、管渠坡度，集水井及各检查井中最高、最低及工作水位，井的位置、内径、深度、内部配件规格与位置；堵塞、翻修情况和使用意见等。

（2）地表水源：取水构筑物类型，进水管管径、管材、管长、取水构筑物所处的最高、最低水位及卫生防护范围内有无污染源等。

（3）采用城镇或工矿企业的水源：接管点位置及高程、管径、管材、水压、水价、每日供水量及协议执行情况和存在问题等。

（4）罐车运水：泄水孔位置、孔口高程及数量、泄水能力、实际运水情况及存在问题等。

对既有的各种给排水管路（吸、扬、导、配、排、溢水等管路）应调查核对其位置、管径、管材、管长及接口材料。检查井和水表井的井深、井径、建筑材料、内部设备和配件规格；安装位置，有无漏水、堵塞、腐蚀等情况；存在问题和使用意见。导、排水管还应详细调查其坡度和最小埋深。并将以上调查核实的结果，分别叙述。必要的尺寸及数据，还应加注在管路平剖面图或给排水总平面图上。

既有给水站的给排水构筑物与设备，应详细调查核对其类型、数量、规格、建筑年代、结构形式、建筑材料等，并将核实结果填入附录中表格。如无既有图纸，则应进行丈量测绘。根据运营现状，使用意见和存在问题等，提出利用、改（扩）建的意见。此外，工作中应当注意以下各点：

（1）既有给排水机械与动力：应调查其额定能力，实际吸、扬程、流量、功率。丈量其主要尺寸，并调查了解工作班制，每日工作小时数及最近大、中修情况等。

（2）既有给水所、水处理所、污水抽升站、污水处理站等生产和办公房屋，应丈量其主要尺寸。

（3）既有给水处理和污水处理构筑物与设备，应丈量其主要尺寸，绘制平剖面图及工艺流程图（已有竣工图或设计图时，只进行核对修正即可），注明是内外高程、连接管管径、管材等。同时，还应调查了解自耗水量、使用药剂名称、单价、运营费用与处理效果等资料。

（4）既有贮配水构筑物，应调查其容量、高低水位的高程、防寒措施，进、配、排溢水管的管径、管材、装配位置、排水方式及不良地基处理措施等。

（5）既有主要配水设备如客车上水栓、消火栓、公用给水栓、罐车上水及泄水设备等，应调查其出水能力、设置位置、防寒措施及使用情况等。

（6）既有单独使用的小型污水处理构筑物如厌氧滤池（罐）、沉砂池、隔油池、化粪池、酸碱中和池等，应调查其使用现状和效果以及淤塞、维修等情况。

（7）应调查既有污水排出方式是否合理、对环境造成污染的程度、是否满足环评排放标准、存在问题及改进意见，如用作农田灌溉，应化验水质是否符合农灌标准。严寒地区还应调查冬季排水处置方式。

（8）如既有水源系采用城镇或工矿企业的自来水，既有污水系排入其他单位的排水管网，则应调查供水、排水的实际使用情况及存在问题，如新增用水量或排水量增大且超过原协议时，应当同铁路局与原协议单位协商，补订协议。

## 4. 应交资料

本阶段应交资料，按表 2-15 办理。

表 2-15　改建铁路给水排水初测应交资料汇总表

| 类别 | 编号 | 资料名称 | 说明 | 份数 | 附注 |
|---|---|---|---|---|---|
| 综合 | 1 | 给水排水初测报告书 | | 2 | 可合并编写装订成册 |
| | 2 | | | | |
| 水源 | 3 | 水源地形地质平面图 | 1：500 | 1 | 改（扩）建水源时才要 |
| | 4 | 地表水水质分析报告表 | | 1 | 新建水源时才要 |
| | 5 | 地表水水源协议书 | | 4 | 改（扩）建、新建水源时才要 |
| 管路 | 6 | 给水排水工程总平面图 | 比例尺与站场平面图一致 | 1 | |
| | 7 | 管路地形地质平面图 | 地形平坦时可 1：5 000 | 1 | 站外输水管 |
| | 8 | 既有管路系统图 | 1：500，1：1 000 | 1 | 与管路平面图合并者，不另绘 |
| | 9 | 既有导水、排水管路纵断面图 | | | 需进行改扩建时才要 |
| 水处理构筑物 | 10 | 既有给水机械安装图 | | 1 | |
| | 11 | 既有给水所、水处理构筑物结构平剖面图 | 1：500 | 1 | |
| | 12 | 既有污水处理工艺流程图 | | 1 | |
| | 13 | 气象、地质资料汇总表 | | 2 | |
| | 14 | 当地建筑材料及动力调查表 | | 2 | |
| | 15 | 运输便道平面及纵横断面图 | 可利用管路平面图时 | 1 | 当改扩建工程需要时 |
| | 16 | 各种调查表 | | 1 | |

注：以上文件均需提供电子版文档。

## 三、定 测

### 1. 工作目的

根据批准的可行性研究及审查意见，对全线给排水工程设计方案进行检查核对，落实有给排水构筑物与设备的利用、改（扩）建、废弃和新建项目，进行必要的补充调查、丈量测绘。

测绘丈量

根据定侧任务书，对缺少给排水总平面布置图的各站（点）进行地质平面图测绘（或补测），比例尺一般为 1：2 000。

凡需改（扩）建的给水构筑物，均应绘制 1：500 的工点地形地质平面图。测绘面积应能满足改（扩）建设计的需要，一般不小于 100 m×100 m。

对拟建的给排水 ，构筑物及设备的有关部分，应进行实地测绘丈量，绘制详细的平剖面图。如有设计图或竣工图可资利用时，应详细核对并修正。

凡改（扩）建既有设备和构筑物，均应按新建铁路办理。

新增给水站、点（含扩建水源缺乏水文、水文地质资料的站点），均应按新建铁路办理。收集完整的调查、勘探、测绘及相应的工程地质资料。

改、扩建水源或排水系统，如既有水源系采用城镇或工矿企业的自来水，或既有污水系排水其他单位的排水管网，则应调查供水、排的实际使用情况及存在问题，如新增用水量或排水量增大且超过原协议时，应当同铁路局与原协议单位协商，补订协议。

如初测时已签正式协议，定测时只进行落实即可。

新增或改扩建水源、污水处理系统和排出口位置方案，均应征求当地水利、环保有关部门的书面意见（协议或会议纪要）。

### 2. 应交资料

本阶段应交资料，按表 2-16 办理。

表 2-16 改建铁路给水排水定测应交资料汇总表

| 类别 | 编号 | 资料名称 | 说明 | 份数 | 附注 |
|---|---|---|---|---|---|
| 综合 | 1 | 给水排水定测报告书 | 分站提交 | 2 | 参照附录一编写 |
| 水源 | 2 | 水源地形地质平面图 | 1：500 | 1 | 改（扩）建水源时才要 |
| | 3 | 取（集）水构筑物处地质断面图 | 横 1：200，1：500，竖 1：20，1：50 | 1 | 改（扩）建水源，取地表水或渗渠取水时才要 |
| | 4 | 地表水、地下水水质分析报告表 | | 1 | 新建水源时才要 |
| | 5 | 地表水水源协议书 | | 4 | 改（扩）建、新建水源时才要 |
| | 6 | 既有取（集）水构筑物及给水机械安装图 | | 1 | |

续表

| 类别 | 编号 | 资料名称 | 说明 | 份数 | 附注 |
|---|---|---|---|---|---|
| 管路 | 7 | 给水排水工程总平面图 | 比例尺与站场平面图一致 | 1 | |
| | 8 | 管路地形地质平面图 | 站外输水管，地形平坦时可1:5 000 | 1 | 需改扩建时才要 |
| | 9 | 管路地质纵断面图 | 横1:200,竖1:200 | 1 | 需改扩建时才要 |
| | 10 | 管路特别设计地段地形地质平面图 | 根据具体情况自定 | 1 | 需改扩建时才要 |
| | 11 | 既有管路系统图 | 1:500，1:1 000 | 1 | 与管路平面图合并者，不另绘 |
| | 12 | 既有导水、排水管路纵断面图 | | | 需进行改扩建时才要 |
| 水处理构筑物 | 13 | 既有给水机械安装图 | | 1 | 需改扩建时才要 |
| | 14 | 既有给水所、水处理构筑物结构平剖面图 | 1:500 | 1 | 需改扩建时才要 |
| | 15 | 既有水池、水塔内部配管连接图 | | 1 | 需改扩建时才要 |
| | 16 | 既有污水抽升、处理构筑物平剖面图 | 1:500 | 1 | 需改扩建时才要 |
| | 17 | 既有污水处理工艺流程图 | | 1 | 需改扩建时才要 |
| | 18 | 排水协议书 | | 2 | 新增排出口、水量超过原协议时才要 |
| | 19 | 管路迁改平、纵面图及调查表格、资料 | | 1 | 同新建铁路 |
| | 20 | 气象资料汇总表 | | 2 | |
| | 21 | 当地建筑材料及动力调查表 | | 2 | |
| | 22 | 运输便道平面及纵横断面图 | | 1 | 利用管路平面图时，可不另绘 |
| | 23 | 有关协议书及公文、纪要等 | | 各2 | |
| | 24 | 各种调查表及勘测记录本等 | | 各1 | |
| | 25 | 既有给排水房屋丈量详图 | | 1 | 需改扩建时才要 |
| | 26 | 既有管路穿越铁路、公路及河流等纵断面 | 1:100 或 1:200 | 1 | 需改扩建时才要 |

注：以上文件均需提供电子版文档。

## 四、补充定测

### 1. 工作目的

初步设计经过审查，如主要内容有局部变更，而已有的定测资料内容有局部变更，而已有的定测资料不能满足编制施工图设计的要求时，应进行本阶段工作，补充定测是在已有定测资料的基础上进行必要的补充调查与勘测。收集的资料，应能满足编制施工图设计的需要。

## 2．工作要求

补充定测工作，应按《补充定测任务书》的具体要求进行。

初步设计经过审查，如果由于线路、站场位置局部移动（水源方案不变），致使定测阶段勘测的管路及主要管路及主要给排水构筑物的位置部分需要变更重测时，则变更部分应按定测阶段的要求重新定测（变化不大时，亦可利用原定测资料进行必要的补测），若水源方案需要变更，已有的水源勘探资料及定测阶段中定测的管路和主要给排水构筑物位置大部分或全部不能利用时，则应按新建铁路要求进行工作，重新收集完整的定测资料，以满足施工图设计的要求。

初步设计文件经过审查，如主要的原则方案没有变动，而已有的定测资料已能满足施工图设计的需要时，可不进行本阶段工作。

补充定测阶段应交资料参照定测应交资料办理。

附录十六　改建铁路给水排水初测总报告书内容

一、概　述

（一）任务依据及勘测经过、范围和起止时间。

（二）既有线概况。

改建铁路的等级、牵引种类、机车类型、列车对数以及勘测经过、完成任务情况等。沿线自然地理、水文、水文地质情况简述（包括气象、地震烈度等级、不良地质地段及其分界里程等）。

二、给水站分布及水源概况

（一）既有给水站分布情况。

（二）既有给水站水源、水处理设备概况、存在问题、利用、封闭、改（扩）建的理由等。

（三）新设计的给水站分布及水处理设备的意见。

（四）污水处理及排放概况。

1．既有污水处理及排放的现状、存在问题、利用、改扩建处理设备及排出口的理由。

2．新增污水处理设备及排水系统的意见。

三、沿线生活供水站（点）既有水源概况，利用废弃、改扩建、新建水源的意见

四、排水系统

（一）既有排水系统的使用情况、存在问题、既有污水排放对环境的影响。

（二）既有排水管路、构筑物及设备可利用的程度及改扩建的措施。

（三）拟新增污水处理设备及排放口位置的意见。

五、既有的行政区划分及定员

六、有待进一步解决的问题及下阶段勘测（设计）注意事项

附录十七　改建铁路给水排水定测报告书内容

一、概　述

（一）任务依据及勘测经过、范围和起止时间。

（二）既有线概况。

改建铁路的等级、牵引种类、机车类型、机车交路、列车对数以及勘测经过、完成任务情况等。

沿线自然地理、水文、水文地质情况（包括气象、地震烈度等级、不良地质地段及其分界里程等）。

二、给水站分布及水源概况

（一）既有给水站分布情况。

（二）全线既有水源概况、存在问题、利用、封闭、改（扩）建、新建给水站等的理由等。

（三）既有水处理设备的现状、存在问题、利用、改扩建处理设备的理由。

（四）新设计的给水站及水水源及水处理设备的意见。

三、全线污水处理及排放概况

（一）既有污水处理及排放的现状、存在问题、利用、改扩建处理设备及排出口的理由。

（二）新增污水处理设备及排水系统的意见。

四、沿线生活供水站（点）既有水源概况，利用废弃、改扩建、新建水源的意见

五、新建生活供水站（点）水源

六、既有的和设计的行政区划分及定员

七、给水站分站报告

（一）概述：车站名称、站别、车站中心里程与轨顶高程，近、远期的最高日用水量和排水量，本站勘测经过以及气象、地质等情况。

（二）既有水源主要给水设备（机械、水处理、贮配水设备等）及管路的能力，利用、废弃或改扩建上述设备及管路的理由。

（三）改建水源及水处理设备的意见。

（四）新设计的给水站水源及水处理（按新建铁路定测报告书内容办理）。

（五）排水系统。

（1）既有排水系统的使用情况、存在问题、既有污水排放对环境的影响。

（2）既有排水管路、构筑物及设备可利用的程度及改扩建的措施。

（3）拟新增污水处理设备及排放口位置的意见。

八、给排水管路及构筑物工程地质概况

新改（扩）建主要给排水构筑物的场地工程地质说明以及特殊地区的（湿陷性黄土、盐渍土、膨胀土、软土、冻土、沙漠等）修建给排水构筑物应采取的工程措施等。

九、沿线给排水管线迁改工程统计表（按新建铁路定测报告书内容办理）

十、有待进一步解决的问题及下阶段勘测（设计）注意事项

附录十八　改建铁路地下水源调查表（表 2-17）

表 2-17　改建铁路地下水源调查（线站）

| 取水构筑物类型 | | 建筑年代 | |
|---|---|---|---|
| 含水层类别及厚度 | | 涌水量 | |
| 内径、井深 | | 水位变化情况 | |
| 示意图 | | | |

调查人：　　　　　　　　　　　　复核人：

年　　　月　　　日

## 附录十九 改建铁路既有给水机械调查表（表 2-18）

表 2-18 改建铁路既有给水机械调查

| 水泵型号 | | 电机型号 | |
|---|---|---|---|
| 水泵台数 | | 电机台数 | |
| 水泵流量 | | 电机功率 | |
| 水泵扬程 | | 电机转数 | |
| 示意图 | | | |

调查：                    复核：

年　　　月　　　日

## 附录二十　改建铁路既有净水处理构筑物、设备调查表

表 2-19　改建铁路既有净水处理构筑物、设备调查（线站）

| 名称 | | 建筑年代 | |
|---|---|---|---|
| 处理能力 | | 药剂耗量 | |
| 处理效果 | | | |

工艺流程图

平面示意图（标注尺寸）

示意图

调查：　　　　　　　　　　复核：

年　　月　　日

## 附录二十一 改建铁路既有水池、水塔调查表

表 2-20 改建铁路既有水池、水塔调查（线站）

| 建筑年代 | | 配管情况 | |
|---|---|---|---|
| 建筑材料 | | 高水位 | |
| 容积 | | 低水位 | |
| 主要尺寸 | | 排水形式 | |
| 示意图 | | | |

调查： 复核：

年 月 日

## 附录二十二 改建铁路既有污水处理构筑物、设备调查表（表2-21）

表 2-21 改建铁路既有污水处理构筑物、设备调查（线站）

| 名称 | | 建筑年代 | |
|---|---|---|---|
| 处理能力 | | 进水管直径 | |
| 处理效果 | | 出水管直径 | |

工艺流程图



平面示意图（标注尺寸）

调查：　　　　　　　　　　　　　复核：

年　　　月　　　日

## 附录二十三　改建铁路既有污水泵站（井）调查表（表 2-22）

表 2-22　改建铁路既有污水泵站（井）调查（线站）

| 建筑年代 | | 集水池尺寸、深度 | |
|---|---|---|---|
| 建筑材料 | | 排污泵类型 | |
| 水泵型号 | | 流量、扬程 | |
| 功率 | | 扬水管径、管长 | |

示意图

调查：　　　　　　　　　　复核：

年　　月　　日

## 附录二十四 改建铁路既有排水检查井调查表（表 2-23）

表 2-23 改建铁路既有排水检查井调查（线站）

| 编号 | 建筑材料 | 规格尺寸 | 平面图式 | 井口高程 | 地面高程 | 管底高程 | 附注 |
|------|----------|----------|----------|----------|----------|----------|------|
|      |          |          |          |          |          |          |      |
|      |          |          |          |          |          |          |      |
|      |          |          |          |          |          |          |      |
|      |          |          |          |          |          |          |      |
|      |          |          |          |          |          |          |      |
|      |          |          |          |          |          |          |      |
|      |          |          |          |          |          |          |      |
|      |          |          |          |          |          |          |      |
|      |          |          |          |          |          |          |      |
|      |          |          |          |          |          |          |      |
|      |          |          |          |          |          |          |      |
|      |          |          |          |          |          |          |      |
|      |          |          |          |          |          |          |      |
|      |          |          |          |          |          |          |      |
|      |          |          |          |          |          |          |      |
|      |          |          |          |          |          |          |      |
|      |          |          |          |          |          |          |      |
|      |          |          |          |          |          |          |      |
|      |          |          |          |          |          |          |      |
|      |          |          |          |          |          |          |      |
|      |          |          |          |          |          |          |      |
|      |          |          |          |          |          |          |      |
|      |          |          |          |          |          |          |      |
|      |          |          |          |          |          |          |      |
|      |          |          |          |          |          |          |      |
|      |          |          |          |          |          |          |      |
|      |          |          |          |          |          |          |      |

调查：                    复核：

年　　　月　　　日

（要求调查车站新增建筑附近的既有排水管道及其附属构筑物，并绘制在站场图上）

# 第三章　铁路建筑给排水设计

铁路给排水工程一般分为预可行性研究、可行性研究、初步设计和施工图设计阶段。铁路车站生产办公、生活房屋按建筑设计设置室内给排水及卫生设施。一般办公房屋设置公共卫生间、饮水间，卫生间内设蹲式大便器、小便斗、洗手盆、拖布池等卫生设备，饮水间内设电加热开水器。生活房屋设置卫生间、浴室、餐厅、职工伙食团（厨房）等。

建筑生活用水较单一，由车站职工用水和公共用水（车站候车、餐饮等商业服务用水）组成。生产用水种类较多，主要是工务、机务、车辆段、动车段、所、车间、工区等部门按生产工艺要求设置供水条件和设施，主要是铁路生产、加工、制造、维修等生产活动所耗用的水。

铁路建筑给排水系统包括如下系统：自来水给水系统、饮水系统、生活热水系统、中水给水系统、排水系统。

某车站综合楼一层给排水及消防平面图如图 3-1，某车站综合楼二层给排水及消防平面图如图 3-2，某车站综合楼给排水系统图如图 3-3。

## 一、铁路建筑给水系统

首先需要保证铁路建筑给水系统的用水量标准、时变化系数、用水时间、卫生器具的最低工作压力等要求。其次还要设计好进出建筑给水引入、污水排出管道的位置，确定引入管和排出管标高，并做好金属管材的防腐工作，防止杂乱的电流对管材等进行腐蚀。

（1）车站建筑供水有条件宜由室外或市政直供，给水宜采用分质分层供水，分层供水宜采用变频或叠压供水。

（2）给水管道设计不应穿越信号、通信机械室、计算机房、信息机房、变配电间上空，因此车站信号（行车）综合楼供水宜采用下行上给式，但应注意地面下走管尽量避免与通信、信号电缆沟交叉。如采用上行下给式，应从建筑走廊等公共区吊顶内布管，不穿越信号、通信机械室、计算机房、变配电间等电子、电气设备用房上空。

立管最好将其布置在管井内或者角位布置，一般遵循大管在内，小管在外的原则，便于检修。同一管径的管道尽量放置在一起，便于安装支架及整齐美观。布置立管时，要考虑立管与立管的间距、立管与墙面、梁的间距，可以参考国家建筑标准图集《03S402 室内管道支架及吊架》。给水管道与各种管道之间的净距应满足安装操作的要求，且不

铁路（高铁）及城市轨道交通给排水工程设计

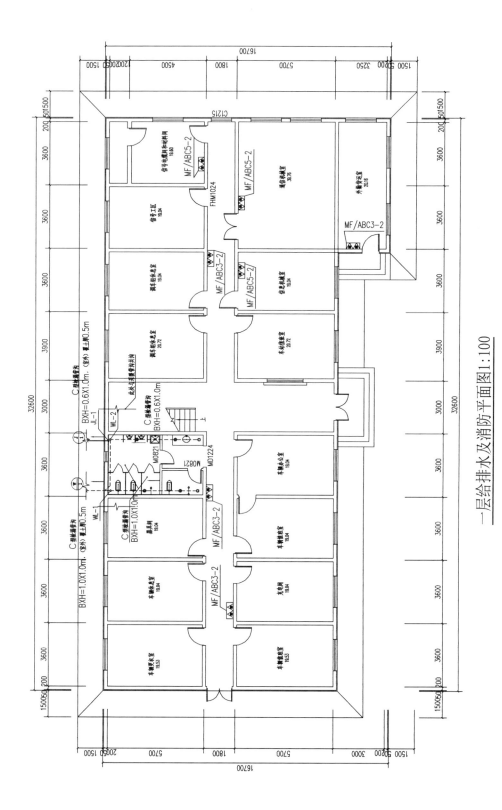

一层给水排水及消防平面图1:100

图 3-1 车站综合楼一层给排水及消防平面图

- 62 -

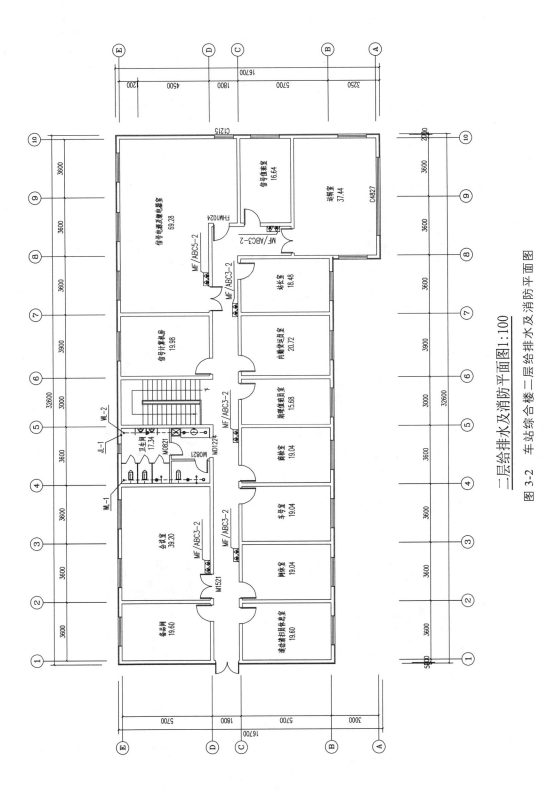

二层给排水及消防平面图1:100

图 3-2　车站综合楼二层给排水及消防平面图

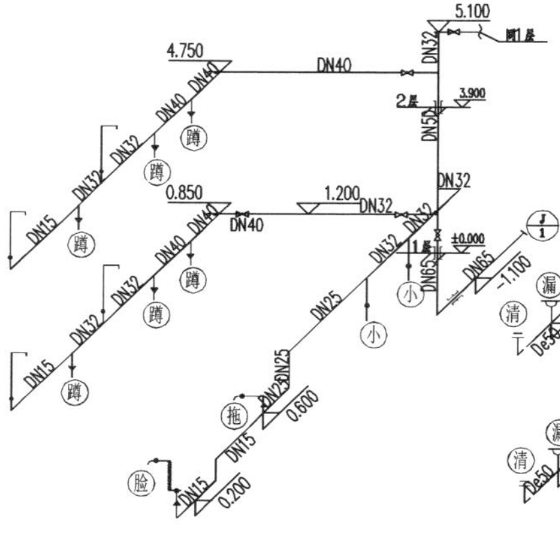

## 主要工程数量表

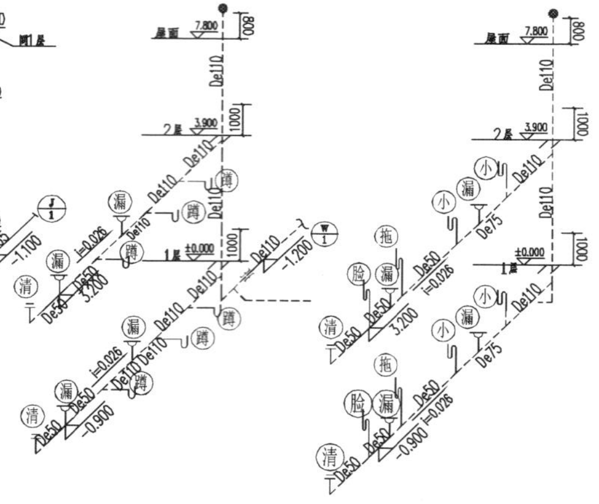

| 序号 | 名称 | 规格型号 | 单位 | 数量 | 备注 |
|---|---|---|---|---|---|
| | | 给排水 | | | |
| 1 | PP-R给水管道 | DN15 | 米 | 7 | P≥1.0MPa |
| 2 | PP-R给水管道 | DN25 | 米 | 7 | P≥1.0MPa |
| 3 | PP-R给水管道 | DN32 | 米 | 16 | P≥1.0MPa |
| 4 | PP-R给水管道 | DN40 | 米 | 4.0 | P≥1.0MPa |
| 5 | PP-R给水管道 | DN50 | 米 | 4.0 | P≥1.0MPa |
| 6 | PP-R给水管道 | DN65 | 米 | 2.5 | P≥1.0MPa |
| 7 | PVC-U排水管道 | De50 | 米 | 12 | |
| 8 | PVC-U排水管道 | De75 | 米 | 2 | |
| 9 | PVC-U排水管道 | De110 | 米 | 31 | |
| 10 | 液压调脚缓闭式止回阀 | Q11F-25T32/40 | 个 | 6 | P≥1.0MPa |
| 11 | 铜制闸阀截止阀 | DN15 | 个 | 2/2 | P≥1.0MPa |
| 12 | 截止阀 | DN15 | 个 | 6 | P≥1.0MPa |
| 13 | 普通水龙头 | | 个 | 2 | |
| 14 | 洗面器水龙头 | 单冷混合水嘴DN15 | 个 | 2 | |
| 15 | 商木封式地漏桶 | DN50/75 | 个 | 2/2 | |
| 16 | 蹲式大便器 | | 个 | 6 | |
| 17 | 拖布池 | | 个 | 2 | |
| 18 | 壁挂小便器 | | 个 | 4 | |
| 19 | 小便器自动冲洗阀 | | 个 | 4 | |
| 20 | 洗涤盆 | | 个 | 2 | |
| 21 | 地漏盆 | | 个 | 2 | |
| 22 | 单管淋浴器 | | 套 | 4 | |
| 23 | 清扫口 | DN50 | 个 | 2 | |
| 24 | 检查口 | DN110 | 个 | 4 | |
| 25 | 柔性排水套管 | DN50/DN65/DN110 | 套 | 1/2/2 | |
| 26 | 灭向密封套管 | DN65 | 套 | 1 | |
| 27 | 伸顶通气帽 | De110 | 个 | 2 | |
| 28 | 90°弯头 | | 个 | 18 | |
| | | 消防 | | | |
| 28 | 钢制灭火箱 | | 个 | 18 | 单个箱内配2具 |
| 29 | 手提式干粉灭火器 | MF/ABC3 | 具 | 18 | |
| 30 | 手提式干粉灭火器 | MF/ABC5 | 具 | 8 | |

给水系统图

排水系统图

图例

说明：
1. 本图尺寸除标高以米计外，其余均以毫米计。
2. 室内给水管道全部采用PP-R管，采用热熔连接。
3. 室内排水管道采用JPVC管，采用粘接。
4. 本图工程数量表统计的仅为室内的普通及阀类附件的数量。

图 3-3 车站综合楼给排水系统图

宜小于 0.3 m。建筑物内埋地敷设的生活给水管与排水管之间的最小净距，平行时不宜小于 0.5 m，交叉埋设时不宜小于 0.15 m，且给水管在上。给水立管与排水立管一般不设置在一起，在一起的话，最小净距也为 0.3 m。

热水管道同时安装应符合下列规定：① 上、下平行安装时热水管应在冷水管上方。② 垂直平行安装时热水管应在冷水管左侧。

（3）应选用节水型卫生洁具及配件，所有卫生器具及给水配件应采用符合国家标准《节水型卫生洁具》GB/T31436、《节水型生活用水器具规范》CJ164 的节水型产品，不得使用国家淘汰产品。公共卫生间盥洗及小便器应采用感应式水嘴和冲洗阀。一般生产、生活、办公场所卫生间小便器均采用自闭式冲洗阀，蹲便器均采用延时自闭式脚踏阀或感应式冲洗阀。

（4）给水支管采用 PPR 管，干管、立管可采用钢塑管。

（5）在水资源紧张的地区，为保护、节约水资源，车站可以考虑设计建筑中水系统，大便器、小便器给水由中水系统提供。如果车站周边有城市再生水管道系统，可以采用引入城市再生水直供。如果周边没有城市再生水管网，收集车站优质杂排水自行进行处理后回用，则需要考虑到铁路车站优质杂排水主要来自职工沐浴排水、盥洗排水、洗衣排水，来源少量小，而车站大量的用水主要集中在卫生清洁、旅客候车卫生间冲厕、车站配套餐饮服务以及客车上水等，属水质浓度较高的污水，存在优质杂排水量和需用水量不平衡的问题。由于中水处理系统的正常运行需要长期的管理维护和一定的技术保障，因此实际采用时应结合铁路管理维护、经济成本进行详细论证。

（6）客运专线大型及以上站房直饮水系统宜分散制备，直饮水管采用不锈钢管。

## 二、铁路建筑消防设计

铁路客运站房、货场仓库、一些多层（高层）办公综合楼、货物仓库、检（维）修库等办公、生活、生产建筑，需要按照规定分别设置各类室内消防设施。建筑消防设施设计主要有以下几类。

### 1. 室内灭火器配置

灭火器的体积小、质量轻、成本低，而且灭火器的配置比较方便，操作管理相对简单，可以快速地使用，能在火灾的初期达到快速灭火。灭火器在火灾的初期，对于火灾的扑救发挥着重要的作用。

灭火器按《建筑灭火器配置设计规范》GB50140、《铁路工程设计防火规范》TB10063设置。配置灭火器的主要生产场所危险等级分类按《铁路工程设计防火规范》TB10063附录 D 执行。

普通办公生产房屋按中危险等级，A 类火灾，在公共区域配置手提式磷酸铵盐灭火器，灭火器均带灭火器箱。

普速铁路区段站以下车站的通信、信号机械室、计算机房，牵引变电所、分区所、自耦变压器所、开闭所、电力变、配电所的控制室、配电装置室、变（调）压器室、电容器室、发电机间、电源间、其他设备用房、其他机械室信息机房等电气设备房间灭火器按中危险级，E 类火灾，室内配置二氧化碳灭火器。

高速铁路和城际铁路的车站、区段站及以上的信号机械室、铁路枢纽通信站通信机房、调度中心（所）通信机房、信息机房，调度所按严重危险级，E 类火灾，室内配置二氧化碳灭火器。

### 2. 室内消火栓系统

铁路站区内的车务、机务、车辆、工务、电务、生活等为铁路运输生产服务，体积大于等于 10 000 $m^3$ 或高度超过 15 m 的建筑。按《铁路工程设计防火规范》TB10063 及《建筑设计防火规范》GB50016 需要设置室内消火栓系统。

在铁路站房设置的消火栓需要满足如下特点：

（1）要根据铁路车站站房的具体情况来设计消火栓箱的型式，而且不同位置的消火栓箱型式也是不同的。水枪充实水柱长度应根据建筑物的层高和选定水枪的设计流量通过水力计算确定

（2）消火栓箱与消火栓箱之间的距离需要设置好，在对此进行布置的时候，需要注意能够满足两股水流能够同时到达任何一处着火点。

（3）在铁路出站口或者进站口应该设置水泵接合器，在其 40 m 以内的范围内设置室外消火栓。

（4）消防水泵设置自动巡检功能。

（5）消防管路防冻措施，应充分考虑维护和运营费用，设置范围应经济合理。湿度大的采暖房间内给排水管路宜考虑防结露措施。

（6）多层建筑消防水箱的储水量应按室内 10 min 的消防用水量经计算确定，当消防用水量不超过 25 L/s，经计算储水量大于 12 $m^3$ 时，仍采用 12 $m^3$；当消防用水量超过 25 L/s，经计算储水量超过 18 $m^3$ 时，仍采用 18 $m^3$。

（7）消防管采用内外热浸镀锌钢管，高质量工程选用内外涂环氧树脂涂塑钢管或者选用镀锌内涂塑复合钢管。

### 3. 高压细水雾灭火装置

无消防供水条件的牵引变电所应配置两套移动式高压细长雾灭火装置。动车检查库内应配备移动式高压细水雾灭火装置两套。

### 4. 自动喷水灭火系统

有客运设施的车站站房，车站站房设置广厅、候车厅、售票厅，车务值班、信号、通信、客运、车务、公安等空间，主要承担旅客安检、检票、候车等服务。

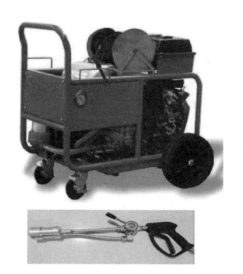

图 3-4　移动高压细水雾设备

目前车站站房中的行包库、商业用房、售票厅、办公用房等均设自动喷水灭火系统。《建筑设计防火规范》GB50016、《铁路旅客车站建筑设计规范》GB50226、《铁路工程设计防火规范》TB10063 等有关规范中，旅客车站候车厅均未明确要求设置自动喷水灭火系统。由于规范没有明确规定，设置与否比较随意，目前完全取决于建筑防护分区是否能满足要求。旅客车站站房候车厅设计中目前通常的做法：大、中型车站（候车厅的建筑面积一般大于 3 000 m²）均考虑设置自动灭火系统，对层高超高或无法采用自动喷水灭火系统，采用设计固定消防炮系统代替。

小型车站候车厅的建筑面积一般不大于 3 000 m²，无论层高多少均不设置自动喷水系统。

车站是人员密集的公共场所，与影剧院、礼堂、体育馆等场所使用性质接近，但车站又不同于以上几个场所，人员流动性强，个体一般短时间停留基本没有长期驻留现象，这种特性又与机场候机厅相类似。

《建规》对剧院、会堂或礼堂、体育馆、体育场均明确规定了设置自动喷水灭火系统，而旅客车站候车厅使用性质接近于以上场所。《自动喷水灭火设计规范》GB50084 附录 A 表 A 设置场所火灾危险等级举例中，属中危险 I 级，公共建筑（含单多高层）中给出了火车站、飞机场和码头的建筑。《铁路工程设计防火规范》TB10063 附录 D.0.1 配置灭火器的主要生产场所危险等级分类，严重危险级 E 类（带电火灾）第一项就是客运专线的车站。这也显示车站的火灾危险等级高。

设置自动喷水灭火系统可以将建筑防火分区面积增大一倍。特大、大中型车站，候车厅面积大，往往需要分隔成不同的防火分区，设置自动喷水灭火系统可以避免大厅中间增设防火卷帘、防火水幕的困难，从而有效地解决建筑防火分区的问题。

自动喷水灭火系统至今已有一百多年的历史了，能把火灾有效控制在轰燃阶段以前，有效地控制了热量和毒气的产生，实现扑灭初期火灾的功能。据统计，与未设置自动喷水灭火系统的建筑物相比，可以减少火灾中人员伤亡的 1/3 到 2/3。

结合工程项目实际情况，高速铁路、城际铁路无论车站大小候车厅均设置自动喷水灭火系统。普速铁路考虑各地经济发展状况，有条件尽量设置；条件困难应征求当地消防主管部门的意见，再决定小型车站候车厅是否设置自动喷水灭火系统。

自动喷水灭火系统根据火灾危险等级、作用面积、保护范围等计算设计流量，布置湿式报警阀、喷头，具体设置可以按照该保护范围的实际情况、规范要求做出安排。对于寄存托运行李包裹的地方，其消防等级的危险级别为严重危险级，要保证其作用面积，喷头布置必须要使整个场所都能被覆盖到。

### 5. 铁路站房、动车库消防水炮设计

高铁车站站房作为城市标志性建筑，气势雄伟，设计建筑高度大，现在越来越多的旅客车站候车厅为高大空间，采用不规则钢网架结构顶面，顶层屋面往往还设计了采光顶，导致无法按常规设置自动喷水灭火系统。对于候车大厅、进站大厅等净空高度大于 12 m 的高大空间，普通的自动喷水灭火系统已经失效，因此设置固定消防炮系统。单炮规格：消防炮流量 20 L/s，额定工作压力≥0.8 MPa，最大工作压力 1.6 MPa，额定射程≥50 m。消防炮由于其经济的考虑，点少布置分散，单炮控制面积大，射程远，水压很大。旅客车站候车厅是人员密集场所，一旦发生火灾，人员疏散是最主要的问题，自动启动固定消防水炮灭火，是否会由于其压力高、威力大，造成人身伤害，引起更大的恐慌和混乱，设计应加以考虑。

动车段、动车所、车辆段、机务段一些生产（维护、检修、调试）库，火灾危险性一般丙类。根据《建筑设计防火规范》GB50016 丙类二级单层厂房最大允许防火分区面积 8 000 m²，若设置自动灭火系统，防火分区的最大允许建筑面积可增加 1.0 倍，即 16 000 m²。面积大于 8 000 m² 的生产库房：新建动车段三级修库及调试库、车体检修涂装库、解体组装库工程除设置消火栓系统外，还需设置红外线自动寻的消防炮及控制系统。根据消防炮的布置及计算水量，选择消防炮规格。单炮规格一般采用流量：消防炮流量 30（L/s），额定工作压力≥0.9 MPa，最大工作压力 1.6 MPa，额定射程≥65 m。

红外线自动寻的消防炮及控制系统主要包括：

（1）红外线自动寻的消防炮、闸阀、电动二通阀、流量指示计。

（2）控制系统：红外线自动寻的消防炮探测装置、消防炮现场控制箱、手控盒、水泵控制器、消防泵联动控制盘、多功能控制模块、直流模块电源、消防泵联动控制模块。

（3）信息处理主机、数据转换器、蓄电瓶、UPS 电源。

（4）系统操作台。

（5）摄像机、显示器。

（6）视频信号远传器、视频信号放大器、视频还原器、视频插入器。

### 6. 气体灭火

铁路建筑设有电子设备的下列处所应设置气体灭火装置：

（1）铁路通信枢纽各通信机房。

（2）客货共线铁路区段站及以上车站、中型及以上旅客车站和高速铁路、城际铁路车站通信机房。

（3）客货共线铁路区段站及以上车站、中型及以上旅客车站和高速铁路、城际铁路旅客车站信号机械室（含信号设备机房、继电器室和电源室、防雷分线室）及区间中继站。

（4）调度中心（所）设备机房。

（5）铁路各级运营管理部门的信息机房，客货共线铁路区段站及以上车站、中型及以上旅客车站和高速铁路、城际铁路旅客车站信息机房。

（6）设计速度 200 km/h 及以上铁路自然灾害与异物侵限监测系统中心级机房。

（7）牵引变电所主控制室，10 kV、35 kV 地区或中心变、配电所的控制室，66 kV 及以上变、配电所的控制室。

气体灭火设备具体设计可按照以下原则办理：

（1）通信机械室、信号机械室、信息化机房，全线 10 kV 配电所、牵引变电所的主控室，信号楼牵引供电远动系统机房设置无管网柜式七氟丙烷气体灭火装置（图 3-5）。

（2）在设置气体灭火系统的房间设置自动泄压装置，楼道内设置防毒面具。

（3）所有电力、通信、信号、信息化房屋的电缆穿越墙体、楼板的孔洞采用防火堵料进行封堵。

（4）气体灭火房屋设置有气灭后排风设备（包括风机及 70 ℃ 电动防火阀）和下排风口。用于气灭后的有毒气体排放。

图 3-5　七氟丙烷气体灭火装置

## 三、铁路建筑热水系统

（1）车站生产办公、生活房屋根据需要设置电开水器供应饮用开水。

（2）适合采用太阳能热水的地区淋浴间采用太阳能真空管式热水器供应洗浴热水。

（3）严寒地区大型及以上站房盥洗间宜设热水供应设备，寒冷地区大型及以上站房仅在母婴、VIP 候车及贵宾室设置热水供应设备，热水供应易分散制备。

（4）热水支管采用 PE-X、稳态 PPR 管或 PB 管，干管可采用热镀锌内衬（涂）钢塑管或薄壁不锈钢管；

## 四、铁路建筑排水系统

铁路建筑排水一般包括生活污水、生产废水、生产污水、建筑雨水。铁路站段等生产、生活、办公房屋按建筑设计和工艺要求设置室内给排水卫生设施。一般生产、办公房屋设置公共卫生间，公寓设置套内卫生间，内设蹲式大便器、小便斗、洗手盆、拖布池等卫生设备。

（1）办公区排水系统采用污废水合流制，依靠重力排入室外站区内的排水干管，设置伸顶通气立管。

（2）排水管道设计不得穿越信号、通信机械室、计算机房、变配电房宿舍、公寓的卧室，食堂备餐区等上空。

（3）站台雨棚和站房屋面雨水优先采用重力排水，当无法采用重力流或重力流不经济时，可采用压力流。

（4）室外及半室外的排水管路防冻措施，应充分考虑维护和运营费用，设置范围应经济合理。空调房间内给排水管路宜考虑防结露措施。严寒地区站房及雨篷的雨水管路宜考虑防冻措施。

（5）厕所、盥洗室、卫生间及其他房间需经常从地面排水时，应设地漏。

（6）室内排水沟与室外排水管道连接处，应设水封装置。排水管穿过承重墙或基础处，应有保证建筑物沉降不破坏管道的措施。

（7）厨房内食品制备及洗涤设备的排水、生活饮用水贮水箱（池）的泄水管和溢流管不得与污、废水管道系统直接连接，而应采取间接排水的方式。

（8）厨房、餐厅和公共浴室等排水设置网框式地漏，食堂和餐厅污水为含食用油污水，需经室外隔油池方可排入污水管道。地漏采用高水封防返溢地漏，顶部略低于装饰地面；清扫口采用不锈钢制品，顶部与地面齐平；卫生设备设置存水弯，其水封高度不小于 50 mm。

（9）建筑排水管一般采用 UPVC 管，有电拌热要求时采用机制排水铸铁管，雨水管采用 HDPE 管。排水塑料管必须按设计要求及位置装设伸缩节。如设计无要求时，伸缩节间距不得大于 4 m。明设排水塑料管道穿楼板应按设计要求设置阻火圈或防火套管。

## 五、建筑屋面雨水系统

### 1. 建筑屋面雨水系统分类

屋面建筑雨水系统主要分为重力流（87 型斗）雨水系统、压力流（虹吸式）雨水系统及堰流式雨水排放系统。

（1）重力流雨水系统：使用 65 型、87 型雨水斗的系统，设计流态为半有压流态，系统的流量负荷、管材、管道布置等考虑了水流压力的作用，目前我国一般建筑雨水普遍使用的就是该系统。

（2）压力流（虹吸式）雨水系统：我国《建筑给水排水设计规范》GB50015 中规范名称，专指虹吸式雨水系统。虹吸式系统设计流态为水的一相满流，在提高系统的流量依靠升高屋面聚水水面高度，但升高水位与原总体相对高度比例微小，因此超重现期雨水须设计溢流设施排除。重力流和虹吸（压力流）流态如图 3-6。

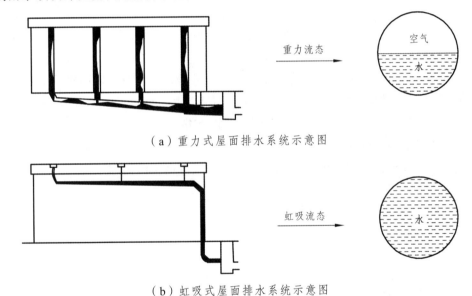

（a）重力式屋面排水系统示意图

（b）虹吸式屋面排水系统示意图

图 3-6　重力流和虹吸（压力流）流态示意图

（3）堰流式（重力流）雨水系统：使用自由堰流式雨水排放，设计流态为无压流。

屋面雨水系统按其他标准分类：

（1）按管道的设置位置分为：内排水系统、外排水系统。

（2）按屋面的排水条件分为：檐沟排水、天沟排水几无沟排水。

（3）按出户横管（渠）在室内部分是否存在自由水面分：密闭系统、敞开系统。

### 2. 建筑雨水系统的选择

（1）选择的雨水系统应能尽量迅速、及时将屋面雨水排放至室外或管道渠。屋面雨水流量设计参考使用年限重现期的降雨量。

（2）超常量雨水从溢流口溢流属于非正常排水，应尽量减少或避免。

（3）本着既安全又经济的原则选择系统。安全范围包括：室内无积水、屋面溢水概率低、管道无漏水冒水。经济范围包括：满足安全的前提下，系统造价低，寿命长。

（4）在采取了足够措施能保证超重现期雨水不会流入雨水斗时，可采用堰流系统辅助。

（5）不允许室内地面冒水的建筑应采用密闭系统或外排水系统，不得采用敞开式雨水系统。

（6）选择虹吸式雨水系统时需要考虑降雨量设计引起的系统安全性和经济性平衡问题。降雨量设计大，则溢流事故少，安全性好，但管径大，虹吸发生概率降低，经济性下降。降雨量设计小，则经济性好，且虹吸效果明显，但溢流事故多，安全性下降。设计中应根据实际情况以安全性第一考虑。

（7）屋面集水优先考虑天沟形式，雨水都汇集于天沟内。

（8）虹吸式系统应采用密闭系统。

（9）落客平台、高架站台雨水应自成系统排到室外散水或明沟，不得与虹吸式屋面雨水系统相连接。

（10）雨水口及汇水水面低于室外雨水井检查井地面标高时，比如地下车库汽车坡道上的雨水口、窗井内雨水口等，收集的雨水应排入室内雨水集水池，采用水泵压力流系统排放。不得由重力流直接排入室外雨水检查井。

（11）寒冷地区尽量采用内排水系统。

（12）严禁屋面雨水接入室内生活污废水系统或室内生活污废水管道直接与屋面雨水系统连接。

### 3. 建筑物雨水系统的选用

（1）按雨水的系统安全性、经济性排列。

（2）根据安全性大小雨水系统先后排列次序：

密闭式系统→敞开式系统。

外排水系统→内排水系统。

87斗重力流系统→虹吸式系统→堰流斗重力流系统（以屋面溢流频率为标准）。

（3）根据经济性优劣，雨水系统先后排列次序：

虹吸式系统→87斗重力流系统→堰流斗重力流系统。见表3-1。

表3-1　87斗系统、虹吸式系统及堰流斗系统比较

| 项目 | 87斗系统 | 虹吸式系统 | 堰流斗系统 |
|---|---|---|---|
| 设计流态 | 气水混合流<br>重力流(做压力考虑) | 水一相流<br>有压流 | 附壁膜流<br>重力流（不考虑压力） |
| 雨水斗形式 | 87型或65型 | 淹没进水式 | 自由堰流式 |

续表

| 项目 | 87斗系统 | 虹吸式系统 | 堰流斗系统 |
|---|---|---|---|
| 服役期间允许经历的流态 | 附壁膜流，气水混合流，水一相流 | 附壁膜流，气水混合流，水一相流 | 附壁膜流范围之内 |
| 管道设计数据 | 主要来自实验 | 公式计算 | 公式计算 |
| 超重现期雨水排除 | 主要由系统本身。设计方法考虑了排放超量雨水 | 主要通过溢流。设计状态充分利用了水头，超量水难再进入 | 必须通过溢流。按无压设计，超量水进入会产生压力，损害系统 |
| 屋面溢流频率 | 小 | 大 | 大 |
| 设计重现期取值 | 小 | 大 | 大 |
| 雨水斗标高位置要求 | 适中 | 严格 | 宽松 |
| 斗前水位超高限制 | 无 | 无 | 不得高于堰流态水位 |
| 管材耗用 | 介于后二者之间 | 省 | 费 |
| 系统计算 | 简单，比较宽松 | 准确，但复杂 | 简单 |
| 溢流口设置要求 | 易实现 | 易实现 | 要求严格，难实现 |
| 管材承压要求 | 高 | 高 | 低 |
| 堵塞对上游管影响 | 无 | 无 | 有漏水甚至破裂隐患 |

## 六、人防积水排水系统

铁路工程站房投影面下区域一般不考虑人防，一般在配套的社会停车场、地铁、商业开发项目中考虑或另行异地建设。

关于铁路人防给排水设计方面需要做好以下 3 个方面的内容。首先是关于防爆地漏的设计，对于铁路站房外面的防毒通道、简易洗消间这一类需要进行冲洗的房间，都需要设置好直径在 110 mm 以上的防爆地漏。其次是给水排水管道的设置，在给水排水管道穿过人防外墙的时候，需要做好三防的应急措施。所谓的三防就是要防震、防水和防不均匀沉降。所以在给水排水管道穿越人防外墙的时候，其与土壤交接的地方需要有接头，这样能够防不均匀沉降，也能够防震。最后是防爆波阀的设置。铁路站房室外的各种管道交错纵横，所以在其穿越人防墙和人防墙外围的地方需要做好防爆阀的安置工作。防爆阀对于给排水管道来说可以起到安全防护的工作，因为铁路车站自身的特点，所以有时候水压可能会对水管造成压迫，这样做的目的是可以防止水压的冲击波沿着管道流入人防内部，造成铁路车站各项功能的不正常运作。

## 七、施工注意事项

（1）给水排水施工前应充分研究图纸，结合施工进度，做好管线、孔洞及预埋件的预留或预埋。给水、排水管道上必须配备必要的支、吊、托架，具体形式由安装单位根据现场实际情况确定。工艺设备的给水、排水接口预留，应充分与设备供应商沟通后，预留好预埋管线便于安装。

（2）给水管道穿楼板、墙体时应预埋钢套管，套管比所穿管道直径大 2 号。套管高出地面 20~30 mm，套管与管道之间的缝隙应用耐火材料填实。

（3）给水系统安装竣工并经试压合格后，应对系统反复注水、排水，直至排出水中不含泥沙、铁屑等杂质，且水色不浑浊方为合格。

（4）排水管道穿楼板、墙体时，应预留孔洞（孔洞尺寸比所穿管道直径大 2 号）；塑料排水立管每层设伸缩节；明设的室内塑料排水立管穿楼板的下方和塑料排水横管穿越防火墙的两侧，当管径 DN≥100 mm 时，应安装阻火圈。

（5）给排水管道穿地下室外墙、水池壁、屋面时，是否采取了防水措施，应预埋相应规格的防水套管。

（6）特殊设备如气体灭火等设备供货商应指导安装。

（7）设备及管线高空作业时应注意人员和设备的安全，做好现场安全组织和策划。

（8）各设备系统订货、安装、调试和保养时，应充分与供应商和设计方沟通，由供应商进行现场指导。

（9）卫生洁具详见主要设备材料表，卫生洁具的楼板留洞应以到货卫生洁具为准。设备基础待设备到货核对后再施工。

（10）给水系统安装竣工并经试压合格后，应对系统反复注水、排水，直至排出水中不含泥沙、铁屑等杂质，且水色不浑浊方为合格。

（11）施工严格遵守有关施工验收规范，对图纸有疑问或不清楚时应及时与设计单位联系。

（一）室内消火栓消防管道安装事项

（1）室内消火栓系统安装完成后应取试验用消火栓做试射试验，达到设计要求为合格。

（2）安装消火栓水龙带，水龙带与水枪快速接口绑扎好后应根据箱内构造将水龙带官方在箱内的挂钉、托盘或支架上。

（3）箱式消火栓安装，栓口应朝外，不应安装在门轴侧，栓口中心距地 1.1 m，阀门中心距箱侧面 140 mm，距箱后内表面 100 mm。

（4）管道的支吊架安装应平整牢固，间距应符合《建筑给水排水及采暖工程施工质量验收规范》中规定。

（二）消防稳压装置安装事项

（1）消防稳压装置的安装，应符合现行国家标准《机械设备安装工程施工及验收规范》的有关规定。

（2）消防稳压装置的规格、型号应符合设计要求，并应有产品合格证和安装使用说明书。

（3）需要专业、经消防相关部门认证的公司负责提供设备和安装。

（4）所有电力、牵引变电、通信、信号房屋的电缆穿越墙体、楼板的孔洞采用防火堵料进行封堵。具体做法参见防火封堵图：06D105。

## （三）其　他

（1）本专业施工设计图纸尺寸除标高以米计外，其余尺寸均以毫米计。标高以室内地坪±0.000 m为准，给水管标高指管中心，排水管标高指管内底。

（2）管道走向、安装标高布置等如相互之间有矛盾或与其他专业有矛盾时，可根据电管在上，水管让风管，小管让大管，压力管让重力管的原则进行调整。

（3）气体灭火系统气体灭火系统应符合《气体灭火系统设计规范》GB50370、《气体消防系统选用、安装与建筑灭火器配置》07S207及设计要求，同时需要专业、经消防相关部门认证的公司负责提供设备和安装。

（4）施工承包公司应与其他专业承包公司密切合作，合理安排施工进度和设备、器材、管道的设置位置，避免碰撞和返工。

（5）管道、设备安装须与建筑结构专业配合，做好预留工作。管道穿楼板及屋面时，按照施工验收规范规定的尺寸预留孔洞，并做好防水措施。施工时，应预先对设备及管道布置进行现场核实，设备基础须待设备到货核对尺寸无误后方可进行浇注或制作，保证施工中与土建预留的安装条件一致。

（6）所有设备、器材订货时，须向供货厂方说明使用条件、环境、耐酸、耐碱、防腐、防爆等要求。

（7）设备订货时不能选用国家公布的淘汰产品。为保证工程质量，设计采用的设备、材料的主要技术参数、性能在订货时不得随意改换，如有合理化建议需要变更时，须征得设计单位同意，并以设计变更通知书为准。消防设备、器材须有消防主管部门颁发的生产、销售许可证或准用证，设计图纸需报请消防主管部门审查并出具审查意见同意后方可施工，施工完后需经消防主管部门验收合格后方可交付使用。

（8）各单项房屋的化粪池位置及方向，应与室外给排水图对照施工，并以室外给排水图为准。

（9）凡未说明部分，均按《建筑给水排水及采暖工程施工质量验收规范》GB50242、《气体灭火系统施工及验收规范》GB 50263、《通风与空调工程施工质量验收规范》GB50243等现行有关施工及验收规范、规程、规定执行。

# 第四章　铁路室外给水排水工程设计

　　铁路室外给水排水工程设计应密切衔接铁路建筑给排水的设计，重点解决水源、净水处理、输配水及排水的收集、污（废）水处理等。铁路室外给水排水设计应执行各阶段设计审查意见，并在分册说明书中说明设计审批意见的主要内容及执行情况。

　　编制设计文件要认真执行有关设计规范和技术标准，采用有效期内的国家及行业的标准。积极采用新设备、新材料、新技术和新方法以提高设计成果的质量。

　　设计文件要符合设计阶段文件编制深度、内容、格式的要求，完整齐全。说明能充分表达设计意图，文字精练，图面清晰，技术措施无原则性重大差错，尽可能减少一般性的差错、遗漏，避免各专业间配合上的矛盾、脱节或重复，尽量采用通用设计和通用图纸，保证高质量、高效率、高水平的设计成果。

　　铁路给排水设计图纸和图例符号应按《铁路工程制图标准》（TB/T10058—2015）、《铁路工程制图图形符号标准》（TB/T10059—2015）办理；设计文件要使用标准的图形符号及技术名词，图纸的尺寸规格和文件的分发（出版）份数要符合相关规定要求。

　　设计是整个工程建设的灵魂，设计文件是安排建设项目和组织施工的重要依据。要认真贯彻技术先进和节省投资的方针，考虑给排水设备施工、运营维护方便。坚持设计的科学性、经济性和合理性，要切实处理好需要与可能、长期与近期、全局与局部、主体与辅助、技术与效益的关系。

## 第一节　给水系统

### 一、水量计算

　　车站的用水量是确定车站的水源能力、贮配水构筑物规模、机械设备能力、确定输配水管道管径的主要依据，并且直接影响到工程投资费用。

　　（一）旅客列车给水站的运输用水量

$$Q = 1.2 \cdot \sum_{i=1}^{N} (n_i \cdot q_i) \tag{4-1}$$

式中　　$Q$——旅客列车给水站运输总用水量（m³/d）；

$N$——旅客列车总列数（列/d）;

$n_i$——旅客列车最大编组数量（辆/列）;

$q_i$——旅客列车每辆车水箱容量（m³/辆）。

（1）旅客列车给水站的给水设备能力除应满足旅客列车最大交会时同时给水的需要外，还应符合下列规定：

①通过式旅客列车给水站，每昼夜给水作业的旅客列车少于24列时宜按一排旅客列车给水设备同时给水计算；每昼夜给水作业的旅客列车为24～59列时，应按两排旅客列车给水设备同时给水计算；每昼夜给水作业的旅客列车为60～107列时，应按三排旅客列车给水设备同时给水计算；每昼夜给水作业的旅客列车大于107列时，应按不少于四排旅客列车给水设备同时给水计算。

②尽端式旅客列车给水站，每昼夜给水作业的旅客列车少于24列时，宜按一排旅客列车给水设备同时给水计算；每昼夜给水作业的旅客列车为24～70列时，应按两排旅客列车给水设备同时给水计算；每昼给水作业的旅客列车为71～100列时，应按三排旅客列车给水设备同时给水计算；每昼夜给水作业的旅客列车大于100列时，应按不少于四排旅客列车给水设备同时给水计算。

③客车整备库、整备线，动车段（所）检查库给水设备应按同时整备的旅客列车列数的50%计算。

（2）旅客列车给水设备设计流量应符合下列规定：

①通过式及尽端式旅客列车给水站的每座旅客列车给水设备栓口设计流量不应小于 2.5 L/s，当两线路间设置双栓同时给两列旅客列车给水时，其每个栓口设计流量不应小于 2.0 L/s，每座栓室总流量不应小于 4.0 L/s。

②客车整备库和整备线、动车段（所）检查库的旅客列车给水设备栓口设计流量不应小于 1.5 L/s。

（二）铁路生产用水量

生产用水量根据生产工艺、设备用水要求经计算确定；无资料时，可采用表 4-1 的规定取值。

表 4-1　铁路生产用水量

| 序号 | 用水种类 | | 单位 | 用水量（m³） | 备　注 |
|---|---|---|---|---|---|
| 1 | 机车外皮洗刷 | | 台 | 1.5～2.0 | |
| 2 | 集便器污物箱冲洗 | | 个 | 0.4～1.0 | 根据污物箱的容积确定 |
| 3 | 罐车洗刷 | 粘油 | 辆 | 5～10 | |
| | | 轻油 | 辆 | 1.0～2.0 | |
| 4 | 车辆洗刷 | 客车外皮 | 辆 | 1.5～2.0 | |
| | | 客车台车 | 辆 | 1.5～2.0 | |
| | | 货车 | 辆 | 3.0～5.0 | |

| 序号 | 用水种类 | | 单位 | 用水量（m³） | 备注 |
|---|---|---|---|---|---|
| 5 | | 客车空调滤网 | 辆 | 1.0 | |
| | | 客车车厢保洁 | 辆 | 0.5 | |
| 6 | 客、货车修理库 | | d | 3.0～5.0 | 小于或等于 2 线库取小值，大于 2 线库取大值 |
| 7 | 煮洗池 | | 处·次 | 20～30 | 第一次充满水，以后一季度或半年更换一次 |
| 8 | 滚动轴承清洗间 | | d | 5.0～10.0 | |
| 9 | 轮轴清洗间 | | d | 10.0 | |
| 10 | 转向架清洗间 | | d | 20.0 | |
| 11 | 电机清洗间 | | d | 12.0 | |
| 12 | 柴油机清洗间 | | d | 15.0 | |
| 13 | 制动间 | | d | 3.5 | |
| 14 | 蓄电池间 | | d | 2.0～8.0 | 动车段（所）、客车段、客车整备所、机务段用大值，其他单位取小值 |
| 15 | 柴油机间 | | d | 4.5 | |
| 16 | 水阻试验 | | 次 | 25.0 | 试验池换水 |
| 17 | 罐车修车库 | | d | 30.0 | |
| 18 | 中修库 | | d | 10.0 | |
| 19 | 小、辅修库 | | d | 5.0～10.0 | |
| 20 | 动车组检查、检修库 | | d | 10.0～20.0 | 根据动车组检修流程确定 |
| 21 | 设备维修车间 | | d | 1.0 | |
| 22 | 配件加工修理间 | | d | 5.0 | |
| 23 | 车体配线间 | | d | 3.5 | |
| 24 | 空调机组检修间 | | d | 2.0 | |
| 25 | 冷却器热交换器间 | | d | 8.0 | |
| 26 | 电扇检修间 | | d | 2.0 | |
| 27 | 过滤器间 | | d | 3.0 | |
| 28 | 水冷型空气压缩机间 | | d | 3.0 | |
| 29 | 冷却水制备间 | | d | 4.0～6.0 | |
| 30 | 电机轮对间 | | d | 1.5 | |
| 31 | 干砂间 | | d | 2.0 | |
| 32 | 油脂发放间 | | d | 1.5 | |
| 33 | 化验室 | | d | 1.5 | |

| 序号 | 用水种类 | | | 单位 | 用水量（m³） | 备　注 |
|---|---|---|---|---|---|---|
| 34 | 燃油库 | | | 罐 | 5.0 | 油罐清洗，2～4年一次 |
| 35 | 机油库 | | | 罐 | 2.0 | |
| 36 | 喷漆库 | | | 台车 | 4.0 | |
| 37 | 汽车库 | | | d | 3.0～5.0 | 小于或等于3台位取小值，大于3台位取大值 |
| 38 | 机车整备场 | | | 台位 | 0.5 | |
| 39 | 综合机具维修间 | | | d | 5.0 | |
| 40 | 大型维修机具清洗 | | | 台 | 2.0 | |
| 41 | 集装箱物流中心 | 集装箱冲洗 | | 标准箱·次 | 0.3～0.5 | 高压水清洗 |
| | | 流动机械冲洗 | | 台·次 | 0.6～0.8 | |
| | | 汽车冲洗 | | 台·次 | 0.6～0.8 | |
| 42 | 洗衣房 | | | kg·干衣 | 0.04～0.08 | |
| 43 | 机械冷却用水 | 内燃机 | 循环 | kW·h | 0.034 | |
| | | | 直流 | kW·h | 0.068 | |
| | | 空气压缩机（排水式）) | | kW·h | 0.034～0.045 | 容量小时，采用大值 |
| 44 | 锅炉用水 | 蒸汽锅炉4.0 t/h | | 台·d | 57.0 | |
| | | 蒸汽锅炉2.0 t/h | | 台·d | 24.0 | |
| | | 蒸汽锅炉1.0 t/h | | 台·d | 20.0 | |
| | | 蒸汽锅炉0.7 t/h | | 台·d | 18.0 | |
| | | 蒸汽锅炉0.4 t/h | | 台·d | 13.0 | |
| | | 热水锅炉2.8 MW | | 台·d | 37.0 | |
| | | 热水锅炉1.4 MW | | 台·d | 24.0 | |
| | | 热水锅炉0.7 MW | | 台·d | 20.0 | |
| 45 | 采石场 | 风枪用水 | | 支·班 | 0.4～0.5 | 包括皮带运输机及滚（振）动筛 |
| | | 破碎机250×400 | | 台·班 | 20.0～30.0 | |
| | | 破碎机400×600 | | 台·班 | 30.0～50.0 | |
| | | 破碎机600×900 | | 台·班 | 50.0～80.0 | |
| 46 | 煤台、煤场喷洒 | | | m²·次 | 0.002 | |
| 47 | 散热器清洗间 | | | 处·d | 8 | |
| 48 | 动物饮水站 | 大动物 | | 头·次 | 0.02 | |
| | | 小动物 | | 头·次 | 0.004 | |
| | | 猪 | | 头·次 | 0.01 | |
| 49 | 净水设备自耗水 | | | 处·d | (5%～10%)Q | Q为产水量 |

（三）生活用水量

（1）乘务员公寓、食堂、浴室生活用水量指标应符合表 4-2 和《室外给水设计规范》GB50013、《建筑给水排水设计规范》GB50015 的规定。

（2）铁路旅客车站站房用水量可按公式（4-2）计算确定：

$$Q_z = \alpha \cdot H \cdot Q_g \qquad\qquad （4-2）$$

式中　$Q_z$——铁路旅客车站站房用水量（$m^3/d$）；

　　　$\alpha$——用水不均匀系数，高速、城际铁路旅客车站可取 1.0～2.0，客货共线铁路旅客车站可取 2.0～3.0；

　　　$H$——旅客最高聚集人数（人）；

　　　$Q_g$——铁路旅客车站站房生活用水量指标[L/（人·d）]，见表 4-2。

表 4-2　铁路生活用水量指标

| 序号 | 用水类别 | | | 单位 | 用水量指标 | 时变化系数 |
|---|---|---|---|---|---|---|
| 1 | 铁路旅客车站站房 | 客货共线铁路 | 生活用水量 | L/（人·d） | 15～20 | 3.0～2.0 |
| | | | 饮用水量 | L/（人·d） | 1.0～2.0 | 1.0 |
| | | 高速、城际铁路 | 生活用水量 | L/（人·d） | 3.0～4.0 | 3.0～2.5 |
| | | | 饮用水量 | L/（人·d） | 0.2～0.4 | 1.0 |
| 2 | 乘务员公寓 | | | L/（床·d） | 200.0～400.0 | 2.5～2.0 |
| 3 | 职工食堂 | | | L/（人·d） | 20.0～25.0 | 1.5～1.2 |
| 4 | 职工浴室 | | | L/（人·d） | 120.0～150.0 | 2.0～1.5 |

（3）车站其他办公建筑用水量标准参考《建筑给水排水设计规范》GB50015 公共建筑中办公楼每人每班用水量 30～50 L 考虑，用水人数按车站统计定员人数确定。

（四）消防用水量

消防用水量应根据《消防给水及消火栓系统技术规范》GB50974、《建筑设计防火规范》GB50016 和《铁路工程设计防火规范》TB10063 确定。

（五）绿化用水量和浇洒道路用水量

绿化用水量和浇洒道路用水量应符合《室外给水设计规范》GB50013 的有关规定。

（六）车站服务性行业用水量

车站服务性行业用水量可按旅客运输、生产、生活、浇洒道路和绿化用水量总和的 8%～10%计算。

## （七）管网漏失水量

管网漏失水量可按旅客运输、生产、生活、浇洒道路和绿化用水量总和的 10%~12%计算。

## （八）基建、未预见水量

基建、未预见水量可按旅客运输、生产、生活、浇洒道路、绿化用水量和管网漏失水量总和的 10%~15%计算。

## （九）远期用水量

远期用水量可按年递增率 3%~5%计算确定。

## （十）中小车站生活用水量标准

新建铁路中小车站的定员组成主要是工务、车务、信号、通信、电力等其他定员，信号、通信、电力专业在会让站、越行站的生产设施一般均设计为无人值守，仅在县级中间站设有信号、通信、电力工区。车站定员均不考虑带眷率，通常按定员的 50%配备单身宿舍。

生活用水量计算的传统做法是：以车站定员数量乘以生活用水量标准，生活用水量标准一般参照《室外给水设计规范》GB50013 中居民生活用水量标准，但采用此生活用水量标准偏大，因为职工在车站办公及住宿用水量与在城市居民在城市中办公和居家生活用水情况不同，根据统计调查，车站职工生活用水量小于城市居民生活用水量。实际应用中可研、初步设计阶段可采用此规定中的低限。施工图阶段应该根据车站性质、定员数量和生活房屋的配置情况分为定员的办公生活用水和车站公寓（宿舍）的生活用水量综合考虑。

# 二、水源设计

新建车站有条件应尽量采用附近城镇或工矿、企（事）业单位的自来水作为供水水源。但一些国土开发、资源开发性客货共线、货运铁路，新建铁路往往位于地广人稀的地区，车站距离城镇较远，铁路给水无法采用城市自来水作为水源，或者经济上不合理，需要自建水源作为车站生产、生活供水水源。

采用地下水作为水源的车站，有条件应首先开采水质良好的地下水作为水源，最佳的情况是：源水除菌落总数、耐热大肠菌群、总大肠菌群指标不符合《生活饮用水卫生标准》GB5749，其他指标均符合国家饮用水水质标准，经消毒后即可作为车站供水水水源。

铁路集取地下水常用管井、大口井、渗渠、引泉池等地下水取水构筑物。

（一）铁路车站水源井选址

铁路车站新建水源井在水文地质条件不受限、满足供水水量、安全防护距离和相关规范的前提下，原则上应与车站主要用水建筑同侧布置并尽量靠近车站或设置在站场范围内。距建筑物的安全距离，应根据工程地质条件确定。拟选水源井位置距站场最外股道中心线的距离应不小于 50 m，地下不得有通信、电力电缆，管道及其他地下构筑物。

应在地下水位埋藏较浅且不被洪水淹没的地区。同时考虑水源防护，防止污染物进入地下水含水层，最好不要汲取容易受到地表污染源影响的浅层地下潜水。

在地下水源影响半径范围内，不应有坟墓、垃圾堆、排放生活污水和工业废水的明渠以及渗水厕所等污染源。

在已有的取水设备附近增建新的取水设备或新建两个及以上取水设备并需同时运转时，应考虑相互干扰。协调好与工业、城镇及农业用水的关系。（补充定测阶段应该到现场核实附近有无各类机井，考虑相互影响）。

水源应与铁路、桥梁、站房、堤坝保持足够的安全距离，由于过度抽取地下水，局部地下水水位下降会导致地面下陷。铁路车站取水量虽小，但是水源建成后，用水不易控制，为了安全起见，最好保持一定的安全距离。

取水点应设在车站和村庄、工矿企业的上游。

（二）防止污染物进入地下水含水层的主要措施

（1）合理规划布局（包括选址）。

（2）设置地下水水源保护区。

（3）工程措施。

① 地下水的分层开采。

② 采用防止污染物下渗的措施。

③ 污染源的阻隔、清除措施。

④ 管井、大口井结构设计时，井所在的机械间回填土不能有垃圾，粪便等杂物，地面应作防渗处理。生活饮用水地下水水源保护范围、构筑物的防护范围及影响半径的范围，应根据生活饮用水水源地所处的地理位置、水文地质条件、开采方式和污染源的分布等确定。

（4）管理措施。

井或井群的影响半径范围内，不得使用工业废水或生活污水灌溉和施用难降解或剧毒的农药，不得修建渗水厕所、渗水坑，不得堆放废渣或铺设污水渠道，并不得从事破坏深层土层的活动。

（三）水文地质资料

水文地质钻孔，一般比工程地质钻孔大、深度深，钻进工艺和成井工艺也比较复杂，所用的钻机设备也比较大，因而勘探成本较大。

既有线改造可以充分收集站区既有资料，在同一水文地质单元，可以不打勘探井，直接设计勘探生产井。

如果新建铁路能收集到沿线可供利用的既有水文地质资料，沿线供水水源设计为勘探生产井，具有多快好省的优点，因此评价既有水文地质资料是否可以利用，是一件重要的工作。

### 1. 采用勘探生产井的评价

对既有水文地质资料，应按井孔距用水点的距离、含水地层岩性、地下水位、涌水量、水质分析资料、物探资料等进行分析评价。见表4.3。

在评价既有水文地质资料时，一要看勘测区内既有资料的精度，内容是否丰富；二要看给水站、点的性质和类别及所需的日用水量；三要看是哪一阶段的设计要求。三者要统一联系起来，综合分析评价。

表4-3　设计勘探生产井条件评价

| 评价指标 | 评 价 内 容 | |
|---|---|---|
| 资料编制的年代 | 近 | 远 |
| 地貌单元、水文地质单元 | 同一地貌单元或同一水文地质单元内 | 不同地貌单元或不同水文地质单元内 |
| 地下水资源规划，地下水资源开采、人为影响程度 | 符合规划，地下水资源开采、人为影响较小 | 地下水规划他用，开采已超量 |
| 地质定量评价资料 | 有 | 无 |
| 设计阶段 | 资料齐全可作为施工设计的依据 | 资料达不到施工图精度，但能满足初步设计要求 |
| 距用水点距离 | 较近 | 较远 |
| 水量误差 | 水量能基本上满足设计要求，±（10%~15%）之内 | 水量不足，没有安全余量或仅能满足初期设计用水量 |
| 水位误差 | 水位变化在±4.0 m 以内，水位误差不影响扬水机械类型和机械安装 | 水位差距<-4 m 或>4 m，影响到扬水机械的选型及安装 |
| 水　质 | 不影响生产及生活用水的使用 | 水质变化较大，水处理工艺改变 |
| 结　论 | 可按勘探生产井设计 | 不能按勘探生产井设计 |

推算没有把握可用物探进行验证性勘查，方能作为勘探生产井的设计依据。资料不足，差别太大，则应进行钻探和抽水试验。

### 2. 如何设计勘探生产井

勘探生产井既是勘探又是生产的井孔，把勘探与施工成井两个阶段合并同时进行，就是指不通过直接勘探，而是通过搜集利用既有资料（主要指地下水位、水量、水质等定里分析评价的资料）而进行设计的管井。

拟设计的勘探生产井必须根据供水点附近，同一地貌单元或同一地质单元内，已有的生产井或其他的勘探试验孔的资料作为设计的依据，包括含水层的岩性、厚度、层位、层数、地下水位、涌水量、水质等，而且必须是定量的资料，除此以外，还应与供水地区的水文地质条件，可开采水量的难易程度，拟开采的水量、当地水资源管理部门的意见等因素综合考虑。

如果水文地质条件较好，拟设计的井位距离可适当大一些，反之则应小一些. 同时还应考虑拟定的生产井位在水文地质单元里所处的位置，如果位于相差的水文地质区的边缘部位，则距离应小一些，反之则应大一些。

（1）在进行勘探生产井施工时，应精确地测定井孔含水层的层位和岩性，一般应在终孔时进行测井，复核井孔的地层剖面资料，以确定在取水地层中安装过滤器的位置。

（2）在搜集供水地区水文地质资料时. 应对整个地区的水文地质条件进行全面的了解，不应将重点只放在井孔地层剖面上，因为有很多工点从地质剖面来看，是很好的供水点，但从补给条件来看不太理想，可能变成"无源之水"。

（3）勘探生产井在成井之前要进行试验性抽水试验。若勘探生产井可开采水量大大超过原设计的水量，并有两个以上含水层时，可酌情削减设计井筒的深度，但为了防止井筒沉落，应在井筒底部回填砂砾，或用管卡将井筒管固定在井台上。

（4）在搜集既有水文地质资料时，应重视对供水地区附近已有的特别是正在生产的井孔资料，因为它是当地最新的和最客观的水文地质条件的反映。历史上的一些勘探实验和生产井孔的资料也很重要，但要分析这些资料是否被人为的经济活动所破坏而改变了原貌。如果不加分析盲目地采用，就会造成设计失败。

铁路重要车站的地下水源，应有长期观察的水位，可查阅综合水文地质资料，否则，枯水年地下水位下降，取水没保证。潜水泵下泵水位应该考虑一定的安全量。（例如：河北地区的经验是，若不超采，降雨丰水年地下水位平均可上升约 1 米，枯水年因超采地下水，水位又急剧下降。持续丰水年，浅层地下水的水位将更高，浅层与深层地下水的水头差更大，则越流补给量加大，使得以上确定的允许开采量保证程度提高）。因此，水文地质报告应有水文地质参数计算单，应该有钻孔岩土分析报告。

当遇到贫水地区，找水困难，可以利用物探先期开展工作，水文地质物探法主要是电法、磁法，利用物探法选定勘探孔位置，可以提高勘查精度、降低勘查费用。含水层和隔水层的深度、厚度和地下水位测定，通常采用电测深法、探地雷达法和地震法。采用自然电场法测量不同方位的过滤电场，则电位差最大的正电位方向为测点地下水的流向。根据自然电场法、充电法测定的地下水流向及电测深、地震法测定的地下水位资料，结合地质资料综合分析地下水分水岭和调查补给关系确定地下水的补给关系。

管井、大口井可利用勘探钻孔、抽水试验、水文地质参数等资料，计算扩大井径后的产水量。

（四）取水构筑物

正确选用地下水取水构筑物对提高出水量、改善水质及降低工程造价影响很大。设计时应有确切的水文地质资料，取水量必须小于允许开采量，严禁盲目开采，引起水位持续下降、水质恶化及地面沉降。

## 1. 管　井

管井是一种地下水供水水源的取水构筑物，管井有井室、井壁管、过滤器、沉淀管等组成。

管井适用于含水层厚度大于 4 m，底板埋藏深度大于 8 m 的地层。管井一般可开采潜水、承压水、裂隙水及岩溶水。一般出水量在 500 ~ 600 m³/d，最大可达 2 万 ~ 3 万 m³/d，最小 100 m³/d。管井井径一般在 50 ~ 1 000 mm，常用 200 ~ 600 mm，井深一般 8 ~ 1 000 m，常用在 300 m 以内。主要是无压及承压含水层的稳定流完整井。

### 1.1　管井出水量计算

当水源方案选用时，可利用计算的或相似地区的水文地质参数对管井单井理论出水量进行计算。

施工图设计前应进行水文地质勘察，包括水量和水质，施工图应达到 B 级精度，设计前应校核水文地质条件及参数的准确性，在施工图设计时水文地质参数应采用野外实验和地下水动态观测所取得的数据确定。

管井出水量计算方法通常有两种，即理论公式和经验公式。理论公式可以根据获得的水文地质参数进行计算，其精度较差，适用于水源选择，供水方案编制或初步设计阶段。经验公式是在抽水试验基础上进行计算，能反映实际情况，适用于施工图设计阶段。

### 1.2　管井单井出水计算

#### 1.2.1　影响半径的计算

1）潜水及承压水利用抽水试验算出的影响半径

（1）当有 1 个观测孔时，潜水影响半径采用：

$$\lg R = \frac{1.366K(H+h)(H-h)S_1 \lg r}{Q_1} + \lg r \tag{4-3}$$

式中　$K$——渗透系数，表示含水层的渗透性质，在达西公式中，水力坡度 $i$=1 时的渗透速度（表示地下水的运动状态、粘滞系数、含水层颗粒大小、形状、排列）（m/d）；

　　　$h$——井中的水深（m）；

　　　$H$——无压含水层厚度或承压含水层的水头高度或厚度（m）；

　　　$Q_1$——抽水井稳定流出水量（m³/d）；

　　　$S_1$——观测孔内水位降深（m）；

　　　$R$——影响半径，裘布衣公式中以抽水井为轴心的圆柱状含水层的半径（不以井的出水量、水位下降值的大小改变），表示井的补给能力（m）。

承压水影响半径采用：

$$\lg R = \frac{S \lg r_1 - S_1 \lg r}{S - S_1} \qquad (4\text{-}4)$$

式中  $S$——水位降深（m）；

$S_1$——观测孔内水位降深（m）；

$r_1$——抽水井至观测孔距离（m）；

$r$——管井或抽水井的半径（m）。

（2）当有 2 个观测孔时，潜水影响半径采用：

$$\lg R = \frac{S_1(2H - S_1) \lg r_2 - S_2(2H - S_2) \lg r_1}{(S_1 - S_2)(2H - S_1 - S_2)} \qquad (4\text{-}5)$$

式中  $r_1$，$r_2$——抽水井至观测孔距离（m）；

$S_1$，$S_2$——观测孔内水位降深（m）；

$H$——无压含水层厚度或承压含水层的水头高度或厚度（m）。

承压水影响半径采用公式：

$$\lg R = \frac{S_1 \lg r_2 - S_2 \lg r_1}{S_1 - S_2} \qquad (4\text{-}6)$$

式中  $r_1$，$r_2$——抽水井至观测孔距离（m）；

$S_1$，$S_2$——观测孔内水位降深（m）。

2）资料不足时可采用经验公式

（1）潜水库萨金公式： $R = 2S\sqrt{HK}$          （4-7）

（2）承压水集哈尔特公式： $R = 10S\sqrt{HK}$       （4-8）

3）当无资料时根据经验值估算

（1）根据颗粒直径确定影响半径，见表 4-4。

表 4-4　颗粒直径估算影响半径

| 岩性 | 地 层 颗 粒 | | $R$（m） |
| --- | --- | --- | --- |
| | 粒径（mm） | 占重量（%） | |
| 粉砂 | 0.05 ~ 0.1 | 70 以下 | 25 ~ 50 |
| 细砂 | 0.1 ~ 0.25 | >70 | 50 ~ 100 |
| 中砂 | 0.25 ~ 0.5 | >50 | 100 ~ 300 |
| 粗砂 | 0.5 ~ 1.0 | >50 | 300 ~ 400 |
| 砾砂 | 1.0 ~ 2.0 | >50 | 400 ~ 500 |
| 圆砾 | 2.0 ~ 3.0 | | 500 ~ 600 |
| 砾石 | 3.0 ~ 5.0 | | 600 ~ 1500 |
| 卵石 | 5.0 ~ 10.0 | | 1500 ~ 3000 |

（2）根据单位出水量和单位水位下降值确定影响半径，见表 4-5、4-6。

表 4-5 单位出水量估算影响半径 $R$

| 单位出水量 $q=Q/S_w$ | | 影响半径 |
|---|---|---|
| m³/（h·m） | L/（s·m） | $R$（m） |
| >7.2 | >2.0 | 300～500 |
| 7.2～3.6 | 2.0～1.0 | 100～300 |
| 3.6～1.8 | 1.0～0.5 | 50～100 |
| 1.8～1.2 | 0.5～0.33 | 25～50 |
| 1.2～0.7 | 0.33～0.2 | 10～25 |
| <0.7 | <0.2 | <10 |

表 4-6 单位水位下降估算影响半径 $R$

| 单位水位下降量$=S_w/Q$ | $S_w$（m）；$Q$[L/（s·m）] |
|---|---|
| 单位水位降低[m/（L·s）] | 影响半径 $R$（m） |
| <0.5 | 300～500 |
| 1.0～1.5 | 100～300 |
| 2.0～1.0 | 50～100 |
| 3.0～2.0 | 25～50 |
| 5.0～3.0 | 10～25 |
| >5.0 | <10 |

注：$Q$—单位出水量；$S_w$—单位水位下降值。

### 1.2.2 渗透系数的计算

1）利用稳定流抽水试验资料计算渗透系数

（1）当只有 1 个观测孔计算承压水渗透系数时采用：

$$K = 0.366 \frac{Q(\lg R - \lg r)}{M \times S} \tag{4-9}$$

式中 $Q$——管井出水量（m³/d）；

$r$——管井或抽水井的半径（m）；

$M$——承压含水层厚度（m）。

计算潜水渗透系数时采用：

$$K = 0.733 \frac{Q(\lg R - \lg r)}{(2H - S)S} \tag{4-10}$$

（2）当 2 个观测孔时计算承压水渗透系数时采用：

$$K = 0.366 \frac{Q(\lg r_2 - \lg r_1)}{M(S_1 - S_2)} \tag{4-11}$$

2）计算潜水完整井渗透系数时采用

$$K = 0.366 \frac{Q(\lg r_2 - \lg r_1)}{M(\triangle h_1 - \triangle h_2)(\triangle h_1 + \triangle h_2)}$$ （4-12）

式中　$\triangle h_1$，$\triangle h_2$——井中水深的差值（m）。

当无抽水试验资料时可根据表 4-7 估测。

表 4-7　根据颗粒粒径估算渗透系数

| 岩性 | 岩层颗粒 | | 渗透系数 |
| --- | --- | --- | --- |
| | 粒径（mm） | 所占比重（%） | K（m/d） |
| 轻亚粘土 | | | 0.05 ~ 0.1 |
| 亚粘土 | | | 0.01 ~ 0.25 |
| 黄土 | | | 0.25 ~ 0.5 |
| 粉土质砂 | | | 0.50 ~ 1.0 |
| 粉砂 | 0.05 ~ 0.1 | 70 以下 | 1 ~ 5 |
| 细砂 | 0.1 ~ 0.25 | >70 | 5 ~ 10 |
| 中砂 | 0.25 ~ 0.5 | >50 | 10 ~ 25 |
| 粗砂 | 0.5 ~ 1.0 | >50 | 25 ~ 50 |
| 砾砂 | 1.0 ~ 2.0 | >50 | 50 ~ 100 |
| 圆砾 | | | 75 ~ 150 |
| 卵石 | | | 100 ~ 200 |
| 块石 | | | 200 ~ 500 |
| 砾石 | | | 500 ~ 1000 |

### 1.2.3　管井的出水量计算

理论公式可根据水文地质取得的参数进行计算，精度差，适用于水源选择、方案编制或初步设计阶段。经验公式是抽水试验基础上进行计算，能反映实际管井出水量。适用于施工图设计，确定井的型式、构造、井数和井群布置。

1）理论公式

已知含水层渗透系数和影响半径等计算稳定流管井单井在不同水位下降的理论出水量。

（1）适用于完整井潜水含水层。

处于层流的非裂隙水，$S<H/2$，远离水体或河流，公式可采用：

$$Q = \frac{1.366K(2H-S)S}{\lg \dfrac{R}{r}}$$ （4-13）

处于层流的非裂隙水，井距河边水线 $L<0.5R$，公式可采用：

$$Q = \frac{1.366K(H-h)(H+h)}{\lg\dfrac{2L}{r}} \quad\quad\quad (4\text{-}14)$$

式中　$L$——过滤管有效进水长度（m），宜按过滤管长度的 85% 计算。

（2）当为完整井承压水时，且水头 $h$ 大于含水层厚度 $a$：

$$Q = \frac{2.73aKS}{\lg\dfrac{R}{r}} \quad\quad\quad (4\text{-}15)$$

式中　$a$——含水层厚度（m）。

当为完整井承压水时，且水头 $h$ 小于含水层厚度 $a$：

$$Q = \frac{1.366K(2aH-a^2-h^2)}{\lg\dfrac{R}{r}} \quad\quad\quad (4\text{-}16)$$

2）经验公式

经验公式是实际各种复杂因素的体现。通常需要地质勘查提出抽水试验资料或利用近似地区的抽水试验资料。经验公式能够全面的概括井的各种复杂因素这是理论公式所不及的。但抽水试验井的结构应尽量接近设计井，否则应进行修正。

用经验公式时应确定井的出水量 $Q$ 与水位下降 $S$ 之间关系的曲线方程，据此可求出在设计水位降深时井的出水量，据 $Q\text{-}S$ 曲线类型选择计算公式。在有 2 次以上抽水试验资料的基础上给出 $Q=f(S)$ 的出水量与水位下降关系曲线。观察 $Q=f(S)$，有无直线关系。根据《给排水设计手册》第三册"城镇给水"表 3-23，通过确定 $Q$ 与 $S$ 之间的关系——直线型、抛物线型、指数曲线型及对数曲线型，根据适用条件选择对应的公式计算出水量。见表 4-8。

表 4-8　单井产水量经验公式

| 线型 | $Q$ 和 $S$ 的关系图形 | | 计算公式 | $S$ 值外延极限 | 适用条件 |
| --- | --- | --- | --- | --- | --- |
| | 基本图形 | 转化后的图形 | | | |
| 直线型 | | $Q=f(S)$ 曲线通过坐标原点，即 $Q=f(S)$ 呈直线关系，不需转化 | $Q=q_nS$<br><br>$S=\dfrac{Q}{q_n}$　(3-50) | $<1.5S_n$ | 承压含水层 |
| 抛物线型 | | | $Q=Q_n\dfrac{(2H-S)S}{(2H-S_n)S_n}$<br><br>$S=\sqrt{H^2-\dfrac{S_n}{Q_n}(2H-S_n)Q}$<br><br>(3-51) | $<1.5S_n$<br>$<0.5H$ | 潜水含水层 |

| 线型 | $Q$ 和 $S$ 的关系图形 | | 计算公式 | $S$ 值外延极限 | 适用条件 |
|---|---|---|---|---|---|
| | 基本图形 | 转化后的图形 | | | |
| 抛物线型 | $Q=f(S)$ | $S_a=f(Q)$ | $Q=\dfrac{\sqrt{a^2+4bS}-a}{2b}$<br>$S=aQ+bQ^2$ （3-52） | （1.75 ～ 2.0）$S_n$ | 抽水试验结果与公式计算相符时可用于承压水和潜水含水层 |
| 指数曲线型 | $Q=f(S)$ | $\lg Q=f(\lg S)$ | $Q=n\sqrt[m]{S}$<br>$S=\left(\dfrac{Q}{n}\right)^m$ （3-53） | （1.75 ～ 2.0）$S_n$ | 承压含水层。当抽水试验结果与公式计算相符时，亦可用于潜水含水层 |
| 对数曲线型 | $Q=f(S)$ | $Q=f(\lg S)$ | $Q=a+b\lg S$<br>$\lg S=\dfrac{Q-a}{b}$ （3-54） | （2 ～ 3）$S_n$ | |

注：$a$，$b$，$m$，$n$——由抽水试验决定的参数。

若无直线关系，则根据抽水试验资料转化计算表格（表 4-9），并按表中数据转化后的图形选择计算公式。

表 4-9　抽水试验资料转化

| 抽水次数 | 水位下降 $S$（m） | 出水量 $Q$（m³/d） | $S_0=S/Q$ | $q=Q/S$ | $\lg S$ | $\lg Q$ |
|---|---|---|---|---|---|---|
| 1 | $S_1$ | $Q_1$ | $S'_0$ | $q_1$ | $\lg S_1$ | $\lg Q_1$ |
| 2 | $S_2$ | $Q_2$ | $S''_0$ | $q_2$ | $\lg S_2$ | $\lg Q_2$ |
| …… | …… | …… | …… | …… | …… | …… |
| $n$ | $S_n$ | $Q_n$ | $S^T_0$ | $q_n$ | $\lg S_t$ | $\lg Q_t$ |

为提高计算的精度，经验公式中的系数可采用均衡误差法、最小二乘法计算，但均需有 3 次以上的抽水试验资料。

1.2.4　过滤管的进水能力

管井设计出水量，应小于过滤管的进水能力。过滤管的进水能力，应按下式计算确定：

$$Q_g = \pi n V_g D_g L \qquad\qquad （4-17）$$

式中　$Q_g$——过滤管的进水能力（m³/s）；

　　　$n$——过滤管进水面层有效孔隙率，宜按过滤管面层孔隙率的 50% 计算；

　　　$V_g$——允许过滤管进水流速（m/s），不得大于 0.03 m/s；

　　　$D_g$——过滤管外径（m）；

$L$——过滤管有效进水长度（m），宜按过滤管长度的 85% 计算。

1.2.5 松散层管井的设计出水量

应以下式进行允许井壁进水流速复核：

$$\frac{Q}{\pi D_k L} \leqslant V_j \tag{4-18}$$

式中　　$Q$——设计出水量（m³/s）；

$D_k$——开采段井径（m）；

$L$——过滤器长度（m）；

$V_j$——允许井壁进水流速（m/s）。

允许井壁进水流速宜按下式计算：

$$V_j = \frac{\sqrt{K}}{15} \tag{4-19}$$

式中　　$K$——含水层的渗透系数（m/s）。

## （五）大口井

### 1. 渗透系数确定

渗透系数的计算选用潜水完整井的计算公式（4-20）计算：

$$K = \frac{0.733Q(\lg 2b - \lg r_\omega)}{(2H - S_\omega)S_\omega} \tag{4-20}$$

式中　　$Q$——抽水孔的出水量（m³/d）；

$K$——渗透系数（m/d）；

$r_\omega$——抽水孔半径（m）；

$S_\omega$——抽水孔水位降深（m）；

$b$——抽水孔距河岸边的距离（m）；

$H$——潜水含水层的厚度（m）。

### 2. 单井（完整井）出水量的计算

单井出水量的计算采用稳定流大口井出水量的计算公式计算：

1）远离河流的井 $S \leqslant 1/2H$

$$Q = 1.366\frac{K(H^2 - h^2)}{\lg \dfrac{2b}{r_\omega}} \tag{4-21}$$

2）近河流的井 $L < 0.5R$

$$Q = 1.366K\frac{(2H - S)S}{\lg \dfrac{2L}{r_\omega}} \tag{4-22}$$

式中　$Q$——抽水孔的出水量（$m^3/d$）；

$h$——稳定水位时含水层厚度（m）；

$K$——渗透系数（m/d）；

$r_\omega$——抽水孔半径（m）；

$b$——抽水孔距河岸边的距离（m）；

$H$——潜水含水层的厚度（m）。

### 3. 大口井影响半径的计算

根据抽水试验结果计算水源井的影响半径（$R$）。

计算公式如下：

$$R = 2S\sqrt{KH} \qquad (4\text{-}23)$$

式中　$R$——抽水孔影响半径（m）；

$S$——抽水孔水位降深（m）；

$K$——渗透系数（m/d）；

$H$——潜水含水层的厚度（m）。

### 4. 大口井出水量计算

井底进水：

$$Q = AKS_0 r \quad (T \geqslant 8r) \qquad (4\text{-}24)$$

$$Q = \frac{2RKS_0 r}{2.3\lg\dfrac{R}{r}} + \frac{2r}{\dfrac{\pi}{2} + \dfrac{r}{T}(1 + 1.185\lg\dfrac{R}{4H})} \quad (T \geqslant r) \qquad (4\text{-}25)$$

井壁与井底同时进水：

$$Q = \pi KS_0\left[\frac{2H - S_0}{2.3\lg\dfrac{R}{r}} + \frac{2r}{\dfrac{\pi}{2} + \dfrac{r}{T}\left(1 + 1.185\lg\dfrac{R}{4H}\right)}\right] \quad (T \geqslant r) \qquad (4\text{-}26)$$

式中　$Q$——出水量（$m^3/d$）；

$K$——渗透系数（m/d）；

$S$——水位降深（m）；

$r$——井半径（m）；

$H$——潜水含水层厚度（m）；

$M$——承压含水层厚度（m）；

$R$——影响半径（m）；

$m$——井底至含水层底板厚度（m）；

$h$——静止水位至井底高度（m）；

$L$——井至水体边线距离（m）。

### （六）渗　　渠

我国东北和西北地区铁路应用较为广泛，渗渠主要用以截取河床渗透水和潜流水，其出水量一般受季节变化影响较大，枯水期约为丰水期 50%、60%，或者更小。为获得预计水量设计中应注意以下 4 点：

（1）确切地进行水文地质勘察和正确地使用水量评价计算成果。

（2）正确地选择渗渠位置。

（3）设计出水量时，应考虑枯水期的最小出水量，并充分估计到渗渠投产使用后，由于淤塞而可能引起的产水量逐年下降的因素。多数实践证明，渗渠产水量逐年下降是一般规律。由于水文地质条件的差别，施工质量和管理水平的高低，有的减少的少一些，有的严重。造成出水量减少的原因在于渗透系数 $K$ 和影响半径 $R$ 的选用不当，应根据水文地质报告中所推荐的数值，采用其平均值或偏低值，因为水文地质勘察所取得的参数，往往是在较短时间内取得的，而且不一定都是在枯水期完成的，因而所得的 $K$ 和 $R$ 值，不可能完全反映实际生产情况。如果不加以研究，就直接选用抽水试验时的 $R$ 和 $K$ 值，则往往偏大，造成水量下降。对于截取河床渗透水的渗渠，设计出水量时，还应考虑到枯水期时河水的补给影响。

（4）为了提高渗渠产水量，可在渗渠下游 10～30 m 范围内采取在河床下截水的措施，当截取河床渗透水时，渗渠有一定的净化作用，其净化效果与河水浊度及人工滤层构造有关。一般可去除悬浮物 70%以上，去除细菌 70%、95%，去除大肠菌 70%以上。

渗渠的设计可参考《给排水设计手册》第三册及有关著作。

## 三、铁路车站给水方案

新建车站有条件应尽量采用附近城镇或工矿、企（事）业单位的自来水作为供水水源，采用城镇自来水作为供水水源的车站，如水压、水量能满足供水要求时，应该采用直供，不满足时考虑储水、加压设施。当采用附近城镇或工矿、企（事）业单位的自来水作为供水水源经济、技术条件不允许时，自建水源。

### （一）大站供水方案

区段站及以上的车站，旅客列车给水的车站，工业站、港湾站，铁路物流中心，昼夜用水量大于等于 300 m³（不含消防用水）的车站，铁路给排水设计中归于给水站。一般区段站、旅客列车上水站一般都选址在城市建成区或配套规划区，基本能利用城镇自来作为水源。市政供水管网，水压、用水高峰流量不能满足车站用水要求的，需要考虑设计二次供水设施。

目前常用的二次供水方案是站区设给水所，采用水池+变频调速设备供水（以下简称变频调速供水）的加压方式。大站供水范围较大，用水量较大，为经济考虑室外消火栓用水和生活用水、生产用水一般共用蓄水池和室外输配水管道。

变频调速供水是二次加压供水系统的主流方式，它由调节水池+变频调速水泵机组组成。供水安全性高，水泵变频工作，运行费用也较理想。专人管理、高品质的水池和定期的专业清洗也大大降低二次污染带来的不足。

### 1. 给水所工艺设计中需要注意的事项

对采用调节水池+变频调速供水设备的给水所设计中需要注意的事项：

（1）水池的有效容积应按照《室外给水排水设计规范》GB50015 进行计算。市政供水引入管应设置倒流防止器和水表井。

（2）通常情况下，水池的进水是通过安装在进水管上的浮球阀实现自动控制的，为防止发生虹吸回流，《建筑给水排水设计规范》GB50015 3.2.4B 条做出如下规定："生活饮用水水池（箱）的进水管口的最低点高出溢流边缘的空气间隙应等于进水管管径，但最小不应小于 25 mm，最大可不大于 150 mm。"当采用普通杠杆式浮球阀从水池侧壁进水时无法满足上述要求。以 DN100 进水管为例，要达到《建筑给水排水设计规范》GB50015 要求，则管中心距溢流水位不应小于 150 mm，距最高水位不应小于 250 mm。按国标图 01SS105 给出的参数，DN100 杠杆式浮球阀中心与关闭水位（设计最高水位）的间距为 84 mm，远小于需要的 250 mm。而液压式水力遥控浮球阀可以很好地解决这个问题，其阀体可安装在方便维护的低位，进水总管从水箱顶部进水，管口距溢流水位达到《建筑给水排水设计规范》GB50015 要求时停止，其下部设置消能桶减少进水时的喷溅。从阀门主体引出的小口径传动管仅起到控制阀门主体内的阀瓣启闭的作用，不向水箱注水，不会造成虹吸回流。传动管可从顶部或侧壁进入水箱。

（3）保证水池水质的一项重要措施是避免"死水区"的产生。"死水区"指的是在规定的时间内不能或极缓慢被新鲜补水替换的储存区域。随着余氯的消耗，该区域菌群总数往往会超出饮用水标准的规定。较为简洁的解决办法是让水箱的出水管与进水管对角设置，保证二者间的距离最大化。并在水池内设置导流装置。

（4）变频调速供水设备的选取除满足设计秒流量和扬程等参数外，还需保证供水的安全性和经济性，即要考虑水泵的备用、水泵的启动方式和大、小泵的搭配等。《二次供水工程技术规程》CJJ140 规定："应设置备用水泵，备用泵的供水能力不应小于最大一台运行水泵的供水能力；水泵应采用自灌式吸水，当因条件所限不能自灌吸水时应采取可靠的饮水措施。"小泵的设置是为了避免在小流量用水时启动大泵，从而降低能耗。通常的做法是：每组变频调速供水设备中，设 3 台主泵，其中 1 台为备用泵，每台主泵的流量为设计流量的 1/2；设 1 台小泵，扬程与主泵扬程一致或略高，流量为主泵流量的 1/4。变频设备与水箱安装在同一标高的设备间内，保证水泵自灌式吸水。

（5）消防用水与其他用水共用的水池，应采取确保消防用水量不作他用的技术措施。

**2. 给水所蓄水池的卫生强化措施**

铁路给排水工程设计中水池一般采用国标图集《钢筋混凝土蓄水池》，由于大站给水系统采用消防和生活、生产共用清水池，清水池储水停留时间长，循环一遍的速度较慢，设计中一定要考虑强化清水池的卫生条件。可参考以下处理措施。

1）池壁纳米材料涂刷

设计可以采用在清水池内壁做 GN-704 超疏水防腐纳米陶瓷涂料/涂层或 GN-705 透明密封防水纳米陶瓷涂料/涂层。对水池内与水接触的钢制爬梯、钢制防水套管等也相应进行涂刷。该纳米材料具有如下特点：

（1）纳米涂料单组分，环保无毒，施工方便，性能稳定。

（2）密封防水涂料涂层通过 SGS 检测以及美国 FDA 检测，食品级。

（3）纳米涂料超强渗透，通过渗透、包覆、填充、密封、表面成膜，可稳定高效实现立体化密封防水性能。

（4）密封防水涂料涂层硬度可达 6～7H，耐磨耐用，耐酸碱，耐腐蚀，耐盐雾，抗老化，可用于户外或高湿高热工况。

（5）密封防水涂料涂层与底材结合良好，结合强度大于 4 MPa。

2）清水池内衬不锈钢

此工艺适用于普通钢板水箱和水泥蓄水池的改造工程，此工艺是在水箱和蓄水池内壁镶嵌一层厚度为 1.2 mm 的不锈钢板。采用氩弧焊接整体成型技术，并且为了使内衬同原水池附着牢固，用膨胀螺栓将不锈钢板固定在池壁上。

（1）杜绝生锈：食品级不锈钢板材特有的优良耐蚀性，可永久性防锈。

（2）杜绝渗漏：无其他水箱的中间橡胶垫片，现场氩弧焊接。

（3）美观卫生：整个系统为封闭式，不锈钢板材表面光滑，不易附生青苔、藻类，水池沉淀物亦易清洗冲刷。

（二）中小车站供水方案

中间站、会让站、越行站属于铁路中小车站，用水量较小，一般日水量≤300 m³，归于生活供水站。铁路中小车站外接城镇供水，水压、用水高峰流量不能满足车站用水要求的，需要考虑设计二次供水设施。由于中小车站主要的用水量是消防水量，消防水量常常数倍于车站生活用水量，其输配水管径、贮配水构筑物容积等与生活用水相差较大，且消防用水属于事故用水，经常处于"死水"状态，为保证车站供水水质，宜采用生活供水系统和消防供水系统分质供水的方式，生活供水按照《二次供水工程技术规程》CJJ140 设置消毒、防水质污染措施。

**1. 中间站供水方式**

客货共线的铁路中间站，一般设有客货运设施，设有站房雨棚和货场、检修工区，生活用水的水源选择贯彻因地制宜的原则，均优先利用当地市政自来水。市政自来水经管道输送至车站后不能满足车站各用水单位供水压力，按照传统的供水方式，即将具有一定压力的自来水引入清水池，由二级泵加压提升至水塔或山上水池后供给各用水点。此供水方式存在如下缺点：由于清水池中的水与空气接触后易产生细菌，需要对自来水进行二次消毒；不能充分利用输水管道中的余压，造成能源浪费。为解决以上问题，接用地方自来水的车站，生活供水方式可采用稳压补偿式无负压供水设备，直接与市政供水管网串接。这种供水方式充分利用了输水管道中的余压，同时不会使市政管网形成负压，节省运营成本。水不与空气接触，杜绝二次加压造成的二次污染，从而保证了供水水质，节省了工程土建投资。该系统全自动运行，设备不需日常维修，仅需要定期巡检，节约维修、人工费用。

## 1.1 稳压补偿式无负压供水设备

设备由水泵、稳压补偿罐、双向补偿装置、能量储存装置、无负压流量控制器、控制系统、成套附件等部件组成。采用变频器，通过可编程序控制器对单台或多台水泵进行变频调速和程序控制，以实现无负压变量供水的目的，是一种智能化的产品，产品结构紧凑、功能齐全，取代了传统的水塔、高位水箱、变频水箱等供水装置，节约了工程投资、缩短了工程周期，避免了水质二次污染，节能效果显著。

1）设备原理图（图 4-1）

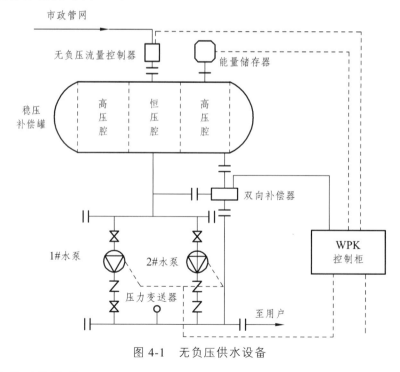

图 4-1　无负压供水设备

2）设备工作原理

该设备通过智能控制控制技术与稳压补偿技术实现设备对市政管网不产生负压，

保证向用户管网不间断供水。该设备采用的流量控制器在维持最低服务压力的基础上能够自动调节市政管网向设备的输入水量，确保市政管网不产生负压，用水高峰期时能量储存器释放预充的一定压力的气体，保证稳压补偿罐高压腔的水带有一定压力补偿到恒压腔中，在一定时间内可补充市政管网来水量的不足，通过双向补偿器，在用水低谷期时对稳压补偿罐进行蓄能，对用户管道起稳压补偿作用，充分利用了市政管网的压力，节能效果显著。

3）设备的核心功能

小流量保压：对用户用水管网起保压功能，避免水泵的频繁启动。

4）主要优点

节省投资：节省占地面积，节省人力，物力。

5）稳压补偿式无负压供水设备特点

（1）在设备前端采用了无负压流量控制器，即对市政管网不产生负压，又能保证用户管道不间断供水。

（2）分腔式的稳压补偿罐通过双向补偿器从高压储水区向低压市政水差量补偿，具有补偿功能。

（3）整个供水过程全密闭，安全环保。

（4）罐内高压腔在正常工况下通过双向补偿器与用户管道连通，起到小流量保压功能。

6）设计要点

采用无负压（管网叠压）供水时，因没有调节容积，要用设计秒流量校核，接驳处的市政给水管管径应至少比引入进水总管（设备吸水总管）计算管径大 2 号，以确保接驳处的市政水量充沛。

1.2　箱式稳压补偿式无负压供水设备

罐式无负压因为附带的罐体体积有限导致蓄水能力受限，供水安全性较差。如车站用水量和市政供水量差异较大或者用水高峰时期持续时间较长，罐体存蓄水量不能满足需求时，就需要采用调蓄容积更大的设备来满足车站的供水需求。采用箱式无负压供水设备可以解决这个问题，箱式相对罐式的优点就是调蓄容积变大。系统附带的组合式不锈钢水箱卫生安全、结构合理，灵活加工的板形设计可适应各种容积（尺寸）组合，满足多样化的设计水量。不锈钢水箱设计选用时要尽量满足标准模数以降低产品造价。

2.　会让站（越行站）供水方式

会让站（越行站）用水量一般小于 50 m³/d，水源分别为城镇自来水、地下水或地表水。对于水源为地下水，车站供水房屋仅有 1 座综合楼（行车值班室、信号计算机房、信号机械室、通信机械室合建），1 座宿舍、伙食堂合建。用水量仅为 5 ~ 10 m³/d，消防用水量为 54 m³/次。

1）屋顶水箱方案

（1）车站水源井（管井、大口井）经详细论证，枯水季节的产水量能力 ≥ 54 m³/h，保证率能满足 25 年一遇，可满足车站消防用水要求。生活供水系统和消防供水系统统一供水的方式。根据《消防给水及消火栓系统技术规范》GB 50974 的规定，下列情况下可不设备用泵：① 建筑高度小于 54 m 的住宅和室外消防用水量小于等于 25 L/s 的建筑；② 建筑的室内消防用水量小于等于 10 L/s 时。

供水方案可采用车站建 1 座水源井，井内潜水泵采用消防潜水泵，流量满足 15 L/s，水压满足水枪充实水柱 10 m。水泵控制柜设置自控装置根据高位水箱的高低水位自动启停，高位水箱下部设置消能桶减少进水时的喷溅。在平时应使消防水泵处于自检状态，故障时报警。车站值班室、站台消火栓处设置消防手动起泵按钮，消防时关闭屋顶水箱进水阀门，并手动起泵。

（2）车站水源井（管井）产水量能力能够满足车站生活用水量，但产水量能力 ≤ 54 m³/h 不能满足车站消防用水要求。车站消防设置 50 m³ 消防水池，配置手抬式移动消防泵满足车站消防用水要求。生活供水系统和消防供水系统分别供水的方式。

以往车站的配水构筑物设计经常采用水塔或山上水池，由于选用标准图设计的原因，造成配水构筑物容积偏大，水在构筑物中长期储存，会滋生大量细菌，引起二次污染。山上水池的方案还会增加围墙、道路等使得土建及附属工程投资增加。为解决这一问题，设计中可以采用容积为经计算选用 5 ~ 10 m³ 的玻璃钢屋顶水箱，以满足日常的用水需求。水箱采用不锈钢或玻璃钢材料，为保证饮用水水质安全，建议不再使用钢筋混凝土水箱。

选用露天屋顶水箱的方案适合于最冷月平均气温在 0 ℃ 以上平均温度大于零度的地区，为保证极端冬季温度低于零度和防止夏季水箱日晒水温过高容易滋生军团菌等致病细菌，需要考虑隔热（保温），经热力计算确定隔热层厚度。

温带、寒冷地区，为防止露天屋顶水箱冬季温度低于零度造成水箱冻结。需要考虑给建筑提要求，在顶层设置水箱间，水箱间冬季应有采暖措施。

2）潜水泵+气压水罐供水或工频水泵+气压水罐供水

小车站日用水量少而集中，且沿线分布较分散，不便统一管理。随着铁路运营管理自动化程度的提高，无人值守的自动给水系统设计也成为供水技术发展的趋势。气压罐能够很好适应铁路中小车站用水特点，在铁路给排水设计中被广泛应用。相较于水塔或高位水箱等传统的贮配水设施而言，气压罐具有以下优点：气压装置设置灵活，如室内外、地面、地下或楼层中，寒冷地区不必在建筑顶层设置采暖的水箱间，不影响建筑立面效果；便于搬迁和隐蔽，便于改建或扩建工程；施工安装简便，土建费用较低；运行可靠、维护简单、自动化程度高、管理方便。

铁路小车站往往距离城区较远，常自建地下水源，可以采用潜水泵+气压水罐的供水方式。如有条件接驳城镇自来水管道供水，水压、用水高峰流量不能满足车站用水要求的，采用工频水泵+气压水罐的供水方式。

通过对铁路沿线中小车站的给水调查，总结出其用水特点：车站规模越小。其用水的时段性越明显，且定员的用水基本集中在早、中、晚三个时段内，极为不均匀；车站规模越大，用水量也越大，其用水在时间上越趋向于均匀。但相较于城市居民用水而言，还是很不均匀的，基本为 4 ~ 12 h，且车站规模越小，用水时间越少越集中。

$$V_{q2} = \frac{a_b q_b}{4n_q} \tag{4-27}$$

式中　$V_{q2}$——给水系统所需要气压水罐调节容积（$m^3$）；

　　　$q_b$——工作水泵的计算流量（$m^3/h$）；

　　　$a_b$——安全系数，宜采用 1.0 ~ 1.3；

　　　$n_q$——水泵在 1h 内启动次数，宜采用次 2 次。

气压水罐的总容积：

$$V_q = \frac{\beta V_{q1}}{1-\alpha_b} \tag{4-28}$$

式中　$V_q$——气压水罐的总容积（$m^3$）；

　　　$V_{q1}$——气压水罐内的水容积（$m^3$）；

　　　　　　$V_{q1} \geqslant V_{q2}$

　　　$\alpha_b$——气压水罐的工作压力比；

　　　$\beta$——气压水罐的容积系数，$\beta$ =1.05

$$P_1 = \frac{h_1 + h_2 + h_3 + h_4}{102} \tag{4-29}$$

式中　$P_1$——气压水罐最低工作压力表压力（MPa）；

　　　$h_1$——水源最低水位至管网最不利配水点的高（m）；

　　　$h_2$——由水源最低水位至管网最不利配水点的管路沿程水头损失（m）；

　　　$h_3$——水源最低水位至管网最不利配水点的管路局部水头损失（m）；

　　　$h_4$——最不利配水点用水设备的流出水头（m）。

气压水罐最高工作压力：

$$P_2 = \frac{P_1 + 0.098}{\alpha_b} - 0.098 \tag{4-30}$$

气压供水设计应注意事宜：

（1）气压罐内的最低工作压力，应满足管网最不利处的配水点所需水压。

（2）气压罐内的最高工作压力，不得使管网最大水压处配水点的水压大于 0.55 MPa。

（3）水泵（或泵组）的流量（以气压水罐内的平均压力计. 其对应的水泵扬程的流量），应不小于给水系统最大小时用水量的 1.2 倍。

（4）水泵在 1 h 内启泵次数 $n_q$：中国工程建设标准化协会标准《气压给水设计规范》建议每小时水泵启动次数宜采用 6~8 次，部分原因是基于 20 世纪 90 年代初，国内钢铁产量较低，钢制产品价格高。如启泵次数取小值，调节容积大，相应选取的罐体较大，不经济。铁路小车站用水量相对较少，非用水高峰时段内气压罐调节水量完全可以满足用水要求，在实际运营管理中，合理的控制水泵启动次数，可以延长水泵的睡眠时间、降低水泵损耗、延长水泵寿命。所以对于铁路小型车站，建议水泵启动间隔不小于 30 min，即每小时最多 2 次；且用水量越小的车站，其启泵次数应越少，以充分利用气压罐的调节容积。

（5）工作压力比 $a_b$ 的取值见图 4-2。

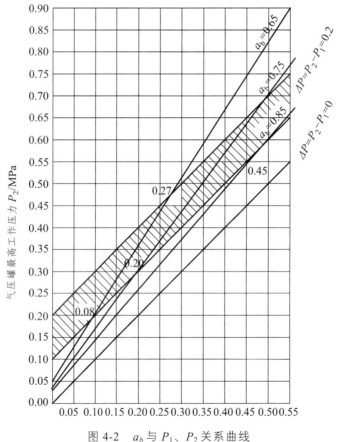

图 4-2　$a_b$ 与 $P_1$、$P_2$ 关系曲线

图中 3 根曲线分别表示 $\alpha_b$ 为 0.65、0.75、0.85 时 $P_1$ 与 $P_2$ 的关系。图中阴影部分表示 $\triangle P = 0.1 \sim 0.2$。从图中可以看出：当 $\triangle P < 0.2$ MPa 时，$\alpha_b$ 宜取 0.65；当 0.2 MPa < $P_1 < 0.45$ MPa 时，$\alpha_b$ 宜取 0.65 ~ 0.85 的中间值；$P_1 > 0.45$ MPa 时，$\alpha_b$ 宜取 0.85。

气压罐最低、最高工作压力计算，但计算过程中应该注意以下几点：

（1）气压罐与最不利供水点之间的给水管道，应按室内给水设计秒流量确定其管径和水头损失。潜水泵与气压罐之间的给水管道应按水泵流量确定管径和水头损失。

管道设计流量的选取，直接影响潜水泵扬程的计算。设计流量取值偏小，可能导致选取的水泵扬程不能满足管网用水压力；反之，可能导致水泵扬程取值太大，不利于节能。

（2）气压罐与潜水泵为串联关系时，潜水泵的扬程应满足气压罐所需的最高工作压力。气压罐与潜水泵为并联关系，潜水泵的扬程应满足管网最不利供水点所需水压或气压罐最高工作压力，取两者中的大值。另外，潜水泵扬程计算中。应以水源动水位高程为最低点计算。

（3）铁路车站设计选取隔膜式气压自动供水设备应选用满足饮用水水质要求的气压供水设备，罐体材质应是食品级不锈钢，气囊采用食品级橡胶制品，与水接触的附件和仪表满足食品接触材料及其制品的卫生标准。决不能选用市场上最常见的消防和采暖用气压罐，在设计说明中一定要注明。

气压罐各项参数的选取以及水流量、扬程的计算应根据实际情况确定，而不能机械套用公式，若参数取用不当会造成水泵频繁启动等问题，直接影响设备的使用性能和寿命，增加运营成本。针对铁路小车站用水特点，合理的确定选型参数，为后期降低运营成本、简化维护提供便利，具有重要的意义。

3）利用大口井蓄水容积直接供水方案

车站水源井采用大口井，枯水季节的产水量能力≥2 m³/h 满足车站消防用水要求。生活供水系统和消防供水系统统一供水的方式。（铁路小车站最小消防水量为 54 m³/h，消防补水时间不宜小于 48 h，水源能力不宜小于 2 m³/h）。

（1）枯水季节的产水量能力≥2 m³/h，保证率能满足 25 年一遇。

可通过设计加大大口井的井径和井深（需严格结合水文地质资料进行计算），贮存相应的调蓄消防水量+生活水量，井内配置深井潜水泵，配备变频调速控制系统，直接配水至车站用水点。井内另设潜水消防泵，流量满足 15 L/s，水压满足水枪充实水柱10 m。车站值班室、站台消火栓处设置消防手动起泵按钮，消防时关闭屋顶水箱进水阀门，并手动起泵。

（2）水文地质条件不允许，1 m³/h≤枯水季节的产水量能力≤2 m³/h。

生活供水系统和消防供水系统分别供水的方式。车站消防可设置 50 m³ 消防水池，配置手抬式移动消防泵满足车站消防用水要求。生活供水采用井内配置深井潜水泵，配备变频调速控制系统，直接配水至车站用水点。

以上两方案是基于大口井出水水质较好，经消毒后直接满足《生活饮用水水质标准》的工程情况，如果供水需要水处理，水质处理前后应增加调蓄设施。

（三）供水消毒方式的选择

新建铁路中小车站大部分距离城镇较远，铁路中小车站的供水消毒设备日常的维修运营管理十分不便。铁路中小车站的消毒方式的选择，应考虑设备运用可以达到无人值守和降低运营成本费用的目的。铁路常用的消毒方式见表4-10。

表 4-10    供水的消毒方式的比较

| 类型 | 含氯消毒剂（氯气、液氯、漂白粉、次氯酸钠） | 紫外线 | $ClO_2$ 消毒 | $O_3$ 杀菌消毒 |
|---|---|---|---|---|
| 杀菌原理 | 属于氧化杀菌，氧化能力小于臭氧，作用于细菌蛋白质，破坏细菌体内的酶，引起代谢失调，导致死亡 | 破坏细菌的外壳（细胞膜），使细菌死亡 | 对细菌有较强的吸附及穿透力，可有效破坏细菌内含烃基酶，抑制微生物蛋白质的合成，导致细菌死亡 | 氧化分解细菌病毒的 RNA 和 DNA，直接作用于细菌，彻底破坏细菌的新陈代谢，从而导致细菌死亡 |
| 适用范围 | 酸碱性适用范围小 | 酸碱性适用范围宽，穿透力弱 | 酸碱性适用范围较宽，使用不便，无机物盐类影响极大 | 酸碱性适用范围极宽，无机物盐类几乎无影响 |
| 方法分类 | 中等水平化学消毒法 | 物理消毒方法 | 较高水平化学消毒法 | 高水平化学消毒法 |
| 杀菌效果 | 能杀灭除细菌芽孢以外的大多数微生物，对病毒作用弱 | 不能彻底杀灭细菌，有死角，穿透力弱，衰减快，对病毒几乎无作用 | 能较好地杀灭细菌、地病毒、芽孢有杀灭作用，作用时间较长。消毒无持久性 | 可杀灭一切微生物包括细菌及细菌繁殖体；病毒、芽孢等，可在极短时间内杀灭细菌，是快速杀菌剂。臭氧本身极易分解，消毒无持久性 |
| 制备方法 | 性能不稳定、储运难，制造烦琐 | 光化学法，要求高，成本大 | 现场制作，化学法制备简单可靠 | 现场制备，性能稳定，设备小，制备要求 |
| 二次污染 | 刺激皮肤，有刺鼻气味，对人体有害，有二次污染、残留，产生副产物 | 照射到人体，对皮肤有害，死角多，在某些情况下，杀灭细菌可以复活，不彻底 | 有一定残留物，和水中有些烃类物质反应产生少量副产物 | 臭氧能和多种有机物反应，生成一系列中间产物，有机副产物以甲醛为代表，最受关注的无机副产物是溴酸根 |

含氯消毒剂，尤其是电解法制备次氯酸钠在铁路供水消毒中应用最普遍、使用的时间也最早，优点是水中余氯具有持续的消毒能力。在次氯酸钠发生器运行过程中，阴极会缓慢结垢，从而导致电解槽电压上升。当达到规定的酸洗周期、整流器的输出电压快速升高或通过透明电解管观察到电极阴极结垢时，要求对电极进行酸洗清垢处理。需经常检查溶盐罐存盐量是否充足，因此缺点是设备需要有专人巡视值班、维护稍复杂。

紫外线的灭菌作用只在其辐照期间有效，所以被处理的水一旦离开消毒器就不具有残余的消毒能力，容易遭受二次污染，对于管网较长的车站，管网末梢的水质安全可能存在隐患。因此，建筑少配水管网短的车站（会让站、越行站）采用紫外线消毒方式较合适。

$ClO_2$ 消毒设备自动化运行，简单可靠，一段时期铁路供水消毒设备不论车站规模大小，全线车站都采用 $ClO_2$ 复合消毒剂发生器，但根据运营单位反馈的意见，偏僻地区交通不便的小车站采用化学法制备 $ClO_2$ 的原料盐酸、亚氯酸钠药剂运输困难，尤其固体亚氯酸钠属于 5.1 类危险品，液体亚氯酸钠属于 8 类危险品，需要执行危险品运输规定。由于原料的供应问题，消毒设备在投入运营几年后部分处于废弃状态。因此，$ClO_2$ 发生器应设计配置在交通便利的大中型车站。

国内臭氧技术及臭氧应用现在处于成长期，自来水采用臭氧消毒处于推广期，与其他消毒方式相比电能消耗偏大，运行成本较高。比较有前景的消毒方式，目前在铁路自来水消毒中应用还较少。

## 四、给水所设计

根据给水计算成果、供水方案进行供水机械、净水处理设备选型并确定各构筑物容积、工艺尺寸。

给水处理总平面图：比例 1：50 ~ 1：100，包括指北针（或风玫瑰图）、等高线、坐标轴线、构筑物、围墙、绿地、道路等的平面位置，注明围墙四角里程位置，构筑物的主要尺寸和各种管渠及室外地沟尺寸、长度，并附主要工程数量表。

净水工艺流程图：示意即可，应表示出生产工艺流程中各构筑物、水处理设备之间的关系。

生产生活（消防）加压设备设计图：采用 1：50 ~ 1：100，表示出生产生活供水机械间、消防机械间中各消防设备、进出水管道、各种阀件之间的关系。

水池（水塔）工艺图：比例一般采用 1：10 ~ 1：50，分别绘制平面、剖面图及详图，表示出布置，细部构造，进出、溢排水管道、阀门、管件等的安装位置和方法，详细标注各部分尺寸和标高（绝对标高），引用的详图、标准图，并附设备管件一览表以及必要的说明和主要技术数据。

结构设计图：比例 1：50，绘出结构整体及构件详图，配筋情况，各部分及总尺寸与标高，设备或基座等位置、尺寸与标高，留孔、预埋件等位置、尺寸与标高，地基处理、基础平面布置，结构形式、尺寸、标高。

## 五、给水管材的选择及确定

根据车站设计用水量确定管材及管径。目前给水管材包括：钢管（含薄壁不锈钢管），铸铁管（含球墨铸铁管），聚乙烯管（PE），钢塑复合管，卫生级硬聚氯乙烯给水管（PVC-U），聚丙烯管（PP），PP-R 管，ABS 工程塑料管等。目前，铁路上室外常用管材为：PE 管、球墨铸铁管、钢管（CP）；室内常用管材为 PP-R 塑料管、塑料与金属复合管、铜管、不锈钢管及热镀锌钢管。设计中应根据具体的用途进行选择；根据管材选择相应的连接方式。

## （一）塑料管材在铁路室外供水的应用

近年来铁路室外车站小管径供水管大量采用塑料管材，尤其是聚乙烯（PE）管，PE 管表面光滑、摩阻小，水输送能力高且可以适应较大水量变化；不结垢、不滋生细菌；抗腐蚀性能良好，对高低温适应能力强；比重小、连接性能可靠、使用寿命≥50年，小管径具有价格优势。

UPVC、PE、HDPE 等塑料给水管道在地方市政及小区的小口径管道工程中使用很成功；但对于铁路站场，由于其客观使用条件比较恶劣，因为铁路供水管道一般也是沿车站道路埋设，但站段的道路与市政道路不同，一般两侧不设置专门的人行道和绿化带，管道埋设没有一个相对固定的路径，管道还要与路基和车站建筑保持一定安全距离，因而路径相对狭小，现场很可能设置在车行道下。山区铁路车站建筑之间地形起伏很大，埋管、施工条件更是困难。而且供水管大都与铁路的一些埋地电缆同向铺设，投入使用后经常出现被开挖、损坏的现象。

另外由于塑料管道属于塑性材料，按"管土共同作用"机理承受外压荷载作用，管道基础、两侧回填土压实度要求较高，施工质量控制要求较严格。再有塑料材质的管道柔性特征，管道穿越砖砌（混凝土）井壁施工、安装阀门也有特殊要求。常常出现施工时水压试验合格，而正式通水后由于车辆碾压、地基沉降造成接口变形、漏水的情况。

铁路给排水设计应考虑塑料管道检修的定位问题。目前的管道检漏、探测仪器主要针对金属管道，一旦地貌发生变化，假如又遇到竣工资料标注不仔细，往往查找修复都很困难。可采用包括示踪线、标示带、检测带、画线标示、电子标示系统和声控管线示踪方法进行标示。

## （二）有针对性地选择室外供水管材

室外埋地供水管道，管道公称直径≥100 mm，建议采用球墨铸铁管，直径≤100 mm建议采用 PE 管。对于道路附近可能遭受车辆碾压的管道，应设置金属（防腐）或钢筋砼管道套管进行防护。

近年来使用二氧化氯消毒方式较多，二氧化氯消毒液为强氧化剂，输送管广泛采用 UPVC 管，价格虽便宜，但腐蚀较严重不建议采用。可宜采用 ABS 工程塑料管。

# 第二节　铁路水资源影响评价

## 一、水资源影响评价依据

2012 年 1 月，国务院发布了《关于实行最严格水资源管理制度的意见》，这是继

2011 年中央 1 号文件和中央水利工作会议明确要求实行最严格水资源管理制度以来，国务院对实行该制度做出的全面部署和具体安排，是指导当前和今后一个时期我国水资源工作的纲领性文件。对于解决我国复杂的水资源水环境问题，实现经济社会的可持续发展具有深远意义和重要影响。2013 年 1 月 2 日，国务院办公厅发布《实行最严格水资源管理制度考核办法》，自发布之日起施行。

国民经济和社会发展第十三个五年规划建议明确提出，"实行最严格的水资源管理制度，以水定产、以水定城，建设节水型社会"。

《中华人民共和国水法》：

第七条：国家对水资源依法实行取水许可制度和有偿使用制度。但是，农村集体经济组织及其成员使用本集体经济组织的水塘、水库中的水除外。国务院水行政主管部门负责全国取水许可制度和水资源有偿使用制度的组织实施。

《取水许可和水资源费征收管理条例》：

第二十一条：取水申请经审批机关批准，申请人方可兴建取水工程或者设施。需由国家审批、核准的建设项目，未取得取水申请批准文件的，项目主管部门不得审批、核准该建设项目。

《建设项目水资源论证管理办法》（水利部、国家计委令第 15 号）：

第二条：对于直接从江河、湖泊或地下取水并需申请取水许可证的新建、改建、扩建的建设项目（以下简称建设项目），建设项目业主单位（以下简称业主单位）应当按照本办法的规定进行建设项目水资源论证，编制建设项目水资源论证报告书。

第十一条：业主单位在向计划主管部门报送建设项目可行性研究报告时，应当提交水行政主管部门或流域管理机构对其取水许可（预）申请提出的书面审查意见，并附具经审定的建设项目水资源论证报告书。

未提交取水许可（预）申请的书面审查意见及经审定的建设项目水资源论证报告书的，建设项目不予批准。

铁路给水工程设计方案应符合国家有关法律、法规规定，取得取水申请审批意见，为编制建设项目水资源论证报告书创造条件。

## 二、取水合理性分析

应在建设项目所在区域水资源开发利用现状调查和建设单位提供的取用水要求的基础上，根据国家和地方产业政策、水资源管理要求、水资源规划、水资源配置方案等，论证建设项目的取水合理性；分析建设项目用水流程，计算有关用水指标，论证建设项目的用水合理性；分析建设项目的节水潜力，提出建议的节水措施。

要注意地下水超采区和水功能区管理要求，着重从有利于区域产业结构调整、有利于水资源优化配置和高效利用以及符合流域水资源管理要求等方面进行论证，注意生活、生产和生态用水的关系。

## 三、允许开采量的计算

### （一）水量均衡法

水量均衡法是水量评价的基本方法，适用于地下水埋藏较浅，补给和排泄条件单一的地区，如山前冲洪积平原和岩溶地区。

对于一个含水层来说，在补给和消耗的不平衡发展过程中，任一时间的补给量和消耗量之差，应等于含水层中水体积变化量，这是水量均衡法的基本原理。根据这个原理，把未来开采量作为一种消耗量，可建立开采条件下的水量均衡方程式。

$$F\mu\frac{\Delta h}{\Delta t}=(Q_t-Q_c)+(W-Q_k) \tag{4-31}$$

式中 $F\mu\dfrac{\Delta h}{\Delta t}$——单位时间内含水层中的水体积变化量（m³）；

$F$——含水层面积或均衡区面积（m²）；

$\mu$——含水层的平均给水度；

$\Delta t$——计算时间或均衡期（a）；

$\Delta h$——在 $\Delta t$ 时间内含水层水位的平均变幅（m）；

$Q_t-Q_c$——含水层的侧向流入量（$Q_t$）和流出量（$Q_c$）之差（m³/a）；

$Q_c$——含水层中地下水天然流出量及人工排出量之和；

$W$——在垂直方向上含水层的补给量（$W$）和消耗量（$Q_k$）之差（m³/a）。

$$W=Q_{s1}+Q_{s2}+Q_{s3}+Q_{s4}-Z \tag{4-32}$$

其中 $Q_{s1}$——平均降水入渗量（m³/a）；

$Q_{s2}$——平均地地表水入渗量（m³/a）；

$Q_{s3}$——平均越流补给量（m³/a）；

$Q_{s4}$——灌溉水入渗量（m³/a）；

$Z$——平均潜水蒸发量（m³/a）；

$Q_k$——预测的开采量（m³/a）。

当开采过程中，为负值时：

$$Q_k=(Q_t-Q_c)+W+F\mu\frac{\Delta h}{\Delta t} \tag{4-33}$$

用式（4-33）得出开采量，一般比实际开采量大。因此，应根据实际情况乘以小于1的开采系数。

### （二）补偿疏干法

补偿疏干法适用于地下水补给集中在雨季或受间歇性河流补给地区。当所开采量较大，而在枯水期无法补给或补给较小时，需要动用部分或大部分储存量，而这一部分储存量可在丰水期得到补偿（当年或多年周期性补偿）。

在定量抽水条件下，当经过 $t_0$ 时段水位下降出现 $S_0$ 以后，水位便开始等速下降，下降速度等于出水量与漏斗给水面积的比值。

$$V = \frac{S_1 - S_0}{t_1 - t_0} = \frac{Q_1}{uF} \tag{4-34}$$

$$uF = \frac{Q_1(t_1 - t_0)}{S_1 - S_0} \tag{4-35}$$

式中　$uF$——区域降落漏斗的给水面积（$m^2$）；

　　　$Q_1$——旱季抽水时的固定出水量（$m^3/d$）；

　　　$t_1$，$S_1$——旱季抽水延续时间（d）和相应的水位下降值（m）。

根据 $uF$ 值求允许开采量的方法是：

（1）求雨季的补给量。设在雨季抽水时，经过 $\triangle t$ 时段后水位回升 $\triangle S$，出水量 $Q_2$，则补给量为：

$$Q_补 = uF \frac{\triangle S}{\triangle t} + Q_2 \tag{4-36}$$

（2）求全年允许开采量。如一年内地下水接受补给时间为 $t$，则总的补给量为 $Q_{总补} = Q_补 t_补$，由此得允许开采为：

$$Q_{允开} = \frac{Q_{总补}}{365} = \frac{t_补}{365}\left(uF \frac{\triangle S}{\triangle t} + Q_2\right) \tag{4-37}$$

## （三）水文地质比拟法

在水文地质条件基本清楚而又有水源地长期开采的观测资料时，采用比拟法可近似地解决水量评价问题目前常用的是开采模数法，其公式为

$$Q_0 = M_0 F \tag{4-38}$$

式中　$Q_0$——水量评价区的开采量（$m^3/d$）；

　　　$F$——评价区的面积（$m^2$）；

　　　$M_0$——开采模数[$m^3/$（$d \cdot km$）]，它根据实际开采量或排水量求出。

$$M_0 = \frac{Q_c}{F_1} \tag{4-39}$$

其中　$Q_c$——已开采地区的开采量或排水量（$m^3/d$）；

　　　$F_1$——上述开采地区降落漏斗所占面积（$m^2$）。

允许开采量计算的常用方法，尚有试验推断法、降落漏斗法、井群干扰法、平均布井法等。随着科学技术的发展，在解决复杂水文地质问题上，已逐渐为数值法和电模拟法所代替。数值法可以描述不同初始条件和边界条件下的非均质、各向异性的含

水层。在水量评价中采用数值法常用的有限差分法和有限单元法。这两种方法都把刻画地下水运动规律的数学模型离散化（只是离散方法不同），把定解同题化成代数方程组，解出区域内有限个结点数值解，从而比较真实地解决允许开采量计算与评价问题。

## 四、项目用水合理性分析

项目用水合理性分析的内容包括：

（1）建设项目用水过程及水平衡分析。

水量平衡图如图 4-3。

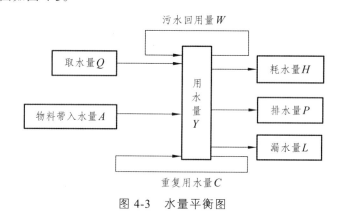

图 4-3  水量平衡图

（2）对水资源状况及其他取水户的影响分析。

（3）建设项目取用水合理性分析。

（4）产业政策相符性、水资源条件、规划的相符性。

（5）水源配置的合理性、工艺技术的合理性、用水合理性分析。

（6）建设项目用水环节分析；设计参数的合理性识别。

（7）合理取用水量的核定；用水水平指标计算与比较。

（8）节水潜力分析；节水潜力与节水措施分析。

# 第三节  消防工程设计

铁路是国民经济的大动脉，是国家重要基础设施和大众交通工具，总的来说消防设施的设计比一般民用建筑消防的规定要严格一些。铁路车站的规模、地理位置不同，车站的水源和供水方式也随之不同。因此在各车站的给水设计中，既要考虑给水系统的经济合理性，又要保证消防供水安全、可靠。

《铁路工程设计防火规范》TB10063 规定：大型及以下旅客车站和其他中间站、越行站、会让站站台，消防流量 15L/s，水枪充实水柱 10 m。铁路货场根据装卸、堆放货物性质布置室外消火栓，需满足消防流量，消防水压要求。

根据《建筑设计防火规范》GB50016、《消防给水及消火栓系统技术规范》GB50974在建筑周围设置室外消火栓。

## 一、室外消防给水系统分类和使用范围

铁路室外消防给水系统按供水压力分为常高压、临时高压和低压给水系统。

常高压给水系统为管网内经常保持满足灭火所需的压力和流量，扑救火灾时不需要启动消防水泵加压而直接使用灭火设备进行灭火的消防给水系统。

临时高压给水系统是管网内最不利点周围的平时水压和流量不满足灭火的需要，灭火时需要启动消防水泵来满足管网内的压力和流量要求的消防给水系统。还有一种情况，即管网内经常保持足够的压力（由稳压泵或气压给水设备等增压设施来保证），但不满足流量压力，火灾时仍需启动消防水泵来保证管网压力和流量的系统。

低压给水系统为管网内平时水压较低（但不小于 0.10 MPa），灭火时需要由消防车或其他加压设备（例如：手抬移动消防泵）配合完成灭火工作。

### 1. 低压消防给水系统

室外低压消防给水系统应用最多，城镇的办公、商业、住宅区、文教区等位于市政供水管网齐全的地区，供水能力能满足机关企事业单位各类建筑室外消防流量、压力要求时，一般都是这种模式。从经济实用的角度考虑，如果铁路站段位于市政给水管网覆盖的地区，并且市政管网供水能力满足铁路站段室外消防流量、压力时，首先应采用室外低压消防给水系统。但是还有一个前提条件为被保护对象应在城镇消防站的保护范围之内，处于市政消防车覆盖范围内的铁路站、段的室外消防采用低压给水系统是经济合理的。

### 2. 常高压消防给水系统

常高压给水系统具有灭火及时、供水安全性高的特点，但一般应用较少，仅在地形起伏较大有高差利用的地区，可以建高位水池来保证管网消防所需压力和流量。（在有可能利用地势设置高位消防水池的铁路站、点可采用常高压消防给水系统。）

### 3. 临时高压消防给水系统

如果新建车站由于地域特点、当地消防设施规划建设滞后等情况，车站不在当地城市消防站的覆盖范围内，或者既有客车整备线（库）及备用客车存放线无法保证消防车进入的，大型及以上客货共线铁路旅客车站和高速铁路、城际铁路旅客车站站台无法保证消防车进入的，这些没有消防车的支援的站段，则要考虑采用临时高压给水系统。

1）消防水池+手抬式机动消防泵方式

越行站、会让站，通常车站建筑较少，仅1座2~3层合建的信号综合楼或者1座2~3层信号楼配建1座单独的宿舍和食堂，按《建筑设计防火规范》GB50016建筑室内无须设置室内消火栓。车站设置消防水池和手抬式机动消防泵的消防模式，可以经济合理地满足车站列车消防和建筑室外消防的需求。

越行站、会让站在基本站台设置消防水池时，可配备手抬式机动消防泵两台，单台供水量不应小于7.5 L/S，扬程不应大于50 m，燃油应保证在额定功率下连续运转1 h。

2）消防泵房+消防水池+消防管道方式

（1）大中型车站和中间站，一般设有客货运设施，设有站房、雨棚和货场、检修工区等建筑。如果车站建筑较多，分布范围较大。《建筑设计防火规范》GB50016规定消防水池保护范围小于150 m。一般站房、货场等建筑距离远大于150 m，采用消防水池+手抬式机动消防泵的模式，需要在车站多个地点设置消防水池+手抬式机动消防泵。移动消防泵燃油箱容量有限，货物仓库火灾延续时间长，维持3h运转行时间，移动消防泵另需要配备油箱。火灾时先要搬运水泵到消防水池取水口附近，然后再铺设水带，启动水泵，消防供水设备投入灭火所需时间较长。因此大中型车站和中间站采用"消防泵房+消防水池+消防管道"模式比较合适。

（2）大中型车站和中间站如还要采用"消防水池+手抬式机动消防泵"方式，应该综合考虑消防水池（站台）用地条件、消防水池水泵投资、运用管理维护便捷等因素，与设置消防泵房+消防水池+消防管道的设计方案进行比较。

（3）铁路建筑高度都不大，消防水压要求大都不高，室外消火栓系统如采用临时高压系统，可以和建筑室内消火栓系统统筹考虑，共用消防泵房和消防水池。但相对于生活用水量较少的中小车站，消防流量比较大，水量往往是生活用水的数十倍，整个系统用水量相差悬殊，合用储配水构筑物、管网会使给水循环周期长，水质恶化，因此最好生活供水与消防供水自成系统。将来车站周围市政管网完善、城镇消防站覆盖后可以把室内外消防分开，原室外消火栓管网直接连市政供水管网。将消防泵房消防泵更换为仅满足室内消防栓流量即可，并增铺一条供室内消防供水的管道。

（4）室外消防如果要满足临时高压，需要室外消火栓出水压力满足最不利点消防水枪充实水柱要求，基本站台、堆场、包括存车线室外消火栓附近设置消防起泵按钮比较困难。车站室外消火栓系统采用临时高压时最好设置稳压泵，室外消火栓不用设置启泵按钮，消防栓开启时利用管网压力降自动启动消防主泵。稳压泵系统能使室外管网内压力随时满足列车、堆场等消防所需的充实水柱压力要求。

（5）满足直接灭火压力的临时高压室外消火栓最好采用室内消火栓的形式，配置DN65的栓口，室内消火栓上配置的是闸阀、蝶阀，开启容易，便于接引消防水带、水枪直接使用。室外消火栓配置的阀体，开启需要五角扳手按逆时针方向旋转，需要携带工具，操作稍不便。基本站台设置的列车消防栓，可以设置在消火栓箱内，防止无关人员随意开启。

北方地区的室外消火栓一般设置在井内，南方无冻结的地区，最好设置成地上式的，道路附近的地上式消火栓要考虑防撞护栏。室外临时高压消火栓设计不应简单采用室外消火栓的标准图，设计应根据现场实际需要出相应的设计图。

## 二、室外消防栓供水系统设计注意事项

### 1. 一些消防概念的澄清

由于铁路系统具有点多分散的特点，相对独立性较强，许多站、点远离城镇，水源有市政自来水和自建机井等形式，因此在消防设计上有其独有的特点，必须认真把握。在具体工程中因采用设计标准不统一或因概念含糊不清导致设计方案不合理的问题有以下 3 点。

（1）对低压给水系统的"管道的压力应保证灭火时最不利点消火栓的压力不小于0.10 MPa（从地面算起）"和高压、临时高压给水系统要求的"水枪的充实水柱不得小于 0.10 MPa"的概念混淆。

《消防给水及消火栓系统技术规范》GB50974 第 5.1.14 条规定"如采用低压给水系统，管道的压力应保证灭火时最不利点消火栓的压力不小于 0.10 MPa（从地面算起）"。其中 0.10 MPa 的由来为消防车从低压给水管网消火栓取水，一般有两种形式：一是将消防车的水泵吸水管直接接在消火栓上吸水。另一种方式是将消火栓接上水带往消防车水罐内放水，消防车泵从水罐内吸水，供应火场用水从水力条件来看后一种方式最为不利，但由于消防队的取水习惯，常采用这种方式供水。为及时扑灭火灾，在消防给水设计时应满足这种方式的水压要求，在火场上一辆消防车占用一个消火栓，一辆消防车出两支水枪，每支水枪的平均流量为 5 L/s，两支水枪的出水量约为 10 L/s。当流量为 10 L/s、直径为 65 mm 的麻质水带长度为 20 m 时，水头损失为 0.086 MPa，消火栓与消防车水罐入口的标高差约为 1.5 m，两者合计约为 0.10 MPa。因此，最不利点消火栓的压力不应小于 0.10 MPa。

对于临时高压给水系统一般需保证水枪的充实水柱 $H>0.1$ MPa，假设选用 $\phi 19$ mm 的水枪和 $\phi 65$ mm 的麻质水龙带，则消火栓口所需水压按以下公式计算：

$$H_{xh} = h_d + H_q \tag{4-40}$$

$$H_q = \frac{\alpha_f H_m}{10 - \varphi \alpha_f H_m} \tag{4-41}$$

$$q_{xh} = \sqrt{B H_q} \tag{4-42}$$

$$h_d = A_z L_d q_{xn}^2 \tag{4-43}$$

式中　$H_{xh}$——消火栓口所需水压（kPa）；

$h_d$——水带的水头损失（kPa）；

$H_q$——水枪喷嘴造成某充实水柱所需水压（kPa）；

$q_{xh}$——水枪射流量（L/s）；

$A_z$——水带的比阻，直径 65 mm 麻质水龙带，$A_z = 0.004\,3$；

$L_d$——水带的长度（m）。

将 $\alpha_f = 1.2$，$H_m = 10$，$\varphi = 0.009$，$B = 1.577\,0$，$A_z = 0.004\,3$ 代入（4-40）至（4-43）式，得 $H_q$=136 kPa，$q_{xh}$=4.62 L/s=5 L/s，$H_d$=21.5 kPa，$H_{xh}=H_q+h_d$=136+21.5=157.5 kPa=158 kPa。因此，高压、临时高压给水系统要求的"水枪的充实水柱不得小于 0.10 MPa"与低压给水系统消火栓口所需压力不小于 0.10 MPa（从地面算起）实际上是不同的。

（2）对不同室外消防给水系统的适用范围不清楚，为考虑经济性而一味地采用低压消防系统。

如果新建车站由于地域特点、当地消防设施规划建设滞后等情况，车站不在当地城市消防站的覆盖范围内；或者既有客车整备线（库）及备用客车存放线，因为消防通道、道路无法保证消防车进入的；大型及以上客货共线铁路旅客车站和高速铁路、城际铁路旅客车站站台无法保证消防车进入的；站台和保护对象周边没有条件修建消防水池，车站供水管网能力不又不满足室外消防能力的；这些没有消防车支援的站段，则要考虑采用临时高压给水系统。

（3）消防水量的计算：站房属民用公共类建筑，货物仓库属丙类仓库类建筑，取值时要注意区别，其火灾延续时间不一样。不能简单按同一类建筑计算消防用水量。

### 2. 室外消火栓的间距

《消防给水及消火栓系统技术规范》GB50974，规定建筑室外消火栓的数量应根据室外消火栓设计流量和保护半径经计算确定，保护半径不应大于 150 m，每个室外消火栓的出流量宜按 10 L/s、15 L/s 计算。室外消火栓宜沿建筑周围均匀布置，且不宜集中布置在建筑一侧；建筑消防扑救面一侧的室外消火栓数量不宜少于 2 个。

客货共线、高速铁路、城际铁路大型旅客车站基本站台应设置消火栓，其间距不应大于 100 m。其他站台两端应各设置一座消火栓。无基本站台的高速铁路、城际铁路旅客车站应选定一个站台，并应按基本站台的标准设置消火栓。

客车整备线、动车组存车场（线）、客车存放线、备用客车存放线（场）、机械保温车整备线、大型养路机械存放线应每隔两条线在线路间设置消火栓，其间距不应大于 50 m。为采用高压或临时高压给水系统的消防管网需要根据管网的供水压力合理确定消火栓的间距。

算例：假设某一车站货场的消防采用临时高压给水系统，其上设消防水池，管道成环状布置。消火栓需要保护的宽度 $H$=15 m，消防水泵所能提供到最不利点消火栓栓口处的剩余压力为 200 kPa。货场内任一区域有两个消火栓进行保护（计算间距见图 4-4），参考式（4-39）-式（4-42），则有下式：

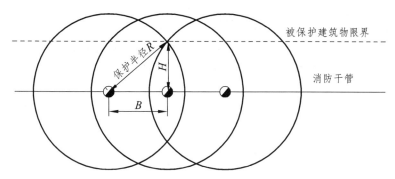

图 4-4　室外消火栓间距示意图

200 kPa=消火栓与站在最不利点的水枪手的标高差 1×10 kPa+麻质水带的水头损失+满足 0.10 MPa 充实水柱所需水压（136 kPa）。

所以，麻质水带的水头损失=200-（1×10）-136=54 kPa。

20 m 长度的 Φ65 mm 麻质水带，通过 5 L/s 流量时的水头损失为 21.5 kPa，则 50 m 长度的 Φ65 mm 麻质水带通过 5 L/s 流量时的水头损失为 54 kPa，消火栓保护半径 R=50×0.9+10×cos45º=52 m。

消火栓的间距 $B=\sqrt{R^2-H^2}=49.8\,m=50$，货场内任一区域有一个消火栓进行保护消火栓的间距 B=100 m。建议消火栓的间距<50 m。

综上所述，室外消火栓的间距不能简单地根据规范条文确定，而应根据给水系统所能提供的压力大小合理确定。

采用低压给水系统的管网，最不利点消火栓口压力不应小于 0.10 MPa，采用高压或临时高压给水系统的管网，最不利点消火栓口压力不应小于 0.16 MPa，在消防车保护区域内的消火栓，其间距不应超过 120 m，在消防车无法到达的车站股道间或铁路沿线无消防车的车站、货场等地方，消防用水由自备水源提供时，室外消火栓的间距一般不大于 50 m（如消防水泵提供的管网压力较高时，消火栓的间距可适当增大）。

## 三、铁路石油库消防

铁路内燃（内燃电力混合）机务段、机务折返段、工务段等配建的石油库一般为四级以下石油库，油库消防根据设置油罐的单罐容量及总容量并按照《石油库设计规范》GB50074、《小型石油库及汽车加油站设计规范》GB50156、《泡沫灭火系统设计规范》GB50151 确定消防方式，并应设置消防给水系统。其中不同规模油罐消防方式如下：

（1）单罐容量大于 200 m³ 的立式油罐，宜采用半固定式空气泡沫灭火。泡沫产生器的进口压力，不应小于 0.3 MPa。

（2）单罐容量等于或小于 200 m³ 的立式油罐，宜采用移动式空气泡沫灭火。所采用空气泡沫管枪的进口压力，不应小于 0.3 MPa；空气泡沫钩枪的进口压力，不应小于 0.5 MPa。

（3）缺水少电地区的丙类油品立式固定顶罐，可采用烟雾自动灭火装置灭火。

（4）卧式油罐可采用小型灭火器具灭火。

（5）半固定、移动式空气泡沫灭火需要的消防车可用消防水池、手抬消防机动泵、泡沫压力或管线比例混合器代替。压力比例混合器的出口，应设公称直径 65 mm 的管牙接口。

# 第四节　排水工程设计

普速铁路沿线有客货运设施的大站，大都都在城市建成区或配套规划区，其排水的去向通常可以利用周边配套建设的城市市政排水管网。高铁客运站也大都都在城市建成区或配套规划区，其排水系统也可以利用周边配套建设的城市市政排水管网。因此铁路一般生活污水经化粪池简单处理达到《污水排入城镇下水道水质标准》GBT 31962 标准后即可排入市政污水管道。

## 一、客车卸污、上水车站的污水

铁路旅客列车上水站、客车车辆段、动车段、动车运用所等有上水作业的车站，列车携带的用水使用后分散排放至有卸污作业的车站，上水的列车不一定在原上水站卸污，此类车站排水量计算应注意，不能简单按城市或公共建筑、小区等排水量的计算方法，采用用水量乘以相应的污水排放系数或污水收集系数进行计算。

车站总的排水量应根据设计的本线旅客列车开行对数、开行方案，按列车在站始发、终到、立折、途经的性质，结合各车次上水、卸污作业地点准确计算。

$$P = (G - K) \times \alpha + Q_{xw} \tag{4-44}$$

式中　　$P$ ——车站总排水量（$m^3$）；

　　　　$G$ ——车站总用水量（$m^3$）；

　　　　$K$ ——客车上水量（$m^3$）；

　　　　$\alpha$ ——污水排放系数；

　　　　$Q_{xw}$ ——本站客车卸污污水量（$m^3$）。

## 二、污水处理站设计

根据排水计算成果，进行排水机械、污水处理设备选型并确定各构筑物容积、工艺尺寸。

污水处理总平面图：比例 1：50～1：100，包括指北针（或风玫瑰图）、等高线、坐标轴线、构筑物、围墙、绿地、道路等的平面位置，注明围墙四角里程位置，构筑物的主要尺寸和各种管渠及室外地沟尺寸、长度，并附主要工程数量表。

污水、污泥工艺流程图：示意即可，应表示出生产工艺流程中各构筑物之间的关系。

工艺图：比例一般采用 1∶10～1∶50，分别绘制平面、剖面图及详图，表示出工艺布置，细部构造，设备，管道、阀门、管件等的安装位置和方法，详细标注各部分尺寸和标高（绝对标高），引用的详图、标准图，并附设备管件一览表以及必要的说明和主要技术数据。

污水处理设备布置图：标明设备的规格、性能、以及操作方式等设计参数。

结构设计图：比例 1∶50，绘出结构整体及构件详图，配筋情况。各部分及总尺寸与标高，设备或基座等位置、尺寸与标高，留孔、预埋件等位置、尺寸与标高，地基处理、基础平面布置、结构形式、尺寸、标高。

## 三、线中小车站的污水处理

### （一）中小车站生活污水处理的必要性

最初铁路中小车站生活污水往往都是作为农田灌溉来使用的，生活污水中的有机物在农田中被农作物吸收，转化为农作物的营养物质。但随着我国经济社会的快速发展，同时由于高效化肥、复合肥的大量使用，其肥效亦大大降低，又因卫生环境的要求，铁路中小车站生活污水失去了使用途径，铁路中小车站生活污水的无序排放，会成为局部环境的污染源。

普速铁路沿线中小车站大都远离城镇、在相对偏僻的地域，其排水系统通常不在城市市政管网覆盖的范围以内。由于铁路中小车站分布形式的特殊性，生活污水很难并入当地市政污水处理系统，绝大多数情况都是根据污水受纳水体、排放去向的功能确定处理工艺，采用自行处理的方式。

### （二）铁路中小车站生活污水的性质

铁路中小车站污水主要来自办公、生活建筑中厕所冲洗、厨房洗涤、洗衣机排水、淋浴排水及其他排水等。生活污水含纤维素、淀粉、糖类、脂肪、蛋白质等有机类物质，还含有氮、磷等无机盐类，铁路中小车站其 $BOD_5$ 浓度一般为 100～250 mg/L。生活污水中含有多种微生物，新鲜生活污水中细菌总数为 $5×10^5$～$5×10^6$ 个/L，并含有多种病原体。生活污水中悬浮固体物质含量一般为 200～400 mg/L。污染物平均浓度见表 4-11。

表 4-11　铁路中小车站生活污水污染物平均浓度　　　　单位：mg/L

| 类　　别 | $COD_{cr}$ | $BOD_5$ | SS | pH |
|---|---|---|---|---|
| 原污水 | 300～350 | 100～250 | 300～350 | 6.5 |

注：参考有关资料确定。

铁路中小车站生活污水的处理应选用投资低、运行维护管理少、工艺简单、运行费用低的污水处理方法。结合车站所在地政府环保部门、受纳水体、排放环境以及环境影响评价文件及批复意见的要求，在技术、经济、效益等方面论证的基础上，提出污水处理方案。出水水质须执行《污水综合排放标准》GB8978"一级"排放标准时，应采用活性污泥法、生物膜法。出水水质执行《污水综合排放标准》GB8978"二级"排放标准时，可以采用厌氧滤池、稳定塘等生物、土地处理等工艺。具体的污水处理工艺可根据技术、经济、气象、地质，维护管理条件等确定。

污水处理站（设施）选址原则：应结合地形，尽可能选用车站边角荒地、绿化地、节约用地、少占良田、与主要排水地点就近集中或分设，缩短排水管道，降低管道埋深和减少土方工程量。

## （三）铁路中小车站污水处理存在的问题

铁路中小车站污水处理曾大量采用地理式污水处理设备，例如：接触氧化污水处理设备、A/O（A²/O）污水处理设备，SBR 污水处理设备等。相对地方市政污水，铁路生活污水水量较小，这些好氧污水处理设备在运营初期因为污水量较少，污水浓度低，虽然排放指标能达标，但微生物缺乏营养，微生物处理系统大都不能达到正常的处理效果。后期污水量、水质浓度达到设计状态时，又面临无人调试维护，无法正常投入使用的状态。

好氧污水处理方法虽然出水水质较好，但是为保证微生活的活性，必须全天持续运转，电费较高，造成车站较大的经济负担，车站对于设备的正常运转没有积极性。而且中小车站交通不便，日常的运营维护较困难，缺乏维护的状态下，设备很快损坏。如采用地埋式污水处理设备，设备埋于地下检修困难，一旦出现问题，大都无法修复，时间一长设备基本处于报废状态。

## （四）铁路中小车站生活污水的处理方法

铁路中小车站污水处理,在近10来年污水处理设计中大量采用厌氧滤池处理工艺，采用厌氧发酵技术和兼性生物过滤技术相结合的方法，在厌氧和兼性厌氧的条件下将生活污水中的有机物分解转化成 $CH_4$、$CO_2$ 和水，达到净化处理生活污水的目的。

人工湿地污水处理工艺近年来也受到了铁路给水排水设计人员的高度重视。人工湿地可进行有效可靠的处理，可缓冲对水力和污染负荷的冲击，日常基本不需要维护，只是车站管理人员定期巡视。处理过程中基本无能耗，运行费用低，与传统污水处理设备相比具有投资少、运行成本低等明显优势。因此，在铁路中小车站建设人工湿地比传统污水处理站更加经济、更实际。

### 1. 地埋式厌氧（无动力）净化处理

厌氧生物滤池是一种内部装填有微生物载体（即滤料）的厌氧生物反应器。厌氧微生物部分附着生长在滤料上，形成厌氧生物膜，部分在滤料空隙间悬浮生长。污水流经挂有生物膜的滤料时，水中的有机物扩散到生物膜表面，并被生物膜中的微生物降解转化为沼气，净化后的水通过排水设备排至池外，所产生的沼气被收集利用。如图 4-5 所示。

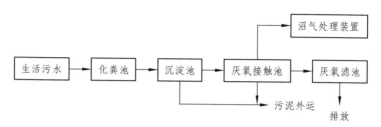

图 4-5 厌氧污水处理流程图

厌氧生物滤池的主要优点有：

（1）处理能力比一般消化池高。

（2）生物量浓度高，可获得较高的有机负荷。

（3）不需要专门的搅拌设备，装置简单，工艺自身能耗低。

（4）微生物菌体停留时间长，耐冲击负荷能力较强。

（5）无须回流污泥，运行管理方便。

（6）在处理水量和负荷有较大变化的情况下，运行能保持较大的稳定性。

1）厌氧滤池的主要技术指标

厌氧滤池主要用于生活污水排放量较小的车站，出水达到国家《污水综合排放标准》GB8978 中的二级标准，其一般串联在化粪池后使用。厌氧滤池进出水浓度见表 4-12。

2）地埋式厌氧滤罐

考虑简化现场施工和加快工程的配套时间，也可采用地埋式厌氧滤罐（无动力净化处理装置）等成品污水处理设备。

表 4-12 厌氧滤池进出水浓度

| 项 目 | 进水浓度 | 出水浓度 |
|---|---|---|
| BOD$_5$ （mg/L） | ≤120 | ≤30 |
| COD$_{cr}$ （mg/L） | ≤300 | ≤120 |
| pH | 6～9 | 6～9 |
| SS （mg/L） | ≤150 | ≤30 |
| NH$_3$-N （mg/L） | ≤70 | ≤25 |
| TP （mg/L） | ≤15 | ≤1.0 |

设备特点：

（1）设备集沉淀、厌氧接触、过滤于一体，处理效果显著，安装简单方便。

（2）设备无动力连续运行，无能耗，无须专人管理。

（3）主体坚固耐用且耐腐蚀、耐老化，满足埋地使用的要求。在正常使用情况下，玻璃钢主体使用年限超过 15 年。

（4）设备内厌氧接触填料为特型多面悬浮空心球，无堵塞，比表面积大，出水稳定，使用寿命长，添加与更换方便。过滤材料选用新型颗粒滤料，孔隙率大，截污能力高。

（5）厌氧接触区和过滤区均能同时实现厌氧、截污的功能。

3）设备工艺流程（图 4-6）

厌氧滤池生活污水处理设备主要由沉淀池、厌氧接触池、过滤池及沼气处理装置四部分组成。

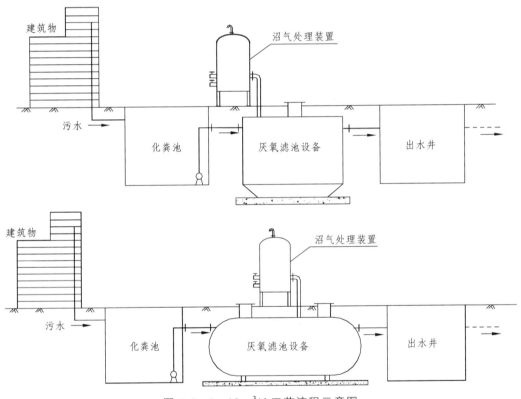

图 4-6　1~10 m³/d 工艺流程示意图

沉淀池：经化粪池自然发酵后的污水自流进入设备内沉淀池，污水中的大颗粒物质在此进行沉淀，停留时间为 12 h，沉淀污泥由移动式潜污泵或由吸粪车定期吸出处理，时间一般为半年或 1 年。

厌氧接触池：沉淀后污水自流进入厌氧接触池，停留时间为 20 h，水流由下而上通过球形填料形成厌氧生物膜，在生物膜的吸附和微生物的代谢作用下，污水中的有机物被去除。填料同时具有截污的作用，污物和脱落的生物膜经截留自沉后形成污泥，与沉淀池污泥一并吸出处理。厌氧反应形成的沼气由排气管排出，排出气体经沼气处理装置处理后排入大气层。

滤池：经厌氧处理后的污水自流进入过滤池底部，由下而上通过滤料层，由于滤料采用了新型颗粒滤料，既能截留污物又能形成生物膜，即在过滤区既有过滤作用又是二级厌氧池。污水停留时间为 8 h。过滤后出水可直接排放，也可经出水井调节后排放，井内水可作浇花、浇树等的杂用水。

沼气处理装置：污水经厌氧反应后产生少量的沼气，沼气经沼气处理装置处理后清洁排放。

生活污水厌氧处理在技术上存在的主要问题是：污水停留时间长，排放标准低，出水部分指标未达排放标准等。新建铁路不应单独采用厌氧处理工艺，应与其他处理设备设施组合使用。

### 2. 人工湿地生活污水处理技术

污水土地处理系统是在人为调控的前提下，把污水投配到土地上，使污水在"土壤＋植物＋微生物"的复合生态中，经物化和生化的综合作用，达到预期处理目的，最大限度地利用自然和环境处理废水。

人工湿地是通过模拟和强化自然湿地功能，将污水有控制地投配到土壤（填料）经常处于饱和状态且生长有芦苇、菖蒲、香蒲等水生植物的土地上，污水沿一定方向流动的过程中，在耐水植物和土壤（填料）的物理、化学和生物的三重协同作用下，污水中有机物通过过滤、根系截留、吸附、吸收和植物光合、输氧作用，促进兼性微生物分解来实现对污水的高效净化。

1）人工湿地类型

人工湿地按水流方式可分为潜流湿地和漫流湿地。潜流湿地是在填料床表层面上栽种耐水、且根系发达的植物，污水经格栅池、沉淀池预处理后进入湿地床，以潜流方式流过滤料，污水中有机质被碎石滤料和植物根系拦截吸附过滤，和被微生物与植物根营养吸收、分解使污水获得净化。漫流湿地（又称自由水面湿地）是污水进入湿地后，在湿地表面维持一定厚度水层，水流呈推流前进，形成一层地表水流，并从地表出流。污水中有机物经沉淀，根系拦截，吸附，吸收，分解而获净化的。

按水流方向可将人工湿地又分为水平流湿地床和垂直流湿地床。垂直流湿地床的水流通过导流管或导流墙的引导，在湿地床内上下流动，多个垂直流湿地床串联起来称之多级垂直流湿地。水平流湿地床的水流是按一定方向水平流动。在实际过程中有时将垂直流湿地床与水平流湿地床组合起来使用，这种湿地床称之组合式湿地床。垂直流湿地床较水平流湿地床负荷高。如图 4-7 所示。

2）人工湿地形式

一般采用垂直流湿地床多级串联。地形有利于垂直流湿地床与水平流湿地床组合的，也可采用垂直流湿地床与水平流湿地床组合形式。垂直流湿地床串联一般为 4 ~ 5

级。为使湿地床水流均匀，减少死角，可视湿地床总面积，分多组并排多级分床串联。

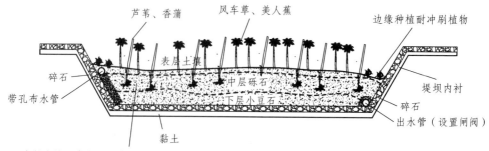

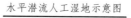
水平潜流人工湿地示意图

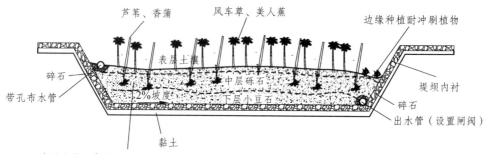
垂直潜流人工湿地示意图
图 4-7　人工湿地

3）人工湿地布水方式

人工湿地与二级厌氧发酵池串联，进第一级湿地床底部的水系由隔墙的花格孔 5 cm×5 cm 方孔引入水，上行流至第一级湿地床与第二级湿地床之间隔墙顶部经汇水堰（亦为布水堰）进入第二级湿地床，水下行流至第二级湿地床与第三级湿地床隔墙花格孔进入第三级湿地床，水上行流至第三级湿地床与第四级湿地床之间隔墙顶部经汇水堰（布水堰）进入第四级湿地床，水再下行流至第四级湿地床与第五级湿地床之间隔墙花格孔进入第五级湿地床，然后水上行流至第五级湿地床顶部经汇水堰渠或齿形汇水槽，由 Φ200UPVC 管排放出去。布水堰（汇水堰）顶应水平。亦可由二级厌氧发酵池出水排入一级湿地床前沿齿形槽布水，水下行流至床底部隔墙花格孔或隔墙顶部堰向下级床布水，若五级床串联则由末级床底板穿孔汇水管引水到集水井排放；若四级床串联，由末级床填料表层池壁处设齿形汇水槽排放。

在布水墙花格孔或布水堰的布水面 10 cm 断面内，配置粒径 30~40 mm 砾石或碎石，使水流均匀流过湿地床断面。

4）人工湿地填料（粒径、级配、厚度、材质）

一级湿地床填料粒径 $\phi$ 10~40 mm，厚度 0.83 m。

二级湿地床填料粒径 $\phi$ 10~30 mm，厚度 0.81 m。

三级湿地床填料粒径 $\phi 7 \sim 20$ mm，厚度 0.79 m。

四级湿地床填料粒径 $\phi 5 \sim 15$ mm，厚度 0.77 m。

五级湿地床填料粒径 $\phi 1 \sim 3$ mm，厚度 0.75 m。

一至四级填料为建筑碎石、石灰石，碎砖等，五级为砂，砂粒径级配主要为滤清出水，使悬浮物达标。若四级床串联，二级湿地床填料粒径为 $\phi 10 \sim 25$ mm，三、四级床采用四、五级床填料粒径。

污水在填料表层 3 cm 以下流动，防止蚊蝇滋生，水面以上称之为保护层，保护层材质可用石屑、煤屑、砂或复土等。

一级至五（4）级人工湿地潜流总长度 3.08 m，一般潜流过程总停留时间达 31h 左右，径流速度 $9.9 \sim 12$ cm/h。

5）人工湿地植物的选择

人工湿地植物应因地制宜选择，总体要求要耐水、根系发达、多年生、耐寒，具有吸收氮、磷量大，兼顾观赏性、经济性。目前常用的有芦苇、香蒲、菖蒲、美人蕉、风车草、水竹、水葱、大米草、鸢尾、蕨草、灯芯草、再力花等。栽种方法视植物而定，一般每平方米 $8 \sim 10$ 穴，每穴栽 $2 \sim 3$ 株。亦可用行距 10 cm，蔟距 15 cm 控制。

### 3. 厌氧滤罐+人工湿地生活污水处理技术

单独的厌氧生物处理工艺存在着以下的明显缺点：

（1）厌氧生物处理过程中所涉及的生化反应过程较为复杂，因为厌氧消化过程是由多种不同性质、不同功能的厌氧微生物协同工作的一个连续的生化过程，不同种属间细菌的相互配合或平衡较难控制，因此在运行厌氧反应器的过程中需要很高的技术要求。

（2）厌氧微生物特别是其中的产甲烷细菌对温度、pH 等环境因素非常敏感，也使得厌氧反应器的运行和应用受到很多限制和困难。

（3）虽然厌氧生物处理工艺在处理高浓度的工业废水时常常可以达到很高的处理效率，但其出水水质通常较差，一般需要利用好氧工艺进行进一步的处理；厌氧生物处理的臭气异味较大；对氨氮的去除效果不好，一般认为在厌氧条件下 $NH_3\text{-}N$ 不会降低，而且还可能由于原废水中含有的有机氮在厌氧条件下的转化导致 $NH_3\text{-}N$ 浓度的上升。

（4）对 SS、P 的去除效果差一些。

单独的人工湿地的处理工艺也存在着以下的缺点：

（1）占用土地资源较多。

（2）在寒冷季节人工湿地表面会结冰，不太适合东北、西北等寒冷地区。

（3）处理不当的情况下夏季可能滋生蝇蚊，有时会有一些臭味。

（4）为避免蚊子与臭味对附近车站职工生活产生影响，需要远离办公、宿舍区建造，或者在办公居住区的下风向建设。

（5）进水要求比较高，必须有前处理先去除生活污水中大颗粒杂质，避免引起湿地滤料的堵塞。

1）厌氧滤池+人工湿地生活污水处理的优缺点

厌氧滤池+人工湿地生活污水处理的优点：

（1）厌氧发酵池+人工湿地，可以分建或合建，可利用洼地边坡、绿化地。

（2）人工湿地可与站区绿化有机结合，栽种观赏植物，成为车站的一个景观。

（3）人工湿地净化出水水质优于《污水综合排放标准》的一级标准。可直接排入环境水体，也可作站区景观水体的补充水，或用于站区绿化。在水资源缺乏地区是一种水资源循环利用的有效措施。

（4）污水处理过程中地形允许，可利用污水排放的水位差势能，无须动力提升，故无运行能耗，只需少量定期维护管理的人工费。若排放水体水位高，则需设置水泵提升，需要少量运行费。

（5）地质条件好的地方可采用土工膜或三灰土夯实方法作人工湿地防渗漏，造价还可降低。

厌氧滤池+人工湿地生活污水处理的缺点：

厌氧滤池 + 人工湿地处理技术，占地稍多（每吨水占地一般为 $1.7 \sim 2\ m^2$），冬季净化效果有一定影响等。

厌氧滤池+人工湿地生活污水处理工艺，这两项技术在处理生活污水方面恰好能取长补短。生活污水厌氧滤池，前处理厌氧发酵比较充分，有机物的去除效率也较高，后处理兼性滤池的生物过滤效果也很明显；而人工湿地去除 $NH_3$-N 和 P 的效果却非常好，通过合理调整填料粒径级配，滤清出水，悬浮物浓度能够达标。因此将它们有机地结合起来处理效果非常好，优点比较明显。

综合多种因素分析，厌氧滤池+人工湿地工艺是铁路中小车站污水处理较佳的方案。

2）净化处理设施选址及组合形式

厌氧滤池与人工湿地合建或分建：在站区绿化面积大，又适宜布置人工湿地，则将厌氧滤池与人工湿地合建，选用观赏植物，使人工湿地成为站区一景。如绿化地小，不宜布置人工湿地，可将化粪池建在宿舍楼、办公楼旁，厌氧滤池与人工湿地建在洼地、荒地上。可在人工湿地上选栽经济性水生植物。

因地制宜改造：既有车站扩建中，原有建筑的化粪池尽可能利用，可直接在附近空地分散建厌氧滤池与人工湿地或相对集中几栋建筑合建一组厌氧滤池+人工湿地。

污水排放管网布置：

（1）排水体制：站区排水系统应采用雨污分流制。

（2）排水管线布置原则：生活污水排放管道应根据站区建筑总体布置，道路和建筑物的布置、地形标高、污水去向等按管线短、埋深小、自流排出的原则布置。宜沿道路和建筑物周边平行布置；主排水管道应布置在接支管较多一侧。

　　3）厌氧发酵池与人工湿地处理系统流程高度的控制

　　排水管道埋深原则：建筑排水出户管尽可能降低埋深，管底可控制在冰冻线以上0.15 m，但覆土厚不小于 0.3 m。这样有利于厌氧滤池和人工湿地流程布置，亦降低室外排水管道埋深和减少土方工程。

　　（1）配水井及一、二级厌氧滤池标高控制：室内排出管的埋深标高，决定厌氧滤池配水井进水与出水管底标高、落差及一、二级厌氧发酵池水位标高。

　　（2）人工湿地流程标高控制：人工湿地第一级床潜流水水位较二级厌氧发酵池水位（二者串联建）低 20 mm，距离湿地填料表层 30 mm。第二、三、四、五级湿地床水位均较前一级湿地床水位低 20 mm。

　　（3）人工湿地排空管设置：排空管设在各级湿地床底板上，若无排空井集水，则应设抽水设施，用于调试期间调控湿地床内水位，促进植物根系伸向湿地床底部。

　　（4）潜流人工湿地水深宜为 0.4 ~ 1.6 m，潜流人工湿地的水利坡度宜为 0.5% ~ 1%。

　　4）工艺材料安装

　　（1）内部工艺管道的安装。

　　二级厌氧发酵与人工湿地组合池是由多个单元池组合在一起的，污水进入组合池后，是通过处理设施内部的工艺管道引导，均匀地分布到各单元池的设计层面。因此，工艺管道的安装质量的好坏对处理效果的影响较大，安装过程中主要注意以下几点：

　　①管道进出口标高一定要按设计要求安装，不能随意更改。

　　②管道安放到位后要将管道与池体之间用防水水泥砂浆封闭严密，不能有缝隙；PVC 管道连接部分要用胶水连接牢固，胶水要选用质量好的产品，防止管道脱落。

　　（2）湿地填料的布置。

　　人工湿地处理污水效果的好坏与湿地填料的布置有直接关系。因此，当土建主体施工结束经试水试压验收后，填料安装时一定要按照设计要求进行填料的安装，每层、每个部位的填料材质、粒径、厚度都不能随意填放，必须严格按照设计的要求去布置。

　　通常情况下人工湿地的填料选择，应采用经济实用且效果好，在一般的情况下可采用建筑用碎石（最好石灰石）、卵石、矿渣、煤渣、碎砖等，至于采用何种原料作为湿地填料，要看当地取材的方便与否和原材料的价格而定。但不管采用何种材料作为湿地的填料，在进行布置时填料的粒径都是由粗到细，也就是说，人工湿地的进水端填料粒径比较大，出水端填料粒径比较细。这是由于刚刚进入湿地的污水中 SS 含量比较多，为了防止填料堵塞易采用粒径较大的填料，随着污水中 SS 含量的降低填料的粒径也随之变小，直至降低到使出水的 SS 达到排放标准为止。人工湿地的填料粒径的大小选择与处理的污水性质、污水中 SS 的含量、处理后的出水标准等多种因素有关，总之填料的布置一定要按照设计要求铺设，不能随意布置。

　　人工湿地中起主要处理作用是微生物，不是土壤的过滤作用。从现有资料来看，人工湿地服务年限一般按照 10 ~ 15 年计算，也就是说设计、施工比较完善的湿地系统

15 年以后才需要清理填料床，达到服务年限的人工湿地系统在清理填料床后，即可重新投入使用。

5）运行管理

（1）人工湿地植物栽种初期的管理及日常维护，主要注意以下几个方面：

① 人工湿地植物栽种初期的管理主要保证其成活率。湿地植物栽种最好在春季，植物容易成活。如果不是在春季，如冬季应做好防冻措施，如在夏季应做好遮阳防晒。总之要根据实际情况采取措施确保栽种的植物能成活。

② 控水。植物栽种初期为了使植物的根扎得比较深，需要通过控制湿地的水位，促使植物根茎向下生长。

③ 做好日常护理防止其他杂草滋生和及时清除枯枝落叶，防止腐烂污染。

④ 暴风雨后，湿地床上植物发生歪倒，要及时扶培，排除积水。

⑤ 对不耐寒的植物在冬季来临之前要做好防冻措施或及时收割掉。

（2）定期清掏污泥：

厌氧发酵净化处理设施，是一种生物处理设施，是依靠微生物对污水中的有机物进行消化处理的，这些微生物与污水中的 SS 混合物统称为污泥，处理设施中污泥浓度越高，其处理效果就越好，但处理设施中污泥量也不是越多越好，因为太多后会占据较多发酵处理设施的容积，反而会降低处理设施的处理效率。因此，运行一段时间后要清除一些剩余污泥，以保证处理设施有足够的有效容积。在厌氧发酵+人工湿地生活污水处理设施中，剩余污泥主要在一级厌氧发酵池内。剩余污泥的清掏周期为一年。剩余污泥的清掏量每次约为 0.5 m³。

（3）日常管理过程中主要的安全事项：

① 防火灾爆炸、防窒息中毒：厌氧滤池（罐）沼气中的主要成分是甲烷，还有少量的硫化氢、一氧化碳等气体，这些气体在空气中达到一定的浓度会发生燃烧或爆炸。

② 人工湿地因污水净化流程高度控制，湿地床内填料表层面与地面高差在 0.6～0.8 m。为防人不慎跌入，则应设护栏保护，并设警示牌。

（4）禁止有毒有害物质进入处理设施：

生物处理系统通常情况是比较脆弱的，因此，在污水处理过程中，一切对微生物和湿地植物有毒、有害的物质进入处理设施，否则都会破坏处理工艺的正常运行。

6）厌氧滤池+人工湿地生活污水处理适用性

在北方寒冷地区，冬季厌氧滤池污水处理效果不理想，现今寒冷地区厌氧滤池处理装置解决发酵温度低的问题，需要通过两种基本手段解决，一个是生物手段，一种是工程建设手段。在生物手段方面暂时还未有较好的方法和装置，只有通过工程建设的技术来处理高寒地区厌氧发酵问题，现今的方法是通过加热和保温的手段，保证厌氧菌种能正常发酵。但在实际应用上因损耗较多的能源，污水处理成本很高。而且传统人工湿地也存在着冬季运行效果差、抗冲击负荷能力弱等问题，使其在北方寒冷地区应用受到限制。因此铁路中小车站选择厌氧发酵+人工湿地污水处理工艺应因地制宜，注意技术的适用性。

7）计算实例

某车站站区有站房、信号楼、货场、信号工区、工务工区、通信工区、宿舍楼、车辆检修所，定员数 150 人，建于住宅旁绿化地下，二级厌氧发酵池与人工湿地集中建设，二者串联一起。生活污水排放量以用水量的90%计算，格栅池停留时间 60 min，其工艺流程如图 4-8 所示。

图 4-8　工艺流程

（1）格栅池：

$$V = \frac{\alpha n q}{24 \times 1\,000} = \frac{\alpha \times 150 \times 100\ \text{L/p.d} \times 1}{24 \times 1\,000\ \text{L/m}^3} = 0.56\ \text{m}^3$$

式中　$\alpha$——污水收集系数；

$n$——车站定员人数；

$q$——用水标准。

（2）一级厌氧滤池容积：

$$V_1 = \frac{\alpha n q t}{24 \times 1\,000} = \frac{0.9 \times 150 \times 100\ \text{L/p.d} \times 26}{24 \times 1\,000} = 14.63\ \text{m}^3$$

式中　$t$——设计水力停留时间。

为确保厌氧发酵充分，一级厌氧发酵池设计的水力停留按 26 h 计算二级厌氧滤池容积。

$$V_2 = \frac{\alpha n q t}{24 \times 1\,000} = \frac{0.9 \times 150 \times 100\ \text{L/p.d} \times 24}{24 \times 1\,000} = 13.50\ \text{m}^3$$

二级厌氧发酵池（生物挂膜）设计的水力停留时间按 24 h 计算。

（3）浓缩污泥容积：

$$V_3 = \frac{\alpha n \alpha_t (1-b) k \times 1.2}{(1-c) \times 1\,000} = \frac{0.9 \times 150 \times 0.7 \times 0.05 \times 0.8 \times 1.2}{0.1 \times 1\,000} = 45.36\ \text{m}^3$$

（4）浓缩污泥按 65%和 35%分配给一、二级厌氧滤池，则它们实际容积：

① 一级厌氧滤池容积：

$$V_{\text{I}} = 14.63\ \text{m}^3 + 45.36\ \text{m}^3 \times 65\% = 14.63 + 29.48 = 44.11\ \text{m}^3 \approx 45\ \text{m}^3$$

② 二级厌氧滤池容积：

$$V_{\text{II}} = 13.50\ \text{m}^3 + 45.36\ \text{m}^3 \times 35\% = 13.50\ \text{m}^3 + 15.88\ \text{m}^3 = 29.38\ \text{m}^3 \approx 30\ \text{m}^3$$

二级厌氧发酵池挂膜填料体积（采用$\phi 75$ mm 塑料管）：

$$V_{填} = V_{II} \times 50\% = 30 \text{ m}^3 \times 50\% = 15 \text{ m}^3$$

式中　$V_{填}$——填料体积（$m^3$）；

　　　$V_{II}$——二级厌氧发酵池有效容积（$m^3$）。

（5）厌氧滤池总容积：

$$V = 45 + 30 + 15 = 90 \text{ m}^3$$

一、二级厌氧发酵池施工图可以采用中华人民共和国农业行业标准 NY-T2597—2014 生活污水净化沼气池标准图集，或者直接采用地埋式厌氧滤罐等成品厌氧污水处理设备。

（6）人工湿地有效面积（$F$）：

$$F = \frac{Q}{L} = \frac{13.5}{0.3} = 45 \text{ m}^2$$

式中　$F$——湿地床有效面积（$m^2$）；

　　　$Q$——污水排放量（$m^3/d$）；

　　　$L$——垂直潜流湿地采用设计负荷，$0.2 \sim 0.6$ $m^3/$（$m^2 \cdot d$）。

人工湿地平面布置设计：

方案一：$4 \times 12 = 48$ $m^2$

采用垂直流人工湿地，人工湿地为长方形，分成二组并连，每组五级床串联，布置于岸边。

湿地平面尺寸：〔（$2 \times 2.4$ $m^2$）$\times 5$ 级〕$\times 2$ 组

湿地床占地面积：池周边墙为 24 cm 砖砌筑，加上各级床之间隔墙 12 cm，池深为湿地床填料表层面与池地面高差 0.7 m + 填料厚度 0.8 m，即 1.5 m。

则 $F = （4 + 0.12 + 0.24 \times 2）（12 + 0.12 \times 5 + 0.24 \times 2）= 4.6 \times 13.08 = 60.2$ $m^2$

人工湿地容积：

$$V = 1.5 \text{ m} \times （4.12 \text{ m} \times 12.6 \text{ m}）= 1.5 \times 51.912 = 77.9 \text{ m}^3$$

方案二：$6 \times 8 = 48$ $m^2$

采用垂直流人工湿地，人工湿地为正方形、分成三组并连，每组四级床串联，人工湿地与二级厌氧滤池紧邻，布置于空地。

湿地平面尺寸：〔（$2 \times 2$ $m^2$）$\times 4$ 级〕$\times 3$ 组

湿地床占地面积：池周边墙为 24 cm 砖砌筑，加上各级床之间隔墙 12 cm，湿地床填料表层面与池地面高差 0.7 m，填料厚度 0.8 m，池深为 1.5 m。

则 $F = （6 + 0.12 + 0.24 \times 2）（8 + 0.12 \times 4 + 0.24 \times 2）= 60.2$ $m^2$

人工湿地容积：

$$V = 6.24 \times 8.48 \times 1.5）= 52.92 \times 1.5 = 79.38 \text{ m}^3$$

（7）布水方式：

形式一：每组五级垂直流串联，二级厌氧滤池的出水引到两组并连一级湿地床填料表层的齿形布水槽，由齿形布水槽流出后沿一级湿地床下向流；再由一级湿地床隔墙花格孔向二级湿地床布水，然后上向流，至二级床顶部布水堰向三级床布水，沿三级床下向流，至三级床与四级床之间隔墙花格孔向四级床布水，由四级床上向流；到四级床顶部布水堰向五级床布水，最后由五级床底部穿孔集水管排至集水井。

形式二：每组四级垂直流湿地床串联，二级厌氧滤池出水引至三组并连一级湿地床齿形布水槽，由齿形布水槽流出后沿一级湿地床下向流，至一级床与二级床之间隔墙底部花格孔向二级湿地床布水，然后上向流，流至二级床顶部布水堰向三级床布水，沿三级床下向流，至三级床底部与四级床之间隔墙花格孔向四级床布水，由四级床上向流；最后经填料面层表面设置齿形汇水槽，通过 DN150 mm 管子排放。

（8）人工湿地填料流程高度及有效容积：

如两组湿地床并连，每组五级串联，则一级床有效厚度为 80 cm，面层加 3 cm 石屑保护层。一、二、三、四级湿地床填料材质为石灰石或建筑碎石、碎砖，五级湿地床填料材质为砂。

一级湿地床填料粒径 $\phi$ 10 ~ 40 mm，厚度 80 cm+3 cm 卵石、碎石沸石或页岩等。

二级湿地床填料粒径 $\phi$ 10 ~ 30 mm，厚度 78 cm+3 cm 卵石、碎石、沸石或砾石等。

三级湿地床填料粒径 $\phi$ 7 ~ 20 mm，厚度 76 cm+3 cm 卵石、陶粒或砾石等。

四级湿地床填料粒径 $\phi$ 5 ~ 15 mm，厚度 74 cm+3 cm 粗砂、陶粒或石屑等。

五级湿地床填料粒径 $\phi$ 1 ~ 3 mm，厚度 72 cm+3 cm 细沙或石屑等。

如三组湿地床并连，每组四级串联则二级床填料粒径为 $\phi$ 10 ~ 25 mm，三、四级床分别对应四、五级床填料粒径。

每级湿地床水位较前一级床水位低 2 cm，则湿地床有效容积：

方案一

$$48 \text{ m}^2 \times （0.8+0.78+0.76+0.74+0.72）\div 5$$
$$=48 \text{ m}^2 \times 0.76=36.48 \text{ m}^3$$

净化水在湿地床停留时间

$$t=36.48 \div （5.6 \times 5）=36.48 \div 28$$
$$=1.3 \text{ d}（\times 24=31.2 \text{ h}）$$

方案二

$$48 \text{ m}^2 \times （0.8+0.78+0.76+0.74）\div 4$$
$$=48 \text{ m}^2 \times 0.77=36.96 \text{ m}^3$$

净化水在湿地床停留时间

$$t=36.96 \div 28=1.32 \text{ d}（\times 24=31.68 \text{ h}）$$

（9）人工湿地排空措施：

五级垂直流串联形式，则分布在一、三、五级床底板处安装 $\phi$ 25 mm 塑料管，排到集水井，在集水井内安装闸阀控制或堵头。四级床垂直流串联，则在二、四级床底板处安装 $\phi$ 25 mm 塑料管排到集水井，在集水井内安装闸阀控制或堵头。

（10）其他：

一二级厌氧滤池进水一侧底板留集泥斗，上盖预埋 $\phi$ 150 mm UPV 管，作为清渣器进出口，平时 UPVC 管上端用堵（或盖）头拧紧。

一二级厌氧池盖上预安装沼气排放管，管径 $\phi$ 10 mm 塑料管，接入沼气处理装置。

人工湿地植物栽种：因地址设在空地，故选用芦苇、菖蒲、蕨草等，每平方米栽 8 ~ 10 穴，每穴栽 2 ~ 3 株。

## 四、机务段、车辆段污水处理

机务段、车辆段的排水主要分为生活污水、生产废水和生产污水。机务段排水主要分为生活污水和生产污水。

### 1. 生活污水

由机务段、车辆段办公及附属生活设施，例如：办公房屋、浴室、宿舍、食堂等处排放，铁路生活污水系一般生活污水。生活污水和生产污水一般应清污分流，单独收集，周边如有市政污水管网，只需要将卫生间排放的粪便污水经化粪池处理，厨房含动植物油的污水经隔油处理后，可直接排入城市下水道。

### 2. 生产废水

主要指列车洗车废水、消防废水、锅炉排污废水等；为节约水资源，列车洗车废水一般需要处理后回用于洗车作业。消防废水应该设置消防事故池，发生火灾收集消防废水，根据火灾类型分析主要污染物以及排入什么环境，再制定相应的治理措施处理后排放。锅炉排污废水采用排污降温池（井）处理后可排入排水管网。

### 3. 生产污水

由于机车、车辆在运行过程中，有大量的砂粒，尘土等污物粘附在有油的机车车辆零部件上，在进行清洗时其带着油污一起进入污水中，因此在铁路排放的含油污水中包含有大量的吸附油的悬浮物固体颗粒。

机务段含油污水来自内燃机车小、辅修库以及部分车间。机务段分内燃机务段、电力机务段和内燃、电力混合段，其生产废水主要来自两个方面，一个是来自机车检修、整备场方面，如柴油机库、整修库、电机轮对库定修库、柴油机体清洗间等车间在作业中所产生的含油污水；另一方面则来自下雨时露天线路及场地上的含油污水。

车辆段生产污水由检修车间（冲洗电池组、空调、柴油发电机组、车辆外皮等）、转向架间（车辆转向架的高压冲洗）、轮轴车间（冲煮洗轮对、轴箱）、客车洗刷库（客车外皮机械洗刷）、设备车间（锅炉排水）等车间排放。

生产污水中石油类、清洗剂和悬浮物含量较高。

## （一）含油污水处理

机务段、车辆段含油生产污水于与生活污水应清污分流，分别处理。

污水中的油可分为：浮油、乳化油和溶解油等，浮油的去除通常采用平流或斜板隔油池进行处理；溶解油需采用生化、吸附或膜分离工艺进行处理，但溶解油的含量较小，往往不作为处理的重点；乳化油可分为化学乳化油与机械乳化油，由于表面活性剂或其他化学成分的加入，使油水形成胶团，即水包油、油包水的稳定状态。另外，由于某些场合油中水分、杂质的侵入，再加上高度的机械摩擦运动，也使油、水、杂质形成稳定的胶团。

气浮法净水是当前含油污水常用的污水处理方法之一，它的工作原理是在压力状况下，将大量空气溶于水中，形成溶气水，作为工作介质，通过释放器骤然减压快速释放，产生大量微细气泡。微细气泡与混凝反应后污水中的凝聚物粘附在一起，使絮体比重小于 1 而浮于水面，从而使污物从水中分离出去，达到净水的目的。含油污水的油脂，可降至 10 mg/L 以下，污水能达到澄清程度。

气浮净水前需要对含乳化油的污水进行破乳。破乳的方法有多种多样，但基本原理都是一样的，即破坏液滴界面上的稳定薄膜，使油水分离。破乳途径有以下几个方面：（1）投加化学药剂；（2）机械破乳，通过剧烈搅拌、震荡或离心作用；（3）改变乳化液的温度；（4）电脱破乳。

### 1. 斜板（斜管）沉淀池的设计计算

浮油的去除通常采用平流或斜板隔油池进行处理；斜板、蜂窝斜管沉淀池的设计参数：

（1）斜板（管）之间间距一般不小于 50 mm，斜板（管）长一般为 1.0～1.2 m。

（2）斜板的上层应有 0.5～1.0 m 的水深，底部缓冲层高度为 1.0 m。斜板（管）下为污水分布区，一般高度不小于 0.5 m，布水区下部为污泥区。

（3）池出水一般采用多排孔管集水，孔眼应在水面以下 2 cm 处，防止漂浮物被带走。

（4）污水在斜管内流速视不同污水而定，如处理生活污水，流速为 0.5～0.7 mm/s。

（5）斜板（管）与水平面呈 60°角，斜板净距（或斜管孔径）一般为 80～100 mm。

#### 1.1 异向流斜板（管）沉淀池

异向流斜板（管）沉淀池的设计计算式可由如下分析求的。

假定有一个异向流沉淀单元，倾斜角为 $\alpha$，长度为 $l$，断面高度为 $d$，宽度为 $w$，单元内平均水流速度 $v$，所去除颗粒的沉速为 $u_0$，如图 4-9 所示。

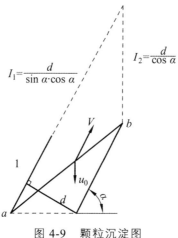

图 4-9　颗粒沉淀图

当颗粒由 $a$ 移动到 $b$ 被去除，可理解为颗粒以 $v$ 的速度上升 $l+l_1$ 的同时以 $u_0$ 的速度下沉 $l_2$ 的距离，两者在时间上相等，即：

$$\frac{l+l_1}{v}=\frac{l_2}{u_0}\qquad\qquad(4\text{-}45)$$

$$\frac{v}{u_0}=\frac{l+\dfrac{d}{\sin\alpha\cdot\cos\alpha}}{\dfrac{d}{\cos\alpha}}=\frac{l\cos\alpha\cdot\sin\alpha+d}{d\cdot\sin\alpha}\qquad\qquad(4\text{-}46)$$

沉淀单元的断面面积为 $dw$，则单元所通过的流量为：

$$q=dwv=dwu_0\left(\frac{l\cos\alpha}{d}+\frac{1}{\sin\alpha}\right)=u_0(l\cdot w\cdot\cos\alpha+\frac{dw}{\sin\alpha})\qquad\qquad(4\text{-}47)$$

式中 $l\cdot w$ 实际上即为沉淀单元的长与宽方向的面积，$l\cdot w\cdot\cos\alpha$ 即为斜板在水平方向投影的面积，可用 $a_f$ 代替。$dw$ 代表沉淀单元的断面积，$dw/\sin\alpha$ 即为沉淀池水面在水平方向的面积，可用 $a$ 表示，这样即可得

$$q=u_0(a_f+a)\qquad\qquad(4\text{-}48)$$

如果池内有 $n$ 个沉淀池，并且考虑斜板（管）有一定的壁厚度，池内进出口影响及板管内采用平均流速计算时，上式可修正得沉淀池设计流量：

$$Q=\eta u_0(A_f+A)\qquad\qquad(4\text{-}49)$$

式中　$\eta$——系数 0.7，一般范围为 0.75～0.85；

　　　$A_f$——斜板（管）沉淀池所有斜壁在水平方向的投影面积，$A=n\times a_f$；

　　　$A$——沉淀池水面在水平面上的投影面积。

即异向流斜板（管）沉淀池的截留速度：

$$u_0=\frac{Q}{\eta(A_f+A)}\qquad\qquad(4\text{-}50)$$

斜板设计长度：

$$l' = \frac{1}{\eta}(\frac{v}{u_0} - \frac{1}{\sin\alpha})\frac{d}{\cos\alpha} \tag{4-51}$$

### 1.2 同向流斜板沉淀池

根据同样方法，可以求得同向流情况下的斜板理论长度 $l$ 及设计长度 $l'$。

$$l = (\frac{v}{u_0} + \frac{1}{\sin\alpha})\frac{d}{\cos\alpha} \tag{4-52}$$

$$l' = \frac{1}{\eta}(\frac{v}{u_0} + \frac{1}{\sin\alpha})\frac{d}{\cos\alpha} \tag{4-53}$$

一个斜板单元的理论流量：

$$q = u_0(a_f - a) \tag{4-54}$$

斜板沉淀池设计流量：

$$Q = \eta u_0(A_f - A) \tag{4-55}$$

即同向流斜板（管）沉淀池的截留速度：

$$u_0 = \frac{Q}{\eta(A_f + A)} \tag{4-56}$$

### 1.3 横向流斜板（管）沉淀池

横向流斜板（管）沉淀池的沉淀情况如图 4-10 所示。

由相似定律得：

$$\frac{v}{u_0} = \frac{L}{l\sin\alpha} \tag{4-57}$$

式中　$L$——沉淀区的长度。

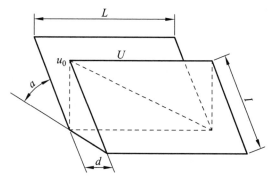

图 4-10　横向流斜板（管）沉淀池的沉淀

一个沉淀单元的流量：

$$q = ldv = \frac{L \cdot u_0 \cdot d}{\sin\alpha} = a_f \cdot u_0 \tag{4-58}$$

式中　$a_f$——沉淀单元的表面积。

沉淀池的设计流量：

$$Q = A_f \cdot u_0 \cdot \eta \tag{4-59}$$

横向流沉淀池截留速度：

$$u_0 = \frac{Q}{\eta \cdot A_f} \tag{4-60}$$

式中　$A_f$——沉淀区所有斜板的水平投影面积。

## 2.　气浮池设计计算

1）溶气方式

（1）射流挟气式（图 4-11）

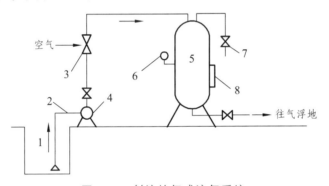

图 4-11　射流挟气式溶气系统

1—吸水井；2—吸水管；3—水射器；4—水泵；5—稳压溶气罐；
6—压力表；7—放气阀；8—水位计

射流进气是以加压泵出水的全部或部分作为射流器的动力水，当水流以 30～40 m/s 的高速紊流束从喷嘴喷出，并穿过吸气室进入混合管时，便在吸气室内造成负压而将空气吸入。气水混合物在混合管（喉管）内剧烈紊动、碰撞、剪切，形成乳化状态。进入扩散管后，动能转化为压力能而使空气溶于水，随后进入溶气罐，这种供气方式设备简单，操作维修方便，气水混合溶解充分；但由于射流器阻力损失大（一般为加压泵出口压力的 30%）而使能耗偏高。

（2）空压机供气（图 4-12）

溶气气浮工艺（DAF 工艺）处理过的部分废水循环流入溶气罐，在加压空气状态下，空气过饱和溶解，然后在气浮池的入口处与加入絮凝剂的原水混合，由于压力减小，过饱和的空气释放出来，形成了微小气泡，迅速附着在悬浮物上，将它提升至气浮池的表面。从而形成了很容易去除的污泥浮层，较重的固体物质沉淀在池底，也被去除。

空压机供气的优点是气量、气压稳定，并有较大的调节余地，但噪声大，投资较高。

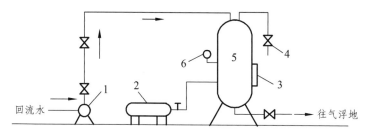

图 4-12 空压机供气式溶气系统

1—水泵；2—空压机；3—水位计；4—放气阀；5—溶气罐；6—压力表

2）气浮设备及其计算

（1）实际供气量及空压机选型

气浮过程所需释气量取决于污水中的悬浮物性质和浓度。得出气固比 $A/S$ 的定义可得下式所示的关系：

$$\frac{A}{S} = \frac{Q_r C_s (f_p - 1) \times 10^3}{Q S_a}$$ （4-61）

式中 $A/S$——气浮过程气固比（L/kg）；

$Q$，$Q_r$——入流污水和溶气用水流量（m³/L）；

$C$——98 kPa 压力和指定温度下空气在水中的平衡溶解量（mL/L）；

$f$——溶气水中的空气饱和系数；

$p$——溶气绝对压力（kPa）；

$S_a$——入流污水中的 SS 浓度（mg/L）。

由上式可求得加压溶气用水的需用量 $Q_r$，并按下式计算实际供气量 $Q_a$（L/h）

$$Q_a = \frac{Q_r K_T p}{\eta}$$ （4-62）

式中 $K_T$——空气在水中的溶解度系数[L/（kPa·m³）]；

$\eta$——溶气效率（%）。

空压机额定供气量 $Q'a$（m³/min）为：

$$Q_a' = 1.25\varphi \frac{Q_a}{60 \times 10^3}$$ （4-63）

式中 $\psi$——空压机安全系数，一般取 1.2 ~ 1.5；

1.25——空气过量系数。

按 $Q_a$ 和溶气压力及输气管路阻力降，即可进行空压机选型。

（2）溶气罐

溶气罐的容积，原则上可按溶气用水量 $Q_r$（m³/min）、溶气时间 $t$（min）计算。

$$V_d = \frac{Q_r l}{f_d}$$ （4-64）

式中 $f_d$——溶气罐有效容积系数，常取 50% ~ 60%。

确定 $V_d$ 后，可按径高比 $D/H$=1：（3～4）确定其结构尺寸。空罐取 $D/H$=1：3，填料罐取 $D/H$=1：4。为了保证溶均罐的稳定运行和减轻操作强度，溶气罐应设液位自动控制装置。

（3）溶气释放系统

压力溶气水经过瞬时降压、消能、传质、释气后，很快形成无数大小不同的超微气泡（$D$<1 um），并在剧烈的紊流扩散和分子扩散中继续碰撞和逐级并大，从而形成密集的微气泡（1um<$D$<100 um），从溶气释放器中流出。而释放空气分子集合的快慢和并成气泡的大小，取决于溶气水的压力计溶气释放器的降压方式。在实际选用过程中，溶气释放器，有简单阀门式、针型阀式以及专用释放器，其性能的判别一般遵从如下三点：

① 产水量：释放器的产水量，实际上是指同口径释放器出流量的多少。

如单位释气量相同，则产水量越多的释放器其释气量越多，所含微气泡总数也就越多。同理，当释放器产水量越大者，在处理相同水量时，所需的释放器个数也就越少，因此，产水量是衡量释放器性能的指标之一。

② 释气率：各种释放器能否在不同压力下，尤其是在低压时将溶解在水中的气体全部释放出来。

③ 气泡的细密度：从气浮净水机理分析得出微气泡的大小和数量将直接影响气浮净水效果，特别是与微絮粒的粘附，更依赖于微气泡的大小，实际上产水量和释气率是代表释放器在"量"方面的性能指标，而气泡细密度则是它在"质"方面的性能指标。

（4）溶气释放器选择的注意点

① 工作压力：释放器的工作压力也就是溶气罐的溶气压力。确定溶气所需的压力不仅涉及气浮净水的效果，而且关系到气浮净水的经济性。以往为了取得足够数量的微细气泡，人们只得借助于溶气水压力的提高而其后又不得不把部分能量减压释放掉。从能量消耗角度看，它与沉淀法相比，是个很大的弱点。一般采用 TJ 型或者 TS 型溶气释放器，压力选用 2.0～3.0 MPa 为佳、上限不超过 4 MPa，其下限不低于 1.5 MPa。

② 作用范围：一个释放器能顾及多少接触面积，因为释放器布置得好与坏，对净水效果有很大的影响。

③ 堵塞问题：在用于污水处理中，释放器容易堵塞。尺寸小的释放器更易堵塞。

（5）回流比的确定

回流比是指回流溶气的水与待处理的水的比值。其影响因素包括：溶气压力、温度、溶气条件、释放器的性能、微气泡的大小及其级配分布、原水的絮凝特性及与水的接触时间，在设计中很难选定一个恒定值。无试验资料的时候，常用气/固比（A/S）这样一个参数来间接确定回流比。其含义是要浮起一定数量的固体悬游物所必需的空气量。显然，要浮起的固体量越多所需的空气量就越多。但是实践证明"量"不足以衡量气浮条件的好坏，取决于气泡的"质"及絮粒的可浮性的好坏。鉴于多因素的影响，一般小试试验确定回流比：对不同的溶气压力、不同的 pH 值、不同混凝剂与投加量以及加入不同回流水量等条件下的出水水质进行比较然后择优选定。目前在污水处理中，采用的回流比一般为15%～30%。

3）气浮一体化设备

含油污水量不大时，可以采用气浮一体化设备。自动化程度高，设备安装简便，自动运行，故障报警，便于日常管理。如图4-13所示。

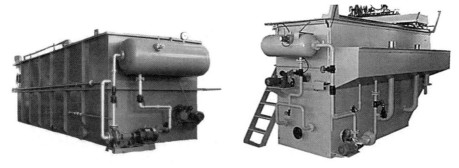

图4-13 一体化气浮设备

## （二）气浮处理新工艺

### 1. 传统的加压溶气气浮的改进

1）溶气泵溶气气浮装置

溶气泵溶气气浮装置将气浮系统优化，不需另设循环泵、空压机、溶气罐，直接采用多相流体泵实现吸气、溶气过程。通过多相流混合泵所具有的特殊结构叶轮的高速旋转剪切作用，将吸入的空气剪切为直径微小的气泡，随后在泵的高压下溶于水，并在随后的减压阶段，溶解的气体以微气泡的形式释放出来。该装置气泡产生设备简单，运行稳定，管理方便，但一般仅适用于小规模净水工程，较大型净水工程仍采用DAF工艺。

2）高效加压溶气气浮工艺

高效加压溶气气浮（SUPR-DAF）设施包括SUPR-DAF主机、DR稳压器、引流器等。工艺流程如图4-14。

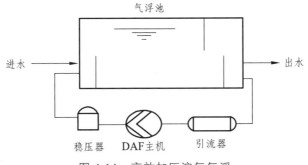

图4-14 高效加压溶气气浮

高效加压溶气气浮工艺（SUPR-DAF）工作原理：污水通过一个简单的引流装置进入 DAF 主机，主机上有一吸气口（可调），吸入一定量的空气，气、水在主机内进行充分的混合，进入到稳压器内，通过稳压器连续稳定的产生微细气泡，气泡上浮时与悬浮物碰撞、吸附，一起浮出水面，形成浮渣。SUPR-DAF 溶气气浮系统特点：高效加压溶气气浮工艺系统边吸水、边吸气，设备内加压混合，气液溶解效率高，吸入的空气能 100%溶解，产生微细气泡的直径≤30 μm。最关键的是该系统与现有的污水处理流程不发生直接的关系。它直接从浮选池的出水管上取水，溶气后送到浮选池的入口，不受污水处理厂水量波动的冲击影响，保证了后续工艺的平稳运行，提高了整个污水处理厂的出水水质。

3）射流气浮工艺

射流气浮装置是近年来出现的一种污水处理设备。污水从喷嘴高速喷出时，在喷嘴的吸入室形成负压，气体被吸入；在混合段，污水携带的气体被剪切成微细气泡；在气浮池中，油珠和固体颗粒附着在气泡上上浮。射流气浮装置能耗仅相当于机械搅拌叶轮气浮的二分之一，产生气泡直径小，且制造、安装、维修方便，具有很好的应用前景。将压缩空气溶气改为喷射吸气溶气，从而加速了空气的溶解，缩短了溶气时间，同时降低了能耗。

水射器可替代空压机加气，水自水泵加压后，部分回流至水泵，在水泵压水管道和进水管道间形成回路。在回流管上安装水射器，由水射器吸入空气，空气和水在水泵内初步混合，大气泡得到一定程度的破碎，输至溶气罐形成溶气水（压力由水泵控制，维持在 0.13~0.14 MPa），再通过管道输送至气浮池。和空压机加压溶气相比，节省了设备投资和运行费用。溶气罐内不装填料，也不需控制水位，操作简便，气浮效果稳定。

采用水射流技术，吸气量稳定，水与气体混合充分，粒子和气泡的碰撞在下导管中进行，分离过程在柱体内进行，为紊流碰撞、静态分离创造了良好的条件，是一种有发展前途的高效设备。

4）斜板溶气气浮

（1）分离区斜板的加入，可以使絮体在斜板内部浮上的过程中发生二次絮凝反应，增大颗粒的尺寸，提高分离效率，改善出水水质。

（2）最佳斜板间距为 60 mm，当变宽或者变窄都会因为水力条件的影响而最终影响出水水质。

（3）加入斜板后，高效溶气气浮处理含油污水效果好，出水水质稳定，在 $R=30\%$ 时，出水中油和 SS 的质量浓度分别不大于 9 和 14 mg/L。

## 2. 高效浅层气浮工艺

高效浅层气浮装置的出现，是气浮净水技术的一个重大突破。该装置改传统气浮的静态进水动态出水，为动态进水静态出水，应用"零速原理"使上浮路程减至最小，使浮选体在相对静止的环境中垂直浮上水面，实现固液分离。污水从池中心的旋转进水器进入配水器，配水器的移动速度和进水流速相同，方向相反，使原水进入水池内时产生零速度，从而进水不会对池内水流产生扰动，池内颗粒的沉浮在一种静态下进行，大大提高了气浮池的效率。如图 4-15 所示，原水从图中的整流区被放入浮选区的气浮槽时，整流区自身以原水的出流速度并与其相反的方向周转，此时，就创造了水流速为零的零流速状态。"零速原理"使上浮路程减至最小，且不受出水流速的影响，上浮速度达到或接近理论最大值，污水在净化池中停留的时间由传统气浮的 30 ~ 40 min 减至仅需 3 ~ 5 min，极大地提高了处理效率，设备体积随之大幅度减小，且可架空、叠装、设置于建筑物上，少占地或不占地。随着布水装置的旋转，事先与污水均匀混合的气泡能十分均匀地充满整个净化池，几乎不存在气浮死区和气泡不均匀区，从而大大提高了净化效率。浅层气浮设备是将进水口、出水口和气浮刮渣斗安装在绕气浮池中央回转的回转机架上。螺旋状的刮渣装置对水体的扰动小，且刮起的仅为已充分分离的浮渣，含固率高。

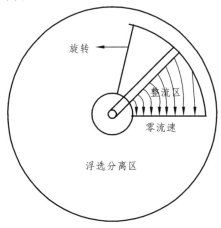

图 4-15　零流速原理图

　总的来说，高效浅层气浮工艺的特点有：

（1）待处理水停留时间较短，仅为 3 min。

（2）处理效率高，尤其是处理高浊度水。

（3）单位面积的处理量为 250 $m^3$/（$m^2 \cdot d$），处理能力大。

（4）可以设置为多层，并可以直接设置在地面上或架空设置，占地面积小。

（5）有效水深约 0.4 m，且与处理能力基本无关，构筑物总高度降低。同时据介绍，现在气浮装置产生的微小气泡平均直径仅约 1 μm，为以往的几十分之一，微气泡总比表面积与传统比增大 400 余倍，加上溶气量能达到理论的最大值且无浓度梯度。气泡在水中参与部分布朗运动，极为有利于气泡内氧分子向水中扩散，因而曝气效果将高出许多倍，所以有着较强的污水处理能力。

### 3. 涡凹气浮工艺

CAF 涡凹气浮装置因其具有投资少、占地小、能耗低、操作和维修简便等优点，在水处理工程中也得到了很好的应用。涡凹气浮（CAF）的充气率比溶气气浮（DAF）的充气率高，而且气泡直径小于溶气气浮，因而污水中悬浮物、油脂的上浮速度快，去除效率高。由于涡凹气浮法没有能耗高的空气压缩机和压力水泵，运行费用低。涡凹气浮系统的工作原理是污水流经曝气机涡轮，涡轮利用高速旋转产生的离心力，使涡轮轴心产生负压，吸入空气，由于曝气涡轮的特殊结构设计，空气沿涡轮的四个气孔排出，并被涡轮叶片打碎，从而形成大量微小的气泡。通过独特的涡凹曝气机将"微气泡"直接注入污水而不需要进行事先溶气，然后通过散气叶轮把"微气泡"均匀地分布在水中。这些微气泡便附着在污水中絮凝了的胶体、细小纤维等悬浮物上，上浮并维持漂浮在水面。这些漂浮在水面的物质随水向前移动，被污泥刮板浓缩刮运清除。处理后的达标水经溢流口排出，回用或排放。如图 4-16 显示了涡凹气浮池的基本构造。

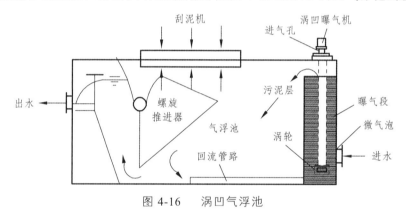

图 4-16　涡凹气浮池

涡凹气浮应用在污泥浓缩上，具有以下特点：

（1）浓缩效果好。

（2）污泥回收率高。

（3）运行管理简单。

（4）运行费用低。

（5）污泥停留时间短。

（6）无污泥中磷的释放，有利于污水处理厂对出水的 TP 控制。

CAF 涡凹气浮系统的工作原理完全不同于 DAF（压力溶气气浮）。它是通过特制的曝气机来产生微气泡的，因此不需要空压机、循环泵、压力溶气罐、释放器或喷嘴、絮凝剂预反应池等附属设备。尽管 DAF 也用来去除污水中的 SS、油和 $COD_{cr}$，但 DAF 存在着许多缺点和操作上的问题。由于 CAF 产生的微气泡是 DAF 的 4 倍，确定 CAF 的尺寸只需要考虑流量这一参数，不像 DAF 还需要考虑污染物的浓度。

总的来说，CAF 的优点有：

（1）操作简单，没有复杂的机器设备，自动化程度高，不需要过多的人工参与。

（2）投资省，为 CAF 配套的土建工程和附属设备特别少，从而大大减少污水处理的投资费用。

（3）运行费用低，CAF 系统的能耗特别低，例如：每小时处理 150t 水 CAF 设备的功率只有 3 HP（2.25 kW），仅相当于 DAF 的 1/8 ~ 1/10，节省运行成本的 40% ~ 90%。

（4）配套完整性好，占地面积小，地面、地下或高处皆可安装。

（5）处理效率高，臭气少，噪声低。

### 4. 电凝聚气浮技术

电凝聚气浮技术是在外电压的作用下，利用可溶性阳极（牺牲阳极）电解污水，在阳极产生胶体絮凝剂（如 $Al^{3+}$、$Fe^{3+}$），能使污水中的胶体有机粒子、微细固体悬浮物凝聚成团，通过阴极、阳极产生的 $H_2$、$O_2$ 等微小气泡把絮团通过气浮除去，使污水中的 COD、SS 等有效降低，从而净化污水的一种处理方法。

电化学方法治理污水一般无须添加化学药品，设备体积小，占地少，操作简便灵活，污泥量少，后处理极为简单，通常被称为清洁处理法，电凝聚气浮技术作为电化学技术之一，是一种有竞争力的污水处理方法，与传统混凝法相比，该技术具有两个显著特点：停留时间短和浮渣含水率低。但是电凝聚气浮方法一直存在着能耗大，电极消耗快，成本较高等不足。

大量研究表明，电流密度和电解时间是影响电凝聚气浮效率的关键因素，同时它们又与电凝聚气浮过程中消耗的能量密切相关，制约电凝聚技术广泛应用的主要原因是其能耗较高，故对降低其能耗的研究一直在持续进行。

为了降低电凝聚气浮技术的能耗以及防止阳极钝化，许多研究者对装置的改进提出了诸多建议。比如：采用脉冲电源。由于施加脉冲信号，电极上的反应时断时续，有利于扩散、降低浓差极化，从而降低能耗。此外，当电解槽施加周期换向的交流电脉冲信号时，既具备脉冲电解的特点，又由于两极均可溶，可从两极产生金属阳离子，更有利于金属阳离子与胶体间的絮凝作用，同时由于两极极性经常变化，对防止电极钝化起到了积极的作用等。

### 5. 逆流共聚气浮工艺

哈工大和中国环科院的袁鹏等根据紊流气浮理论，开发了逆流共聚气浮反应器。该反应器包括溶气系统、逆流气浮反应器和加药系统三部分（如图 4-17）。

原水经过进水泵从反应器上部经布水系统均匀进入反应器，絮凝剂在进水泵的吸水口前端加入，部分气浮出水通过气液混合泵进行溶气回流，同时空气从气液混合泵吸气口吸入，原水与溶气水在反应器内逆流流动，充分混合，水中的悬浮颗粒与气泡相互碰撞絮凝长大，利用气泡的浮力上升到反应器顶端，生成的浮渣层厚度不断增加、浓缩，在压力作用下溢流排出，反应器出水由底部引出经过回流水箱排出。

逆流共聚气浮水处理工艺相对于传统的气浮、沉淀处理工艺有很大的优越性，一方面絮凝过程在逆流共聚气浮反应柱中进行，溶气回流水释放的微气泡参与到悬浮颗粒物的絮凝反应中而有助于形成体积质量小而结构牢固的絮体；另一方而反应柱中的微絮体在气泡的生成过程中充当了"核"的作用，有助于溶气水中气泡的迅速形成并提高气泡与絮体的碰撞粘附效率，同时反应柱中可形成稳定的气泡-絮体共聚悬浮层，有利于拦截随水流下行的絮体与上升的微气泡，提高了处理效率。

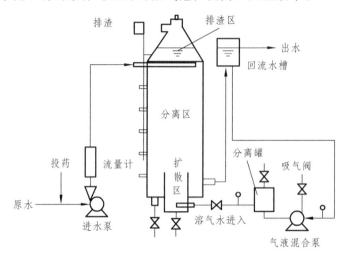

图 4-17　逆流共聚气浮工艺

　　逆流溶气气浮过滤一体化工艺是一种新的溶气气浮形式。它有两个特点：将溶气气浮单元与过滤单元组合在一个池中，即溶气气浮单元在上方，而过滤单元在正下方，两个单元的占地面积相等，水力负荷相等；溶气回流水的进水口在原水进水口的下方，在滤床的上方，溶气回流水携带的气泡上浮，而进入气浮池的原水向下运动，从而出现气泡与原水逆流碰撞的现象。如图 4-18 所示。

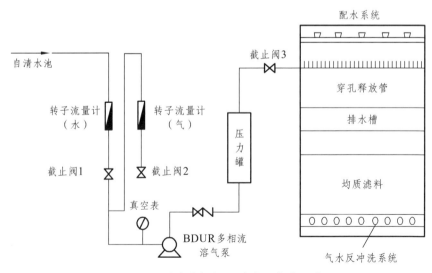

图 4-18　逆流溶气气浮过滤一体化工艺

该工艺有以下优点：可以在常规溶气气浮池的基础上进一步显著地减少投资和运行费用；比较容易实现利用滤池反冲水排除气浮池产生的浮渣；气泡与脱稳絮粒的碰撞粘附更加充分；可较大程度地避免溶气回流水进入气浮池时打碎脱稳絮粒；整个泥渣层由一个厚的、均匀的气泡层支撑着，因此在接近排渣堰的地方，任何沉下来的浮渣碎粒不得不进行再次气浮，从而避免浮渣碎粒随气浮池出水排出而影响出水水质。

### 6. FBZ 工艺超声波气浮技术

利用超声波发生装置产生的超声波（频率在 16 kHz 以上），在液体中以表面波的形式传递，遇到阻碍发生器产生碰撞时，会产生一种大的压缩力，使超声波急剧反弹，形成无数细小的"空化泡"，"空化泡"的内径只有几个至几十个纳米，且寿命短，随时发生爆裂，爆裂点从附近小范围区域产生极高的温度和压力，大量的能量以污水作媒介传递给大分子有机物，导致碳链断裂。FBZ 主要适用高浓度、难降解的有机污水的治理，污水在运行中加入凝聚剂进入超声气振室，在额定的振荡频率下，污水中部分有机物断链开环，变为易生化的小分子，部分可挥发的物质加速了挥发的进程，部分物质改变晶间结构，变得易于絮凝从污水中分离。因此，运用 FBZ 工艺进行物化处理，不仅脱氮效果好，而且对有机物也有较好的祛除效果。

### 7. 新型溶气气浮装置（管式反应、高效溶气）

新型管式反应气浮工艺流程如图 4-19 所示。

新型溶气气浮装置与传统溶气气浮相比主要有以下特点：

（1）设计了先进的管式反应器，使混合、反应均通过管道快速完成。同时在絮凝过程中加入溶气水，产生"共聚作用"，使气泡结合进絮体内，提高分离效率，节约药剂。

（2）采用斜罐高压溶气方式，并在溶气罐入口增加了射流装置，溶气效率提高，罐内液位恒定，溶气罐体积缩小到传统溶气罐的六分之一。

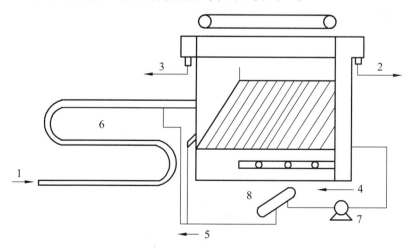

图 4-19　管式反应溶气气浮装置

1—进水；2—出水；3—排渣；4—空气；5—溶气水；6—管式反应器；7—循环泵；8—溶气罐

（3）根据浅层理论，气浮分离区加装斜管，提高分离效率，缩短停留时间，减小池体体积。

（4）采用新型防堵释放器，产生气泡均匀细小，末端宽流道设计，使其无堵塞现象。

（5）具有完善的排渣、排泥系统，且采用全自动控制，使其不受人为操作的影响。其中以管式反应和高效溶气释放系统为核心技术。与传统溶气气浮相比，具有溶气释放效果好、浮选效率高、占地面积小、运行稳定等特点。

### （三）车辆段含油污水处理设计实例

#### 1. 设计依据

（1）项目建设单位初步设计的审查意见及通知。

（2）设计院施工图设计原则及有关规定。

#### 2. 设计资料

（1）本设计处理污水主要为车辆段检修车间（冲洗电池组、空调、柴油发电机组、车辆外皮等）、转向架间（车辆转向架的高压冲洗）、轮轴车间（冲煮洗轮对、轴箱）、客车洗刷库（客车外皮机械洗刷）等车间排放的含油污水，污水量为 10 $m^3$/h。

（2）本地区土壤冻结深度为 0.88 m，地震烈度为七度，地下水位埋深大于 15 m，夏季主导风向 SE。

（3）含油生产污水水质指标如下：

① 进水水质情况：$COD_{cr}$ 500 mg/L，$BOD_5$ 200 mg/L，色度 200 倍，SS 500 mg/L，石油类 500 mg/L。

② 出水水质情况：$COD_{cr}$ 100 mg/L，$BOD_5$ 20 mg/L，色度 50 倍，SS 70 mg/L，石油类 5 mg/L。

#### 3. 主要技术条件及设备选择

车辆段内含油污水汇入污水抽升泵井后，经潜污泵提升至气浮设备处理后排入既有污水管网，污水及污泥处理流程如图 4-20 所示。

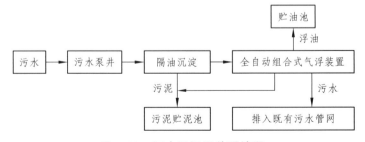

图 4-20　污水及污泥处理流程

（1）污水抽升：采用 *D*=3 m，*H*=6.5 m 圆形钢筋混凝土泵井，井内设 Q2120-2-1.1

型潜水排污泵 2 台，单台 $Q$=6 ~ 25 m³/h，$H$=15 ~ 17 m，$N$=1.1 kW。

（2）含油污水处理选用 TJQ-II 型全自动组合式气浮装置 1 套，污水处理为 10 m³/h；配套功率 5.5 kW。

（3）污泥处理：全自动组合式气浮装置的污泥和斜板隔油池的污泥经汇集后贮存于贮泥池中，待达到一定量后，由吸泥车外运。

（4）全自动组合式气浮装置的油渣和斜板隔油池的油渣经汇集后贮存于贮泥池中，待达到一定量后，由吸泥车外运。

（5）污水压力排水管、连接管采用热镀锌钢管，法兰连接。

（6）污水中因含焊渣、铁锈、砂砾、尘土等杂质，或生产系统中有机械零件脱落堵住阀芯，使普通闸阀不能关严严密。闸阀应采用刀型闸阀，其闸板具有剪切功能，可刮除密封面上的粘着物，自动清除杂物，不锈钢闸板可防止腐蚀引起的密封泄漏。

（7）车辆段排放的含油污水中的油污属于《国家危险污物名录》2018 中危险污物。见表 4-13。

表 4-13　危险名录表

| 污物类别 | 行业来源 | 污物类别 | 污物类别 | 危险特性 |
|---|---|---|---|---|
| HW08 污矿物油与含矿物油污物 | 非特定行业 | 900-199-08 | 内燃机、汽车、轮船等集中拆解过程产生的污矿物油及油泥 | T1 |
| | | 900-200-08 | 研磨、打磨过程产生的污矿物油及油泥 | T1 |
| | | 900-201-08 | 清洗金属零部件过程中产生的污弃煤油、柴油、汽油及其他由石油和煤炼制生产的溶剂油 | T1 |
| | | 900-222-08 | 石油炼制污水气浮、隔油、絮凝沉淀等处理过程中产生的浮油和污泥 | T |

气浮污水处理后，产生的油渣、油泥，必须按照《中华人民共和国固体污物污染环境防治法》、生态环保部《危险污物转移管理办法》妥善处理。

### 4. 施工注意事项

（1）管路的走向均为纸上定线，施工放线有出入时应加以变更。

（2）本段房屋所有上、下水进出口位置应与建筑给水排水平面图的引入管、出户管设计图配合施工，本图管段长度均由平面图内量得，施工放线中，应以实际测量为准。

（3）设备到货后，应详细核对安装尺寸，确认无误后方可施工并进行安装；注意预埋电缆线，预留孔洞等，与房建、电力等专业密切配合。

（4）有关施工注意事项请见各分张设计图上之要求外，凡本设计未尽事宜，请遵照《铁路给水排水工程施工技术规范》TB10209、《给水排水管道工程施工及验收规范》GB5026 及有关规定规程办理。

### （四）车辆外皮洗刷污水处理

随着铁路与轨道交通的高速发展及人力成本的升高，车辆段以及配属车超过 12 列的停车场均设置机械洗车设施。铁路与轨道交通行业采用自动化洗车模式愈加普遍。列车自动清洗机应用于清洗电客车的端面、侧面、侧顶弧面、顶面（采用接触轨供电制式的电客车）的灰尘、油污及其他污渍。其以高效、自动、环保的特性，广泛应用于国铁、地铁车辆段或停车场。清洗列车时产生大量污水，而车辆段一般地处偏远地区，无法利用市政污水处理设施进行污水净化，而且由于洗车污水中含有石油类（少量）、有机物、表面活性剂等难降解污染物质，以及国家、地方节水政策的要求，即使车辆段周边有市政污水管网，也不能直接排入。为了节约水资源，保护环境，洗车污水处理循环再利用，就非常必要。车辆段污水处理流程和相关设备如图 4-21 ~ 4-23 所示。

#### 1. 洗车工序及污水水质

列车清洗时采用两种水，一种为污水再处理的回用水，一种为经软化处理的清水。后者用于洗车漂洗工位，其作用是冲洗残留在车体上的清洗剂，金属离子以及其他细微残留物，以免车体、车窗在风干后出现花痕。

车辆段洗车一般采用如下清洗工序，如图 4-24 所示。

根据列车表面的清洁状况，洗车时可以采用含清洗剂洗或者清水洗，故产生的污水中可能会含有遗留的表面活性剂（LAS）、固体异物、有机物等。洗车污水水质浓度比较低，属于优质杂排水，适合进行中水回用，经过回用后出水水质比较高。根据同类型污水水质特点，确定洗车污水进水水质指标如表 4-14 所示。

#### 2. 污水处理工艺

洗车场的洗车污水回用处理，对泥砂等浑浊物的处理简单容易，沉砂过滤即可解决。洗车只是清洗车厢表面，污水中含油量也相对较低。其关键点是对洗涤剂阴离子表面活性剂（LAS）等有机污染物的处理。只有去除洗涤剂阴离子表面活性剂、少量其他有机污染物，回用水（循环水）才能解决泡沫、水体发臭的问题。LAS 结构如下：

$$CH_3 \longrightarrow (CH_2)_x \longrightarrow C \longrightarrow CH_2(CH_2)_y \longrightarrow CH_3$$

$$SO_3Na$$

LAS 的降解过程中，首先烷基末端的甲基被氧化为羧酸，再经 β-氧化，每次减少两个碳，最终生成苯丙酸、苯乙酸或苯甲酸的磺酸盐，然后进行脱磺化作用。途径如下，苯环经过一羟基或二羟基化后开裂而被降解。环开裂后进一步被氧化，进一步转化为 $CO_2$ 和 $H_2O$。

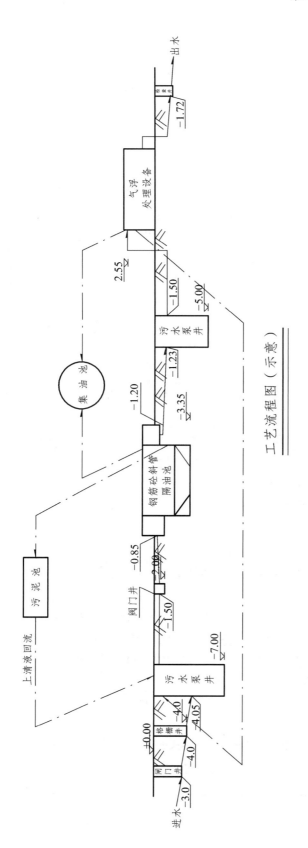

工 艺 流 程 图 （ 示 意 ）

说明：

1.本图设计尺寸除高程以 m 计及注明者外，余均以 mm 计。

2.本设计采用相对高程，地面高程为±0.00。

图 4-21　车辆段气浮污水处理流程图

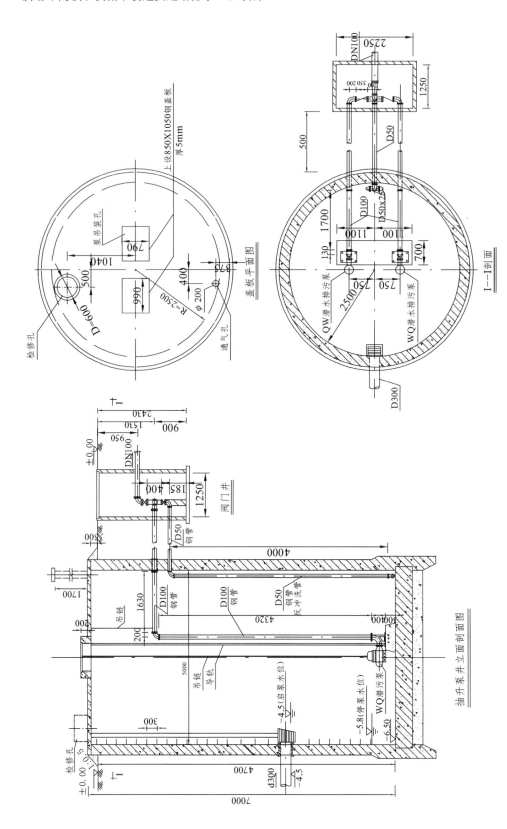

图 4-22　车辆段含油生产污水提升泵井平、剖面图

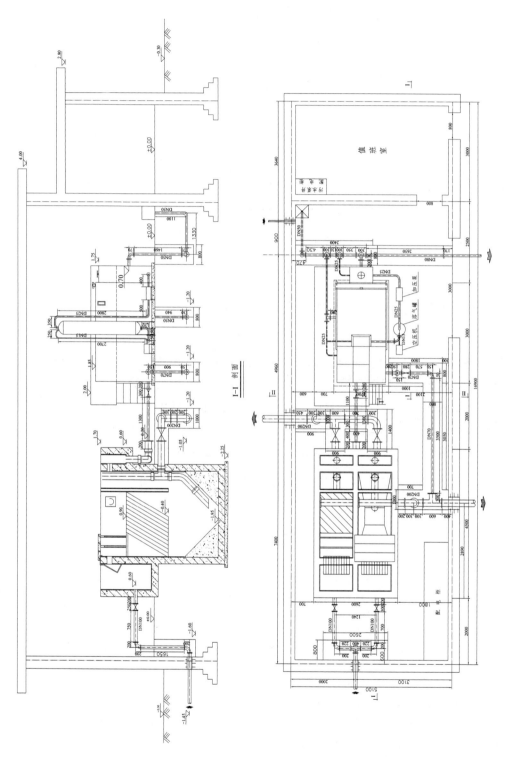

图 4-23　气浮污水处理设备安装平、剖面图

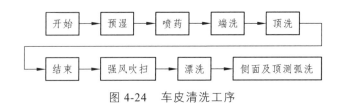

图 4-24　车皮清洗工序

表 4-14　污水水质指标

| COD$_{cr}$ | BOD$_5$ | SS | PH | 石油类 | LAS |
|---|---|---|---|---|---|
| ≤50 mg/L | ≤80 mg/L | ≤150 mg/L | 6.0～9.0 | ≤80 mg/L | ≤6 mg/L |

目前国内列车洗车污水处理回用工艺主要以下几种：

1）传统工艺：沉淀+ 除油+过滤处理工艺

沉砂槽+斜板隔油池+石英砂过滤罐+活性炭吸附多介质过滤器。在这个处理工艺中，沉砂槽（格栅）的作用主要是对客车洗刷的污水进行初次沉淀，将大颗粒物质沉于沉砂槽中，水中大的悬浮物则被格栅拦截。斜板隔油池则用来处理漂浮油和沉淀较大颗粒物，可用集油器收集漂浮油，输送至贮油池中。多介质过滤器其过滤介质通常采用石英砂、活性炭、陶粒等。污水处理工艺流程图如图 4-25 所示。

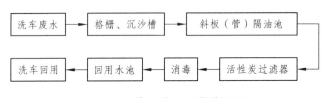

图 4-25　传统处理工艺流程图

虽然能将泥沙及有机污染物去除，初期效果较好，但过滤装置很快就堵塞，活性炭很快吸附饱和失去处理效果，同时过滤介质聚集了大量的有机成分，细菌大量繁殖从而腐败发臭。如经常更换、再生活性炭等滤料，既操作繁杂又产生大量费用。

2）沉淀+除油+气浮处理工艺

在传统工艺上增加气浮处理工艺。通过调节沉淀池对水量和水质进行调节后，在气浮池中除去污水中的乳化油和悬浮物。整个处理工艺所产生的污泥则被输送至污泥干化场干化。污水处理工艺流程图如图 4-26。

增加气浮池能将油污及部分 LAS 有机污染物去除，但去除污水中 LAS 及有机物效果很有限，回用水不久也会腐败发臭。

图 4-26　传统工艺加气浮处理流程图

当回用水中 LAS 浓度持续增多超过一定限度后，使水的表面张力减小，水中污染粒子严重乳化，表面电位增高，此时水中含有与污染粒子相同荷电性的表面活性物的作用则转向反面，由于同号电荷的相斥作用，从而加剧了油污乳化、分散作用，这时尽管起泡现象强烈，泡沫形成稳定；但气、粒粘附不好，气浮效果较差。

3）采用生物处理法

后续增加活性污泥法、生物膜法等生物处理方法深度处理，例如：SBR、接触氧化、AO 法、曝气生物滤池、MBR 等，利用好氧菌分解 LAS 等有机物。污水处理工艺流程图如图 4-27，4-28。

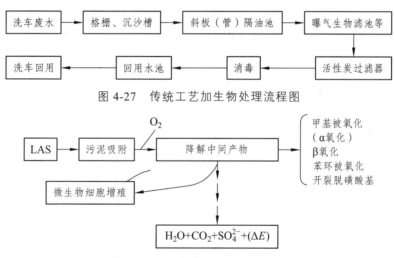

图 4-27　传统工艺加生物处理流程图

图 4-28　生物处理 LAS 原理图

工艺存在一定的弊端，由于洗车不是每天每时均衡作业，污水不是均匀排放，不排放污水的时间也需要少量风机不间断地往好氧菌池充氧，保持处理容器内微生物的活性，洗车污水中没有足够营养物质（C：N：P 比例）保证微生物稳定良好生长的需要。需要专人管理，管理不善，能耗可能偏大。

4）膜过滤方法

膜生物反应器 MBR 超滤膜采用性增强型 PVDF 中空纤维膜，强度高，抗污性能好。如采用的是 UF 膜，其只能截留大于 0.2 μm 的污染物质，对溶解性污染物及胶体物质是去除效果有限，每交替使用一次都必须进行反冲洗，。如采用反渗透膜或纳滤膜可以达到较高的水质标准，但膜很容易堵塞，需要定期清洗恢复膜通量，操作需要能耗很高，更换膜组件成本较大。如图 4-29。

图 4-29    膜过滤法处理洗车污水流程

5）光催化氧化法

采用光催化氧化原理，利用光和物质之间的相互作用，在光和催化剂同时作用下使有机污染物及细菌组织被氧化分解，达到去除泡沫和水体发臭的根源问题。光催化氧化技术是 20 世纪 80 年代提出的，近 30 年来发展起来的新技术、新方法。之前由于受光触媒的负载及在体系中的分布和光催化氧化技术中量子效率低，光生电子-空隙对易复合等问题的制约，该技术一直未能真正地实现产业化应用，目前该工艺已获得重大突破。

首先利用混凝反应絮凝沉淀除去污水中固体颗粒异物，再利用臭氧氧化、光氧化催化分解有机物及杀菌的方式。污水处理工艺流程图如图 4-30 所示。

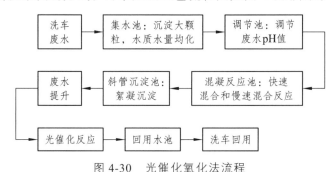

图 4-30    光催化氧化法流程

设备生产厂商较少，设备价格偏高，一次性投资成本较大。

6）微滤技术+紫外线辅助催化臭氧氧化

紫外光+$O_3$+$Fe^{2+}$ 体系的氧化作用，原理如下：

$$H_2O_2 + hv \rightarrow 2HO^{\circ} \tag{1}$$

$$HO^{\circ} + H_2O_2 \rightarrow HO_2^{\circ} + H_2O \tag{2}$$

$$HO_2^{\circ} + H_2O_2 \rightarrow HO^{\circ} + H_2O + O_2 \tag{3}$$

$$HO_2^{\circ} + HO_2^{\circ} \rightarrow H_2O_2^{\circ} + O_2 \tag{4}$$

$$Fe^{2+} + H_2O_2 \xrightarrow{K1} Fe^{3+} + HO^{\circ} + OH^{-} \tag{5}$$

$$Fe^{3+} + H_2O_2 \xrightarrow{K2} Fe^{2+} + HO_2^{\circ} + H^{+} \tag{6}$$

$$Fe^{3+} + OH^{-} \rightarrow Fe(OH)^{2+} \xrightarrow{HT} Fe^{2+} + HO^{\circ} \tag{7}$$

$$RH + HO^{\circ} \rightarrow R^{\circ} + H_2O \tag{8}$$

$$R^{\circ} + Fe^{3+} \rightarrow R^{+} + Fe^{2+} \tag{9}$$

$$R^{+} + O_2 \rightarrow ROO^{+} \rightarrow \cdots \rightarrow CO_2 + H_2O \tag{10}$$

（5），（6）式中，K1>>K2，即反应（5）的速度远大于反应（6）的速率，从而有利于具有强氧化性的 HO° 自由基的生成。

洗车污水经细网格栅过滤进入调节池，用潜水泵提升进入膜滤池，经膜过滤在自吸泵抽吸作用下经喷头分散成雾状进入氧化单元；臭氧发生器产生的臭氧经气体分散装置进入氧化单元；臭氧与雾状水接触后流经催化剂层，在催化剂表面发生催化臭氧氧化反应；水流经催化剂层进入循环水池，一部分出水进入清水池回用，一部分经回流水泵回流，重新进入氧化单元，回流比为 100%，膜滤池中被截留的固体物质半年人工清理一次。

污水处理工艺流程图如图 4-31 所示。

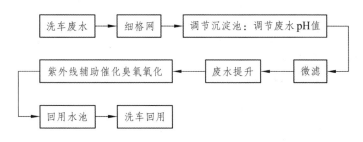

图 4-31　紫外线+臭氧氧化处理洗车污水流程

臭氧是一种高效、环保的氧化、杀菌剂。不少设计人员认为"用臭氧氧化技术的成本很高"。但事实并非如此，原因主要有：

（1）原料成本低。臭氧的原料来源充足，可以直接用空气为原料，原料及原料处理几乎不要花钱。

（2）操作简单方便，在使用微电脑控制的臭氧发生器时，可以设定工作参数，无需人员值守，可减少人工费用。

（3）反应过程无需人员操作，自动化控制程度高，且臭氧发挥杀菌作用后，会很快分解，用臭氧杀菌消毒，操作规范不会对操作人员的健康产生危害。

（4）过去臭氧发生器曾经设计制造技术不过关，故障率高，但目前技术已成熟。

因此使用臭氧处理工艺主要是电费比较高，但综合成本不一定高。

综上所述，由于列车洗车污水排放不均匀以及水质特点，结合铁路排水管理技术及人员的现状，目前推荐两种列车洗车污水回用处理工艺：① 混凝沉淀过滤+光催化氧化法；② 微滤技术+紫外线辅助催化臭氧氧化。如图 4-32 所示。

洗车污水首先经过地沟、管道进入集水池沉淀较大砂粒和杂质，均匀水质水量，然后进入调节池进行 pH 值调节后由提升泵将污水泵入混凝反应池。通过投加混凝剂 PAC 进行混凝反应，使污水中的胶体物质形成絮体，投加絮凝剂 PAM 进行絮凝反应，使絮体进一步变大，然后进入斜管沉淀池，污染物质在重力作用下沉入沉淀池底，从水中得以分离，处理后的水进入提升水池，然后通过提升水泵泵入一体化光催化氧化或紫外线辅助催化臭氧氧化设备，有效地去除表面活性剂及油污等有机物杂质同时有效地杀灭各种病菌，出水进入到回用水池供洗车回用。

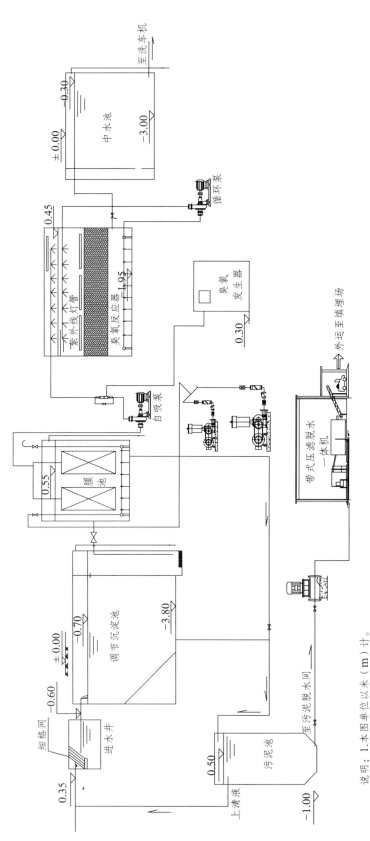

图 4-32　紫外线辅助催化臭氧氧化流程图

说明：1.本图单位以米（m）计。

1.臭氧反应器采用不锈钢材质，内质涂漆防腐漆，内喷涂聚四氟乙烯涂层或者防腐漆，采用微孔钛丝雾化喷头。

处理工艺总体上分两步进行：

第一步：将污水除去砂粒混凝沉清使泥水分离，保障水质清澈透明避免泥砂进入后处理设备避免对后处理设备造成堵塞。斜管沉淀池产生的污泥定期由污泥泵泵入污泥浓缩池进行浓缩，浓缩后污泥再通过污泥泵泵入带式压滤机进一步压成干泥饼。

第二步：针对易引起发臭、起泡等溶解的有机污染物，利用光催化氧化、紫外线辅助催化臭氧氧化有效地去除表面活性剂及油污等有机物杂质同时有效地分解杀灭各种病菌，解决洗车回用水有泡沫和水发臭的问题。

光催化氧化器、紫外线辅助催化臭氧氧化整套装置集氧化分解及消毒功能为一体，能有效分解溶解性有机污染物（LAS、$COD_{CR}$、$BOD_5$、$NH_3$-N、P 等），用于各种污水污液的深度处理，特别是对富含表面活性剂（LAS）、COD 以及其他有机污染物的污水，去除率在 98% 以上，分解后的产物为水和二氧化碳，不会产生二次污染。

经过处理后的出水主要指标，如表 4-15。

表 4-15　出水主要指标

| $COD_{cr}$ | $BOD_5$ | SS | pH | 石油类 | LAS |
|---|---|---|---|---|---|
| ＜30 mg/L | ≤ 10 mg/L | ＜5 mg/L | 6.0～9.0 | ≤0.4 mg/L | ≤0.5 mg/L |

### 3. 洗车污水回用率

洗车机在漂洗工位采用由自来水经软化处理生成的清水，其余工位均采用回用水。
洗车用水的循环使用率的计算公式：
洗车水的循环使用率=（总的用水量-清水补水量)/的用水量×100%
洗车水理论循环使用率为：80.7%。

## 五、排水管材

目前铁路排水管网常用管材主要有金属管、混凝土管和塑料管等。

（1）金属管：包括钢管、铸铁管、球墨铸铁管等。金属管材的优点主要有管节长、抗压大、抗震强、施工方便等；缺点是耐腐蚀性不好、造价高。一般来说主要应用于压力较大的部位，如污水泵站、穿普速铁路（公路）等交通干线部位、压力排水管道等。

（2）混凝土管：包括素混凝土管、普通钢筋混凝土管、自应力钢筋混凝土管和预应力混凝土管。优点为制造简单、可以大量节约钢材、抗压力强、造价低、技术成熟；缺点是抗腐蚀性差、管节短、施工较复杂、抗漏抗渗性能差。钢筋、水泥均为高能耗产品。素混凝土土管已不使用。钢筋混凝土管一般用于雨水、污水排水管道，较大管径时采用。

（3）陶土管：陶土管由塑性耐火黏土上釉烧制而成，多制成承插管，使用时多根陶土管承插连接。优点为耐腐蚀性强，特别适用于排除酸性废水，早期比较常用。缺点为性脆易破，现在较少使用。

（4）玻璃钢夹砂管：玻璃钢夹砂管是以树脂为基体材料，玻璃纤维及其制品为增强材料，石英砂为填充材料而制成的新型复合材料。主要优点为耐腐蚀性好、耐寒耐热性能好、重量轻、方便运输、管节长、接头少、耐压性好、施工方便、应用范围广。缺点主要是造价较高、接口处容易渗漏。

（5）塑料管：塑料管种类繁多，比较常用的主要有聚氯乙烯（UPVC）双壁波纹管。

UPVC 双壁波纹管强度高，低温易脆，内壁光滑，摩擦阻力小，流通量大。不宜在低温地区冰冻线以上使用，价格较便宜。

HDPE 双壁波纹管，低温塑性好，抗外压能力强，重量轻，施工方便。价格较高，目前设计中采用较多。

# 第五节　给排水管道穿越轨道设计

## 一、给排水管穿越既有铁路

给水排水管穿越既有铁路设计，管材选用可以采用塑料管，PE 管抗外加荷载能力强（能承受较大拉力，压应力）、柔韧性好（能较好地适应沉降，抗震能力强）、单位质量轻（在牵引过程中可减小与孔壁的摩擦力），非常适合牵引施工。小管径管线穿越既有铁路建议选择先进的水平定向钻拖管施工方案，代替以往经常使用的人工顶管施工技术。小管径污水管道管材一般选用 HDPE 管，给水管道管材选用给水 PE 管。

其中水平定向钻进技术凭借着出入施工地速度快、成本不高、施工精度高已经灵活方便等优势，逐渐成为 PE 供水管、污水管道铺设工程建设技术应用的主要应用方式。水平定向钻进技术更加的方便省事，在不开挖土地表层的情况下，就能建设给排水管线，同时在施工工程中还不会妨碍交通、破坏草皮植物以及影响正常的生活秩序。

水平定向钻进技术工作原理是指在不通过挖掘地表的情形下，钻头与钻杆根据导航仪的指示下，穿越地层之后就会形成一个导向孔，再接着是更换掉在钻杆柱底端的零件，换成是大直径的扩孔钻头与直径不大于扩孔钻头的待铺设管线，在回拉扩孔的时候，同时把待铺设的管线拉入钻孔，完成铺设管道的任务。而对于本次新年污水处理厂配套的主干管而言是指定向按照规定路线，通过绕过地下的其他管道到达目的地。

## 二、综合管廊穿越既有铁路

综合管廊穿越既有铁路，目前除了采用人工开挖顶进涵施工工艺外，建议采用机械顶管施工，工程主要是采用土压平衡顶管机和泥水平衡顶管机两种机型，主要根据工程的地质条件来决定，并结合效率、施工场地、施工的经济性来综合考虑。对于使用土压平衡顶管还是使用泥水平衡顶管，其前提是保证施工工程的安全性和可靠性，减少施工风险。

## （一）土压平衡顶管的工作原理及对地质条件的适应性

### 1. 土压平衡顶管的工作原理

顶管在掘进中，顶管的主驱动电机（或液压马达）带动顶管主轴承运动，主轴承带动刀盘旋转，刀盘面上布置的刀具切削下掌子面泥土，依靠刀盘后分布的液压推进液压缸的推进，使刀盘对掌子面形成挤压，挤压出的渣土由螺旋输送机输出，通过控制螺旋输送机的速度来控制出渣速度，在掌子面上形成泥土压力稳定，从而产生一种土塞效应。

### 2. 对地质条件的适应性分析

（1）土压平衡顶管适用于泥土地质条件。当土压平衡顶管在泥土地层下施工时，由于泥土的黏合性，泥土在输送机内输送连续性好，出渣速度就容易控制，掌子面容易稳定，掘进效率高。另外刀盘与工作面泥土摩擦力小，刀具磨损量小，利于长距离掘进。

（2）当地层中含有砂时，由于砂料在螺旋输送机上输送连续性差，土压平衡顶管就不易形成土塞效应，掌子面就不易稳定。施工过程连续性差，效率低，刀盘与工作面土体摩擦力大，刀具磨损量大，不利于长距离掘进。

（3）在地层中富含水时，根据施工经验，土压平衡顶管对高水压（0.3 MPa以上）的地层适应性差。由于水特性和压力的作用，螺旋输送机无法保证正常的压力梯降，不能形成有效的土塞效应，易产生渣土喷涌现象。

（4）在含有孤石地层中，土压平衡顶管易形成螺旋输送机的堵塞，刀具磨损加剧。从而对顶管刀盘开口率设计，刀具选型和布置，螺旋输送机出土能力均提出较高要求，加大了使用顶管的成本。

（5）在大埋深富水地段、粉土地层，采用土压平衡顶管，地层土质黏性较大，极易形成泥饼，必须要求有较强的渣土改良能力，比如聚合物的添加等，并有防止喷涌的能力。大比例的砂卵地层，螺旋输送机更难形成土塞，土压平衡顶管进行舱内压力控制是很困难的，即使采用保压泵渣装置，操作室操作也是难于进行土压恒定控制的。

## （二）泥水平衡顶管的工作原理及适应性

泥水平衡顶管的工作原理泥水平衡顶管通过向刀盘密封舱内加入泥水（浆）来平衡开挖面的水、土压力，刀盘的旋转切削和推进在泥水（浆）的环境下进行。泥水、渣是通过泥水泵抽出，泥水是通过循环的泥水系统处理添加。由于使用泥水泵和泥水处理系统，能有效地控制掌子面的泥水压力，保持开挖面的平衡稳定性及控制地面沉降。

### 1. 工作适应性分析

泥水平衡顶管施工过程连续性好，效率高，且刀具在泥水环境中工作，由于泥水的冷却与润滑作用，刀具磨损小，有利于长距离掘进。

### 2. 对地质条件的适应性分析

（1）泥水平衡顶管在掌子面根据要求添加泥水（浆），对掌子面的地层进行了改良，泥水平衡顶管设置卵石破碎机，对孤石进行破碎处理，所以泥水平衡顶管对高水压和砂、黏性、含孤石等地层都能适应。

（2）由于泥水平衡顶管不设置螺旋输送机，顶管内部空间变大，在大直径隧道施工具有一定技术优势。两种顶管对地层透水性的适应性地层渗透性对顶管的选择非常重要。根据国内外顶管施工经验，当地层的透水系数小于 $10^{-7}$ m/s 时，可以选用土压平衡顶管；当地层的渗水系数在 $10^{-7}$ m/s 和 $10^{-4}$ m/s 之间时，既可以选用土压平衡顶管也可以选用泥水式顶管；当地层的透水系数大于 $10^{-4}$ m/s 时，宜选用泥水平衡顶管。

土压平衡顶管与泥水平衡顶管对比见表 4-16。

表 4-16  土压平衡顶管与泥水平衡顶管对比

| 项　目 | 土压平衡顶管 | 泥水平衡顶管 |
|---|---|---|
| 稳定开挖面 | 保持土仓压力，维持开挖面土体稳定 | 有压泥水能保持开挖面地层稳定 |
| 地质条件适应性 | 在砂性土等透水性地层中要有土体改良的特殊措施 | 无需特殊土体改良措施，有循环的泥水（浆）即能适应各种地质条件 |
| 抵抗水土压力 | 靠泥土的不透水性在螺旋机内形成土塞效应抵抗水土压力 | 靠泥水在开挖面形成的泥膜抵抗水土压力，更能适应高水压地层 |
| 控制地表沉降 | 保持土仓压力、控制推进速度、维持切削量与出土量相平衡 | 控制泥浆质量、压力及推进速度、保持送排泥量的动态平衡 |
| 隧洞内的出渣 | 用机车牵引渣车进行运输，由门吊提升出渣，效率低 | 使用泥浆泵这种流体形式出渣，效率高 |
| 渣土处理 | 直接外运 | 需要进行泥水处理系统分离处理 |
| 顶管推力 | 土层对盾壳的阻力大，顶管推进力比泥水平衡顶管大 | 由于泥浆的作用，土层对盾壳的阻力小，顶管推进力比土压平衡顶管小 |
| 刀盘及刀具寿命 | 刀盘转矩刀盘与开挖面的摩擦力大，土仓中土渣与添加材料搅拌阻力也大，故其刀具、刀盘的寿命比泥水平衡顶管要短，刀盘驱动转矩比泥水平衡顶管大 | 切削面及土仓中充满泥水，对刀具、刀盘起到润滑冷却作用，摩擦阻力与土压平衡顶管相比要小，泥浆搅拌阻力小，相对土压平衡顶管而言，其刀具、刀盘的寿命要长，刀盘驱动转矩小 |

| 项　目 | 土压平衡顶管 | 泥水平衡顶管 |
|---|---|---|
| 推进效率 | 开挖土的输送随着掘进距离的增加，其施工效率也降低，辅助工作多 | 掘削下来的渣土转换成泥水通过管道输送，并且施工性能良好，辅助工作少，故效率比土压平衡顶管高 |
| 隧洞内环境 | 需矿车运送渣土，渣土有可能撒落，相对而言，环境较差 | 采用流体输送方式出渣，不需要矿车，隧洞内施工环境良好 |
| 施工场地 | 渣土呈泥状，无需进行任何处理即可运送，所以占地面积较小 | 在施工地面需配置必要的泥水处理设备，占地面积较大 |
| 经济性 | 只需要出渣矿车和配套的门吊 | 整套设备购置费用需要泥水处理系统，整套设备购置费用高 |

# 第六节　给水排水设计考虑的其他措施

## 一、环境保护措施

根据沿线各站（点）排放污水的性质、污水量大小和受纳环境功能的要求，出水水质相应满足《污水综合排放标准》GB8978 的"一级"排放标准以及《污水排入城镇下水道水质标准》GB/T31962。

## 二、节约能源措施

（一）给水系统

（1）水源选择：既有车站新增用水利用既有水源接管解决。

（2）根据车站用水量大小、生活和消防用水要求以及地形条件等实际情况合理选用供水方式。水量较大、水压要求较高的车站选用变频供水设备；用水量较小的车站选用气压给水设备。

（3）尽量选用高效节能的水泵、水处理设备。

（4）材料选择：新建给水管道采用摩阻系数小的新型管材 PE 管，减少管道的水头损失，降低水泵扬程；PE 管材防腐性能好，采用热熔焊接，有效减少管网漏损水量。

（5）各用水建筑物，均设置用水计量设备；便于管理单位按用水定额核定用水单位的用水量。

（6）设计中管网布置尽量减少管道长度，降低管道的沿程水头损失。

（7）自然条件具备的地区，建筑物的生活热水供应，尽量选择可再生的替代加热能源（如太阳辐射能、风力、微生物产能、潮汐能等非矿物能源）作为加热源。

（8）清水池、消防贮水池进行清洗，池中的水进行更换时，可将池子里原来的水用于绿地灌溉等再利用。

## （二）排水系统

（1）既有站设计中充分利用既有排水设施。

（2）重力排水管采用 HDPE 双壁波纹管，压力排水管采用给水 UPVC 管（PN=1.0 MPa），提高了污水通过能力，节约造价。

（3）选用合理的污水处理工艺和排放方案，减少运营费用。

（4）污水排放充分利用周围地形，采用重力流方案，尽量避免污水提升。

（5）活污水、工业污水的排放管道敷设应就近直接排放，不宜采用机械强排装置。合理利用中水，空调凝结水要加以利用，回收利用蒸汽凝结水，收集雨水综合利用。

# 第七节　设计文件需说明的施工注意事项

（1）给水排水施工应密切与站场、房建、建筑给排水等有关专业配合，接既有管道时，对接管点位置、管径、标高等核实无误后再行施工。

（2）给水机械等设备到货并核对安装尺寸后，再进行基础施工。

（3）水池基坑开挖后，须核实承载力与设计无误时再行施工。

（4）给水管路通水前应进行清洗、消毒，确保水质。

（5）施工中如与设计不符合，请及时通知设计单位。

（6）给排水构筑物在施工时，除满足各设计图纸的要求外，均须严格执行《铁路给水排水施工规范》TB10209，《铁路给水排水工程施工质量验收标准》TB10422 的规定。施工中的其他注意事项，详见各构筑物、设备的设计图纸及说明。

（7）施工使用的主要材料、设备及制品，应符合国家和各部委颁布施行的现行技术质量鉴定文件或产品合格证。

## 一、安全施工的措施

（1）本工程中，给排水工程主要包括水源工程、基坑（管沟）开挖土石方工程、混凝土工程、钢筋及模板工程、砌体工程、管道安装工程及机电设备安装工程等内容。

（2）管道施工前应根据设计图纸调查与相邻工程的位置关系，布管处的地质地形等，准确放线，按照土的种类确定边坡坡度，必要时应对管道基础做夯、垫、换土等处理。过铁路、公路时，应保证管顶距轨顶或路面的最小距离符合规范要求。排水管道标高应准确，其接口严格按照程序进行；给水管道施工所进行的清洗、消毒和压力试验应认真、全面完成，确保供水安全。

（3）管涵顶进施工安全措施。

管涵顶进施工是目前多种管线穿越既有铁路常用的施工方案。其用途可以作为多专业综合管廊使用。

① 顶进施工区段的两端应设置专职联络员，施工区域两端应严格根据相应安全规范设置安全防护标识以及专职防护人员。框架顶进应在列车运行的间隙进行施工，如果列车将要通过，由联络员马上联络，立即停工。由专人负责线路上部的建筑检查，并测量轨距与标高，如果发现问题，应及时停止顶进操作，并采取相应加固措施，及时和铁路的相关部门联络，保证行车安全。

② 利用天窗进行施工时，应当严格遵守天窗修的规范制度，有行车通过时，严禁施工，将安全理念严格贯彻，合理利用天窗时段，科学设置上下班时间，防止出现无计划施工，优化配置劳动力组织与机械设备，提升天窗作业效率，强化现场控制，保证行车与施工安全。

③ 施工时列车的通行速度需严格控制，如果施工出现意外，应封锁该区间，如果有列车驶来，需将列车及时停于故障区域之外。

④ 顶进施工结束后需要对既有铁路进行注浆加固，注浆的范围是沿线方向，框身两侧的墙外缘外侧各为 15 m。当设备就位之后，将管路系统进行连接，以 1.5～2 倍的压力对系统先进行压水试验，时间为 20 min 左右，以此检测管路连接是否正确，以及系统运作情况等。根据设计的间距进行钻孔，将孔清理干净后将花管插入其中，并与注浆管相接，以 CS 胶泥将孔口封上，并在此时配置浆液，同时检查设备操作与管路连接情况，当检查一切正常后，可开始注浆。以单孔注浆加固，开始先用初压进行注浆，之后以终压注浆，并持续保持 1～2 min，之后卸荷，以确保注浆量可扩散至设计要求，实现基础加固的施工目标。在注浆过程中，需对注浆液进行不断搅动，防止出现沉淀分层，对浆液浓度造成影响。封孔注浆需尽量深些，防止注浆时有浆液由表面的空隙向外流失，注浆结束 4 h 内不要进行其他作业。

（4）给水管道沿铁路铺设时距路堤坡脚不宜小于 5 m，距路堑不宜小于 10 m。管道穿越股道应按照设计要求设置套管或防护涵管。排水管道穿越股道及车行道下需采用铸铁管或钢筋混凝土管，给水阀门井、检查井井盖在车行道下应采用重型铸铁井盖。

（5）给排水管道施工时，一般情况下，管沟开挖应从上到下分层分段依次进行，随时保持一定的坡度，以利泄水，要有防止地面水流入沟槽的措施。沟槽开挖时，根据土质和开挖深度的情况做好合理的支护，防止塌方。弃土堆坡脚至挖方上缘应有一定距离，以保持边坡的稳定。

（6）管道吊运及下沟时，应采用可靠的吊具，应平稳下沟，不得与沟壁或沟底相碰撞，应保证槽壁不坍塌。

（7）在开挖地下水位以下的土方前，应先修建排水井。采用井点降低地下水位时，其动水位应保持在槽底以下不小于 0.5 m。

（8）回填土时，槽底至管顶以上 50 cm 范围内，不得含有机物、冻土以及大于 50 mm 的砖、石等硬块；冬季回填时管顶以上 50 cm 范围以外可均匀掺入冻土，其数量不得超过填土总体积的 15%，且冻土尺寸不得超过 100 mm。

（9）给排水设备施工时，运输和装配应在工程实施前编制设备运输和装配计划，保证大件材料、机具、设备等必须存放在规划区域内，减少对沿线道路和场地的侵占以及对施工人员人身安全的影响，设备安装时，如在现场要进行电焊、气焊时，应了解四周是否有易燃、易爆物品，设防护措施，按操作规程进行，确保人身安全。

（10）各站水池排溢水管及污水出路，应严格按照图示内容实施有组织排水，不得擅自改变。各站污水处理构筑物应确保严密不漏，防止二次污染。

（11）给排水构筑物的基坑开挖后，均应复验地基承载力。隐蔽工程项目经施工监理检查合格后，方可开始下道工序施工。

（12）施工中遇既有管道、电缆或其他构筑物时，应妥加保护，并及时与有关部门联系会同处理。

（13）本工程点多面广，分部分项工程严格贯彻"安全第一，预防为主"的方针，杜绝人身伤亡事故，基坑或管沟开挖时根据图纸情况和开挖深度，做好合理的支护，避免塌方。

（14）为确保铁路运输安全，穿、跨既有铁路的工程应严格按照《铁路营业线施工及安全管理办法》施工。

## 二、既有线安全施工及过渡的意见

（1）对于已影响铁路安全的既有管道拆迁时，特别是重要的城镇供水干管及排污干管须改移时，应主动加强同产权单位的联系，共同做好施工组织计划，在改建管道施工完毕后，应对既有管道采取必需的防护，必要时应有临时的供水措施，确保既有供水及排污安全可靠。

但是由于给排水管道局部的改移直接影响到部分居民的生活，因此，先铺设好新管道后，再两端断水驳接，将影响时间减到最小。

（2）接用地方自来水的车站在输水管道施工前应携带"供水协议"与当地自来水厂联系开工事宜，并办理相关接管手续。各站水源工程施工前，施工单位应携带设计单位与当地水利局所签"取水意向协议书"，到当地水政资源办公室办理相关水源取水许可及施工手续。通航河流段，还要到当地通航河道管理机构办理相关手续后方可进行水源工程施工。

（3）管道施工前应根据设计图纸调查与相邻工程的位置关系、布管处的地质地形等，准确放线，按土的种类确定边坡坡度，必要时应对管道基础作夯、垫、换土等处理。过公路、铁路时应保证管顶距轨顶或路面的最小距离符合规范要求。排水管道标高应准确，其接口严格按程序进行；给水管道施工所进行的清洗、消毒和压力试验应认真、全面地完成。确保供水水质安全。

（4）给水管沿铁路铺设时距路堤坡脚不以小于 5 m，距路堑坡顶不以小于 10 m，管道穿越河流、沟谷时宜利用铁路桥梁进行架设。穿越股道应按设计要求设置套管。排水管道穿越股道及车行道下须采用铸铁管或钢筋混凝土管，给水阀门井、检查井井盖除设置在车行道下采用重型铸铁井座外。其余均可采用轻型钢筋混凝土预制井盖井座。

（5）各站水池、水塔排溢水管及污水出路，应严格按图示内容实施由组织排水，不得擅自改变。各站污水处理构筑物应确保严密不漏。纺织二次污染。

（6）给排水构筑物的基坑开挖后，均应复验地基承载力。

（7）施工中遇既有管道、电缆或其他构筑物时，应妥善加以保护，并及时与有关部门会同处理。

### （一）施工安全的重点部位、环节和防范安全事故的指导性意见

工程涉及新建、既有改扩建铁路给排水工程，主要包括水源工程、基坑（管沟）开挖土石方工程、混凝土工程、钢筋及模板工程、砌体工程、管道安装工程及机电设备安装工程等内容。

（1）施工管道施工前应根据设计图纸调查与相邻工程的位置关系，布管处的地质地形等，准确放线，按照土的种类确定边坡坡度，必要时应对管道基础做夯、垫、换土等处理。过铁路、公路时，应保证管顶距轨顶或路面的最小距离符合规范要求。排水管道标高应准确，其接口严格按照程序进行；给水管道施工所进行的清洗、消毒和压力实验应认真、全面完成、确保供水安全。

（2）给水管道沿铁路铺设时距路堤坡脚不宜小于 5 m，距路堑不宜小于 10 m。管道穿越股道应按照设计要求设置套管或防护涵管。排水管道穿越股道及车行道下需采用铸铁管或钢筋混凝土管，给水阀门井、检查井井盖除设置在车行道下采用重型铸铁井盖外，其余均可采用轻型钢筋混凝土预制井盖井座。

（3）给排水管道施工时，一般情况下，管沟开挖应从上到下分层分段一次进行，随时保持一定的坡势，以利泄水，要有防止地面水流入沟槽的措施。沟槽开挖时，根据土质和开挖深度的情况做好合理的支护，防止塌方。弃土堆坡脚至挖方上缘应有一定距离，以保持边坡的稳定。

（4）给排水设备施工时，运输和装配应在工程实施前编制设备运输和装配计划，保证大件材料、机具、设备等必须存放在规划区域内，减少对沿线道路和场地的侵占以及对施工人员人身安全的影响，设备安装时，如在现场要进行电焊、气焊时，应了解四周是否有易燃、易爆物品，设防护措施，按操作规程进行，确保人身安全。

（5）各站水池排溢水管及污水出路，应严格按照图示内容实施有组织排水，不得擅自改变。各站污水处理构筑物应确保严密不漏，防止二次污染。

（6）给排水构筑物的基坑开挖后，均应复验地基承载力。

（7）施工中遇既有管道、电缆或其他构筑物时，应妥加保护，并及时与有关部门

联系会同处理。

（8）工程应严格贯彻"安全第一，预防为主"的方针，杜绝人身伤亡事故，基坑或管沟开挖时根据地质资料、图纸情况和开挖深度，做好合理的支护，避免塌方。

（9）顶管、沉井等地下工程应根据地质条件、风险等级，提出施工超前地质预报的措施意见和方法。

### （二）改善安全作业环境和安全施工的措施意见

（1）施工现场悬挂安全生产标牌，在主要施工部位、作业点、危险区、主要道口悬挂安全生产标语和安全警告牌。施工现场进出口一侧集中挂牌，安全记录、安全宣传牌、现场平面图。施工现场的坑、井、孔、洞和沟道等处必须区别不同情况加设盖板，围栏和悬挂警告标志牌。施工的井架、脚手架的搭设和适用符合安全规程要求。安全设施及脚手架均有有效的管理手段，不得任意迁改。现场道路平整、通畅、不坑洼给水。在光线不亮的室内作业，夜间作业及现场通道在夜间必须设置足够的安全照明。机动车辆进入现场必须按限定速度行驶。现场用火有批准手续，动火前认真检查并清除下面和周围的易燃物品，危险区域严禁吸烟。

（2）制定雷雨季节、大风季节、冬季施工季节施工措施并在施工过程中加以实施。

（3）施工现场应建立消防安全责任制度，确定消防安全责任人，制定用火、用电、使用易燃易爆材料等各项消防安全管理制度和操作规程，设置消防通道、消防水源、配备消防设施和灭火器材，并在施工现场入口处设置明显标志。

## 第八节　给水排水运营维护注意事项

（1）各站给排水设备说明书、操作手册及设计要求要认真执行，并严格按操作程序控制设备运行。

（2）给排水管道应定期进行疏通、维修。过涵给水管路需要排泥或排空时，打开过涵给水管路放空阀，由移动潜水电泵将放空排水抽出。

（3）各站消防设施应定期进行巡检，对发生故障的消防设施应及时修复或更换，确保消防安全。

（4）水池清理排空应采用移动式作业面潜水泵，将池水排入附近排水管网或沟渠。

（5）排水管道以及排水构筑物需要检修时，维护人员不得贸然进入其中，检修时应充分通风，必要时要强制通风，经检测确认安全之后方可进入维修。

（6）污水储存塘四周设置钢丝网围栏，运营期间应加强巡视，避免闲杂人员进入，发生危险。在储存塘水位较低时，需维护值班人员进行塘底淤泥清挖，防止长期淤积。冬季积水结冰后，禁止在内溜冰嬉戏。

# 第九节　给水排水管路迁改方案

## 一、给水排水管路迁改原则

铁路两侧范围内的给排水管道及附属构筑物，不满足相关设计规范要求的属于给排水管道迁改范围。

所有迁改后的给排水管道与铁路的距离满足相关规范要求。

给排水管道迁改应本着按原标准还建的原则进行，迁改工程的实施不改变既有产权归属及运行管理维护模式。

对影响铁路运营的既有给排水管道及附属工程应尽可能一次迁改到位。

厂房、企业等搬迁，为厂房、企业服务的给排水管道由搬迁单位负责迁改、换建，不纳入给排水管道迁改工程。

与铁路交叉的给排水管道原则上采用改移的方式，改由就近铁路涵洞或桥墩之间穿越，或设套管迁建，不考虑原地设保护涵的方案。

## 二、给水排水管路迁改调查原则

平行外移的给排水管道及附属构筑物应该满足相关规范规定的要求。可以分为高速铁路（速度目标直 200 km/h 以上，包括城际、客专）和普通铁路（速度目标值 200 km/h 以下）两种情况。采用两种不同的迁改方案：

高速铁路桥梁在全线工程所占比例较大，应该以桥墩的位置、隧道的洞口区域为工作重点，需要在线路平面上作准确定位，挖探必须有测量队协助，用皮尺量可能不准确，埋设标高不测量也不准确。高速铁路由于桥梁比例大，桥墩、承台处的给排水管线必须迁改，应为桥墩下一般是桩基，影响的深度较大，地下管线一般埋设较浅，基本无法在高程上避开。

高速铁路路基与给水排水管道交叉（垂直交叉）可以设涵保护。高速铁路对交叉管道设涵保护数量较多，需要注意给桥梁专业提供资料，要求设置相应的护管涵。可与暖通、电力、通信信号等专业统一考虑设置综合管廊，统一穿越铁路。

给水排水管道与普通铁路路基交叉（垂直交叉），当管道需要穿越铁路的数量较多，可以设涵集中通过，给水管径较大时>DN100 一般也设防护涵管，为方便给水管道检修，防护涵管最小断面应按《铁路给水排水设计规范》TB10010 执行。雨污水管道由于属于重力流，如管径较小，普速铁路可以采用在路基施工时提前预埋钢筋混凝土套管穿越铁路，但应严格按设计坡度预埋，核算预埋钢筋混凝土套管的结构强度。由于站前施工和站后设计、施工往往时间不同步，如穿越铁路埋深过大，穿越铁路设置防护涵管不经济，需要设置泵站提升，压力流排放。压力流雨污水管，应参考给水管道穿越铁路设置防护涵。可与暖通、电力、通信信号等专业统一考虑设置综合管廊，统一穿越铁路。需要及时给桥梁专业提供详细的综合管廊设计资料。

# 第五章　高速铁路给水排水设计

　　高速铁路给排水设计新技术、新工艺、新设备应用主要包括：高速铁路直饮水系统、高速铁路客站客车自动上水系统集成、高速铁路给排水设备集中监控系统、长隧道（群）消防系统、大型铁路站房动车段（所）消防系统、动车组地面真空卸污系统等。

　　TOD 模式作为协调高铁车站与周边土地综合利用开发的有效途径，是一种较为理想的高铁站区发展模式。结合 TOD 理念，前瞻性探究结合高铁站区 TOD 典型规划模式与设计方法，统筹协调好高铁车站给排水设计，对高铁站区规划建设具有良好的启发意义。

　　TOD（Transit Oriented Development），即以公共交通为导向的发展，是美国新城市主义的代表人物 Peter Calthorpe 提出的以公共交通为导向的典型社区发展形态。常规的 TOD 模式通常具有以下几种用地功能结构：公共交通站点、核心商业区域、开放空间区域、居住地区、次级区域。这些不同类型的用地功能分区被设置在一个半径 600 ~ 1 000 m 以公共交通站点为核心，适合于步行的环境之中，有利于高效运用的公交系统。主张依托公共交通改变土地利用形态，强调城市土地的多功能集约复合开发，注重土地利用高效性与环境生态性。目前，TOD 理念被广泛应用于城市开发中，特别是城市新区开发、综合交通站点周边地区开发、土地填充和重建地的二次开发中。典型的 TOD 基本结构由以下几种功能用地组成：公交站点、核心商业区、办公与就业区、居住区、公共景观、开敞空间和次级区域等（图 5-1）。

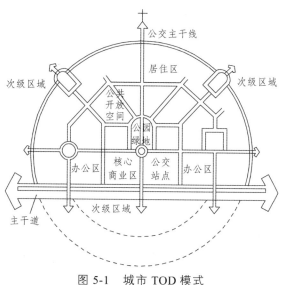

图 5-1　城市 TOD 模式

TOD 模式对城市高铁站区发展的意义：现阶段我国处于快速城市化进程中，关于城市与重要地区健康可持续发展问题，面临的形势严峻，各方面的发展需求日益迫切。TOD 模式作为协调城市交通与土地利用的有效途径，提倡构建以公交为主体的城市交通系统，合理引导地区（包括高铁站区）发展，促使城市交通系统优化和土地的合理开发利用，有效提升城市与地区的整体发展效率。2010 年京沪高速铁路正式通车拉开了我国高速铁路大发展的序幕。高速铁路的大力建设对周边城市和地区的发展无疑是个巨大的发展机遇。在未来很长一段时间里，高铁站周边地区的建设将成为设站城市发展的重点。新时期的高铁站区已成为城市错综复杂交通网络中的交汇点，成为跨区域联系的城市综合性活力地区。通过 TOD 发展模式优化站点周边交通可达性，提高土地利用价值，以期形成功能齐全、土地高效利用的综合交通枢纽活力区。因此探索适合高铁车站交通枢纽地区发展的 TOD 规划设计方法，对高铁车站交通枢纽地区的可持续发展有着重要的意义。

# 第一节　高速铁路直饮水系统

## 一、直饮水设备简介

公共公共场所，包括机场、车站、码头等地点覆盖直饮水，提升了服务水平、提高了企业形象。

依据《高速铁路设计规范》TB10621 中 19.2.5 条旅客车站宜设置直饮水系统，其设计应符合《管道直饮水系统技术规程》CJJ110 的有关规定。

高铁客站直饮水一般是以城市市政自来水为源水进行深度净化，以去除城市自来水中微污染的有毒有害物质和有机污染物以及自来水在输水系统中的二次污染物为目的。这种深度净化通常以膜技术为核心工艺，包括预处理、膜过滤和消毒处理。膜滤是当前净水技术发展和应用的主要方向，是提高水质的有效措施。

水处理流程：自来水→原水箱→原水泵→砂滤罐→炭滤罐→软水器→精滤器→回水高压泵→一级超滤 UF（反渗透 RO）→高压泵→二级超滤 UF（反渗透 RO）→成品水箱→紫外线消毒→供水泵→稳压罐→旅客。

直饮水设备系统是由多介质过滤器、活性炭过滤器、精滤器、超滤器、紫外线杀菌器、不锈钢净水箱及不锈钢饮水台等部分组成。处理后水质符合《饮用净水水质标准》CJ94。如图 5-2 所示。

### 1. 多介质过滤器、活性炭过滤器

多介质过滤器和活性炭过滤器是由不锈钢罐、滤料和控制阀组成。多介质过滤器，能除去很小的胶体颗粒及悬浮物，使出水浊度达到 1 度左右。活性炭过滤器，能除去水中有机物、胶体粒子、微生物、余氯、臭味等。

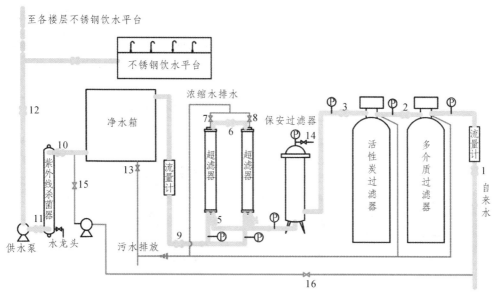

（a）直饮水系统工艺流程图

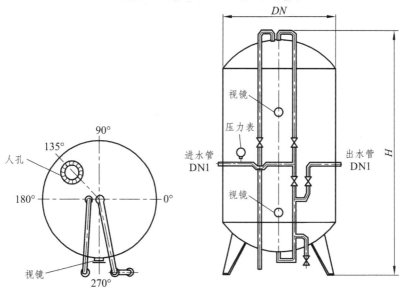

（b）多介质过滤罐

图 5-2　直饮水系统和多介质过滤罐

## 2. 精滤器

精滤器又称保安过滤器，内装有精密滤芯，在精滤器中只有小于 10 μm 的颗粒能够通过。如图 5-3 所示。

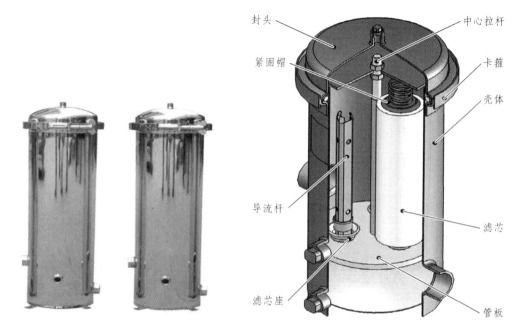

图 5-3　保安过滤器

## 3. 反渗透或超滤

高速铁路大型站房直饮水系统核心工艺主要是采用反渗透或超滤，使旅客用水的水质满足《饮用净水水质》的物理、化学指标。如图 5-4 所示。

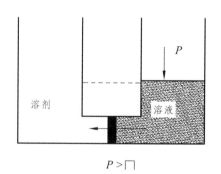

图 5-4　反渗透示意图

反渗透（RO）、超滤（UF）都属于膜分离工艺。膜分离过程是指在一定传质推动力下，利用膜对不同物质的透过性差异，对混合物进行分离的过程。

溶解-扩散理论：

（1）溶剂和溶质被吸附溶解于膜表面。

（2）溶剂和溶质在膜中扩散传递，最终透过膜。

膜污染的产生是极其复杂的，目前看，一方面是在过滤过程中，污水的微粒、胶团或某些溶质分子与膜发生物理的或物理化的作用，或因为浓差级化使溶质在膜表面超过其溶解度；另一方面可能因为机械作用而引起的膜的内外表面吸附、沉积，造成膜孔径变小或堵塞，使膜通量减小及分离性能降低。最终的结果是膜的内外表面沉积，据此，可将膜污染分为膜面上沉积的滤饼层污染和膜孔堵塞污染。浓度极化示意图如图 5-5。

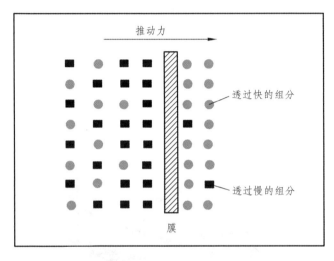

图 5-5　膜污染浓度极化示意图

超滤装置和反渗透装置，有板式、管式（内压列管式和外压管束式）、卷式、中空纤维式等形式。内压列管式超滤膜如图 5-6，外压列管式超滤膜如图 5-7。

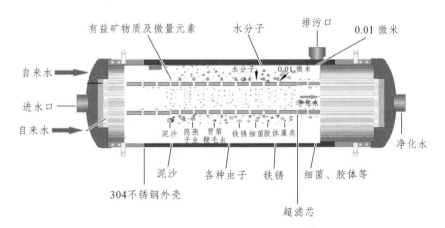

图 5-6　内压列管式

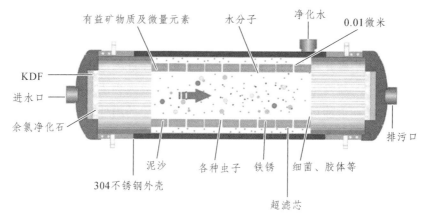

图 5-7　外压列管式

## 4. 紫外线杀菌器

紫外线消毒：无需化学药品，不会产生 THMs 类消毒副产物；杀菌作用快，效果好；无臭味，无噪声；不影响水的口感；易于自动化运行，管理简单，运行和维修费用低。紫外线消毒器如图 5-8。

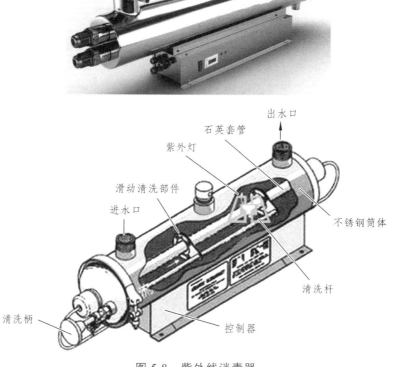

图 5-8　紫外线消毒器

### 5. 不锈钢净水箱

储存纯净水，调节用水量的不均匀。采用满足食品级行业要求的材料，彻底遮断太阳光照射，不滋生藻类，永不生锈，不生青苔，保持水质清洁。不锈钢净水箱如图5-9。

图 5-9　圆形不锈钢水箱

### 6. 不锈钢饮水台

不锈钢饮水台由水台及加热器组成，加热器控制水温一般为 35 ℃。不锈钢饮水台如图 5-10。

图 5-10　不锈钢饮水台

## 二、用水量计算

高速铁路直饮水系统用水时间按 $T=16\text{ h}$ 计［高速铁路天窗（施工和维修）原则上不应少于 4 h］。

### 1. 直饮水日用水量

$$Q_{d\max} = P \times q_d \qquad (5-1)$$

式中　$Q_{d\max}$——直饮水日用水量；

　　　$P$——车站设计日均旅客发送量（人 · d）。

　　　$q_d$——用水定额。高速铁路站房直饮水用水定额为 0.2 ~ 0.4 L/（P · d）。

## 2. 最大时用水量

$$Q_{h\,max} = j \times \frac{p}{6T} \times \frac{Q_{d\,max}}{T} \qquad (5\text{-}2)$$

式中　$Q_{h\,max}$——最大时用水量；

$j$——铁路客运站旅客最高聚集人数（最高聚集人数指一昼夜在候车室内瞬时 8 ~ 10 min 出现的最大候车（含送站旅客）人数的最高月平均值）（人）；

$T$——高速铁路直饮水系统用水时间，按 16 h 计。

## 二、设备选型计算

### 1. 净水站设计制水能力按最高日平均时流量考虑

### 2. 水箱储水量按照最大时用水量考虑

### 3. 设备选型计算

采用反渗透技术回收率通常都能达到 50% ~ 80%；采用超滤膜回收率通常都能达到 80% ~ 90%。

（1）原水箱取调节时间 $T$=1.5 h，选用不锈钢水箱。

（2）砂滤器滤速设为 7 m/h，则过滤面积 $F$ 为：

$$F = \frac{Q}{v} \qquad (5\text{-}3)$$

过滤器直径 $D = \left(\frac{4F}{\pi}\right)^{\frac{1}{2}}$。砂滤层可取厚度 1.0 ~ 1.5 m。

（3）炭滤器滤速设为 7 m/h，则过滤面积 $F$ 为：

$$F = \frac{Q}{v} \qquad (5\text{-}4)$$

过滤器直径 $D = \left(\frac{4F}{\pi}\right)^{\frac{1}{2}}$。炭滤层厚度可取 1.0 ~ 1.5 m。

（4）根据工艺要求，计算滤芯数量，选择精滤器。

每支 40 寸滤芯能过滤的流量为 2 m³/h，用已知的流量除以每只滤芯的流量就是滤芯的数量。

### 4. 反渗透（RO）装置

（1）反渗透膜根据制水量计算，操作压力 0.9 MPa。单只膜标准状态下回收率一般是 18%，实际应用一般可为 25%，可以装成两只一组，前两组并联，合在一起在与后面的一组串联，回收率可以达到 75%。

（2）超滤膜产水量超滤膜采用恒压控制，全量过滤。过滤周期分别设置 30 min 和

45 min 两个过滤周期。30 min 的产水量分别为 3.2 t/h、3.6 t/h、4.0 t/h；45 min 的产水量为 4.0 t/h。

（3）增压泵：反渗透装置膜的操作压力一般为 0.9 MPa，超滤膜操作压力为一般 0.3 MPa。选择不锈钢立式多级离心泵。

# 第二节　高速铁路客车上水系统集成

## 一、旅客列车上水自动控制及管理系统

旅客列车上水自动控制及管理系统主要由各排客车上水自动控制及现场信息采集总线系统，客车上水现场实时管理监控系统，以及客车上水远程查询管理系统等三大子系统组成（该三大子系统分别简称为"现场""监控"和"远程"）。各排客车上水自动控制及信息采集总线系统实现了列车上水自动控制和管理，客车上水现场实时管理监控系统用于实理处理、显示、存储列车上水数据（为列车上水实施清算提供数据），而客车上水远程查询管理系统用于信息的发布与远程管理和监控。

系统核心设备有上水控制机、上水管理机和客车上水专用服务器。如图 5-11 ~ 5-13 所示。

（一）给水及自动控制部分

（1）给水单元即电磁给水栓，由给水支管、检修阀、两位三通电磁阀组成。

给水支管：用于主供水管、检修阀及两位三通电磁阀等各部件之间水路的连接管件。采用规格为 DN40PPR 管件。

检修阀：用于设备维护、保养及检修时使用的手动阀门。采用 DM40 球阀或碟阀。

两位三通电磁阀：为了使系统具有余水排空（防冻）/自动/手动功能，系统设计两位三通电磁水阀。

图 5-11　高速铁路动车段库内上水栓

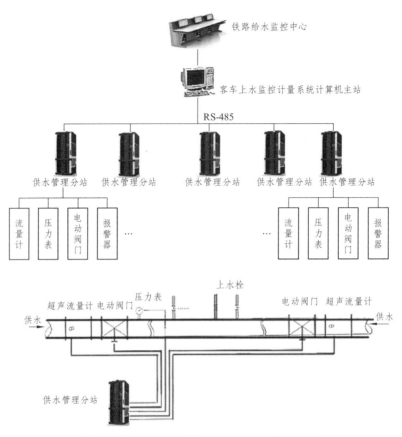

图 5-12　旅客列车上水自动控制及管理系统

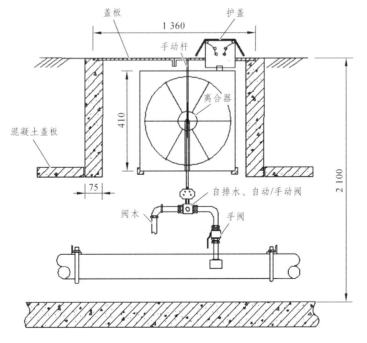

1-1剖面图

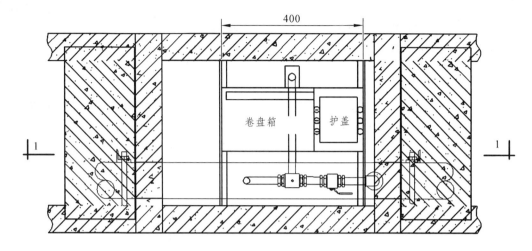

平面图

图 5-13 动车所客车上水栓井内安装图

（2）自动控制部分即上水控制机，由自动控制单元及卷管机组成。

自动控制单元：自动控制单元采用模块化设计，包含电源模块、控制模块、遥控模块、遥控器、流量检测及计量模块（选配）、气动式自动锁紧与脱落等六大模块组成。它承担上水操作的核心控制与监测任务，以及脱管后胶管自动回收功能。包括监测上水工发出的无线遥控指令来控制管接头的锁紧与脱落、水阀的开关、上水胶管的自动回收；通过 RS485 端口与上水管理机的信息交换等。并当室外温度低于零度时，可开启上水控制机的水阀加热保温装置，可适用于不同地区。

卷管机：卷管机采用水气双通道管中管设计，用于上水软管的自动回收。

（3）系统特点：

气动式自动锁紧、自动脱管：按动遥控器开始上水时，快速管接头能够与列车上水注入口紧密锁紧；定时或水满方式上水结束后，在控制机的自动控制下，快速管接头在关闭水阀 15 s 后自动脱管。

（二）上水管理机

1. 产品主要功能

1）上水信息采集功能

管理机可采集到该条股道内所有的控制机的上水作业信息、管道流量信息及管道压力信息，并进行处理形成一个独立的数据包。

2）上水信息传输功能

将股道内所有控制机上水作业信息、流量参数、压力参数处理打包完成后，通过有线或者无线 RS485 协议传输至 14 型管理机。

3）紧停群控功能

管理机外侧有一个紧停按钮，按下后可以让该条股道所有的控制机立即停止工作。

## 2. 产品主要组成

管理机主要由上水信息采集传感器、单排上水信息采集处理模块、上水信息传输模块、箱体（含天线）及内部组件等 5 个功能模块组成。

上水信息采集单元；上水信息处理单元；上水信息传输单元；上水管理机箱体；上水管理机内部组件。

## 3. 上水管理机随机配件

1）管理机钥匙

管理机钥匙实现管理机开启和关闭，方便管理机设备检修与功能调试。

2）管理机设备底座

## 4. 设备安装条件

电力接口：铠装单力电缆 VV220.6/1 kV 3×6 220 V 留头 1.5 m² 处。

通信接口：RS485 通信电缆 KYJV2×1 mm²（均穿 PVCDN20 套管）留头 1.5 m 2 处。

安装接口：股道端头，长 404 mm×宽 187 mm×高 465 mm。

## （三）监控中心（标配）

客车上水集中监控系由中控子系统，主要负责客车上水的自动控制、客车到发信息的获取和发布、客车上水量的统计和客栓压力监测等。客车上水中控室可集中监控与上水有关的所有自动化设施。如图 5-14 所示。

图 5-14　客车自动上水监控中心

## 1. 产品主要功能

实时监控各上水控制机状态；上水状态、关水状态、设备通信状态、上水时长；上水信息数据查询功能；上水信息数据在线报表生成导出功能。

### 2. 原理及结构简介

股道现场采集到的上水信息数据包通过 wifi 或 4G 无线路由器推送至互联网服务器进行调度后，互联网服务器推送上水信息数据至工控机终端的旅客列车上水监控系统软件进行处理，并提供现场画面监控，以及上水工上水记录查询报表等功能。

监控中心设备应放置在机房内部，并尽量临靠站内上水线窗前布置，以确保通信畅通。机房内部应保持干燥通风，且无震动。见表 5-1。

表 5-1　信息系统接口列表

| 接　口 | 协议 | 接口物理特征 | 备注 |
|---|---|---|---|
| 车站局域网访问机房服务器上水监控 Web 管理系统接口 | TCP/IP | RJ45 | 对外接口 |
| 机房服务器上水监控系统数据 3G/4G 传输接口 | 4G，RS485 | 3G 数传模块，4G 模块 | 对外接口 |
| 上水管理机数据采集接口 | RS485 | USB/RS485 转换器 | 对内接口 |

## 二、高速铁路给排水设备集中监控系统

给排水自动控制及管理系统把高铁各站点的给排水设备自动控制系统与维管单位的调度管理系统通过网络（互联网、物联网）有效结合起来，其总体设计原则是以标准化、具有 PLC 和 RTU 功能的泵阀远控箱（具备数字信息化功能）、液位/压力采集终端、远传流量计以及累计电量采集器等四类标准化功能终端作为各站点现场给排水设备自动控制系统的智能化节点，并采用标准的 4G 或 Internet 网络作为自控系统所有数据和控制命令的传输通道，构成一个各站点给排水设备既能分散独立自控运行、又能远程集成所有设备信息和控制的高效管理系统网络。对车站设备状况、供水水质、用水量和用电量等重要计量参数自动进行采集、统计及上传，对各站点水泵机组及其他给排水设备运行进行实时监控。

为了提高铁路给水集中监控系统标准以满足信息化、要求，高速铁路给排水集中监控系统设计中充分考虑信息化和网络化的要求，系统配置如下：

由中央管理级（高速铁路公司给排水调度室）、各站给水所（污水处理站）监控级、各站给排水设施现场控制级监控设备三级及 Internet 网络共同构成管段内全线给排水设备（设施）实时监控系统。

沿线各车站给水所集控室、直饮水处理站、污水提升泵站集控室通过 PLC 模块，现场控制各系统运转，分别负责管段内各工点所有给排水构筑物、泵、阀、设备的监视与控制、自动巡检和事故报警以及工艺参数、设备工况参数的接收、整理和上传，负责下达各种指令、派出养护及检修人员。在线时时检测水质浊度、色度、余氯、pH 等数据。

中央管理级负责下达各种指令、接收沿线车站（各站给水所、直饮水处理站、污

水处理站集控室）监控级数据和报表等，并预留铁路局主管部门的数据传输接口。

给排水自动控制及管理系统属于开拓性设计，可以协调信息化专业预留给排水专业信息化通道，如无法在铁路预留，则可以租用各电信公司 4G（3G）通道利用 Internet 网络组网，随着国家要求降低电信资费，数据流量费用的下降，各站集中监控中心可设置于各站点给水所或给水加压站的值班机房内，在各站点值班机房内统一配备上述四类标准化功能终端及集中监控中心计算机。如图 5-15~5-17 所示。

（1）标准化的泵/阀远控箱：根据设定的液位/压力逻辑计算及控制关系，与设备厂家的自控柜联动，即可达到水泵机组设备的开启/检测/调节/关停，实现水泵机组的自动控制及远程监控。

（2）液位/压力采集终端：在清水池分别配备具有标准 4~20 mA 标准输出的液位传感器；在水泵扬水管上配备标准 4~20 mA 标准输出的压力传感器（检测的液位信号和压力信号将作为系统运行和逻辑控制的重要参数），通过信号电缆接至液位/压力采集终端，即可就地实时监控，亦可通过网络，供维管单位调度中心远程监控。

（3）远传流量计/电子远传式水器：在加压泵站扬水管及管网用户入口处配备标准的远传流量计和符合 ISO4064 标准的脉冲输出电子远传式水表，计量用水量，并将数据发送至水计量采集终端，经终端处理后即可就地实时监控；亦可通过网络，上传至维管单位调度中心远程监控。

（4）累积电量采集终端和智能电表：实现用电量的规范计量，并将数据发送至累积电量采集终端，经终端处理后即可就地实时监控；亦可通过网络，上传至维管单位调度中心远程监控。

根据工艺需要配备了消毒及余氯检测设备的监控及数据采集，系统亦通过网络预留了通信通道。

车站的污水排放口，根据工艺需要，配备了标准的（污水计量）远传流量计和具有通过 485 通信或者标准 4~20 mA 信号输出污水流量的超声波流量计，流量计根据设定的污水管管径或明渠围堰尺寸，计算污水流量，并将累积污水总量和实时污水流量数据发送至水计量采集终端。

各站点给水所或给水加压站的值班机房内统一设置中心监控计算机，配备现场管理信息系统软件，通过标准化的电话线插座或网络端口将各终端的数据集中处理显示。现场值班、巡检人员以及维管单位调度中心可通过该监控计算机了解系统的基本状态，接收监控信息以及发布调度命令。

高铁给排水工程设计应密切结合铁路创新要求，大力探索以云计算、物联网、大数据、移动互联网为代表的新一代信息技术与传统给排水运营深度融合，在饮用水安全保障、生产运营管理、车站防洪排涝等方面建立智慧水务体系，实现供排水全过程智慧化管理，进一步提升效率与服务质量。

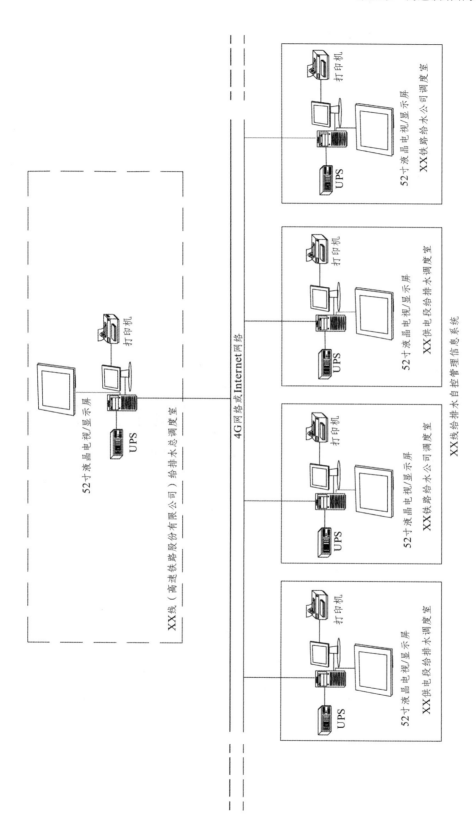

图 5-15 高速铁路给排水设备集中监控系统图

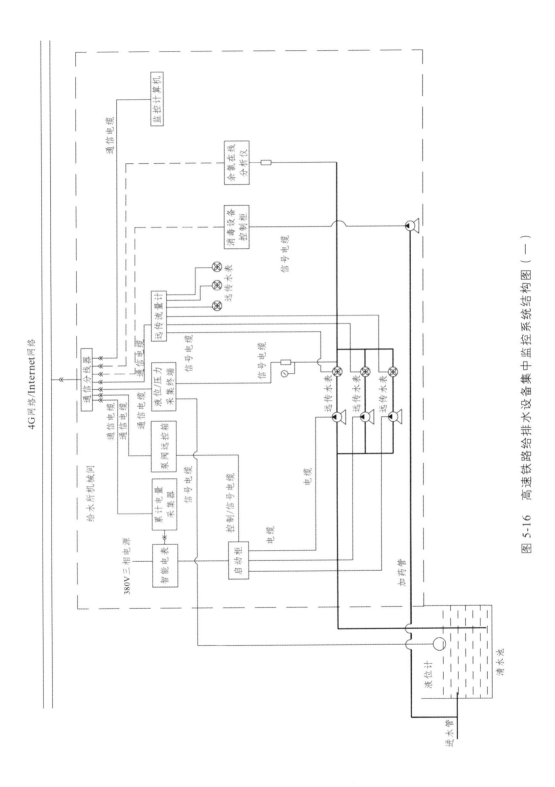

图 5-16 高速铁路给排水设备集中监控系统结构图（一）

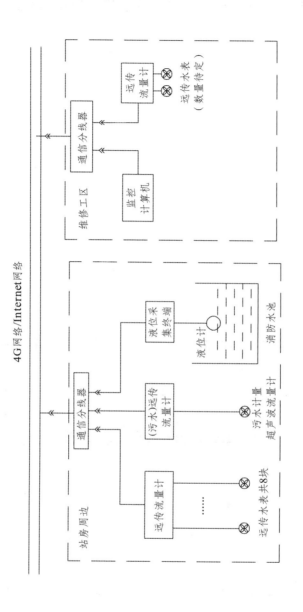

图 5-17 高速铁路给水排水设备集中监控系统结构图 (二)

# 第三节　高速铁路隧道水消防系统

高速铁路经过山区等地形复杂地段，为了线形技术标准等需要，经常桥隧相连，隧道设计比例很高，甚至隧道群密布。

隧道是一种与外界直接连通口有限的相对封闭的空间。隧道内有限的逃生条件和热烟排除出口使得隧道火灾具有燃烧后周围温度升高较快、持续时间长、着火范围往往较大、消防扑救与进入困难等特点，增加了疏散和救援人员的生命危险，如隧道衬砌和结构也受到破坏，其直接损失和间接损失巨大。因此，隧道设计中必须考虑其火灾防护、消防灭火措施。

《铁路隧道防灾救援疏散工程设计规范》TB10020 规定长度 20 km 及以上的隧道或隧道群应设置紧急救援站，紧急救援站之间的距离不应大于 20 km。如图 5-18、5-19 所示。

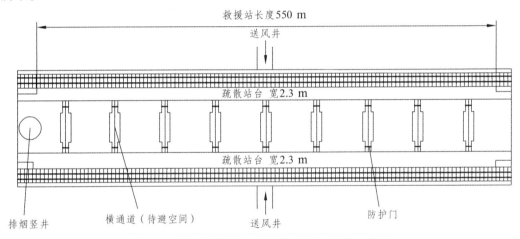

图 5-18　紧急救援站（设待避空间）设计示意图

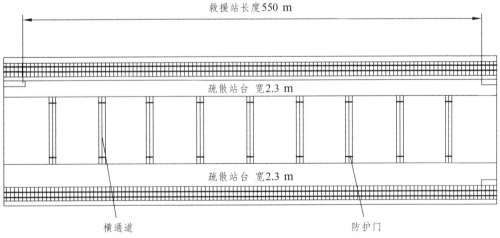

图 5-19　紧急救援站（不设待避空间）设计示意图

高速铁路隧道火灾不仅严重威胁人的生命和财产安全，而且对交通设施、人类的生产活动造成巨大的损坏。因此，近20年来各国都投入了相当的力量对隧道的火灾行为，以及火灾防护进行了较广泛的研究，并取得了一定成果、制订了一些技术要求和标准。

交通隧道一般包括公路隧道、铁路隧道和地铁隧道及城市其他交通隧道等。不同类别的隧道在火灾防护上没有本质的区别，原则上均应根据隧道允许通行的车辆和货物来考虑其可能的火灾场景，从而确定合理、有效的消防安全措施。

### 1. 国内外隧道防火研究现状

20世纪80年代以来，国外在以下几方面开展了研究：车辆的燃烧特性、模拟通风对车辆燃烧的影响、烟气增长、用木垛火与庚烷火模拟正常火灾荷载的比较、烟气中有毒成分生成量分析、隧道内火灾增长和烟气运动数值模拟技术、隧道内衬在火灾中的表现、驾驶人员在隧道内的心理与行为及相关影响因素、消防救援方法与策略以及自救原则等。

我国也在隧道的烟气数值模拟、衬砌承载力评估、隧道内温度场分布等方面做过大量研究。

### 2. 国内外在隧道设计方面的技术要求及标准

在国内，目前有国家现行标准《地下铁道设计规范》，铁路行业现行标准《铁路隧道设计规范》《铁路隧道防灾救援疏散工程设计规范》，交通运输部现行标准《公路隧道设计规范》。这些标准分别对地铁、铁路隧道和山岭公路隧道的防火与疏散做了部分规定，但均不够完善，并且未对城市区域内的交通、观光游览隧道的防火设计做出规定。目前，国家标准《建筑设计防火规范》已增补有关城市交通隧道（地铁除外）的防火设计要求。

### 3. 目前高速铁路隧道消防设计

高压细水雾灭火系统的定义：细水雾灭火系统是由一个或者多个细水雾喷头，供水管网，加压供水设备和相关控制装置等组成，能在火灾发生时向保护对象，或在空间喷放细水雾并扑灭，抑制及控制火灾的自动灭火系统。细水雾是在高压喷头最小的工作压力下喷放，距离喷头轴线向下1 m的平面进行测量。细水雾灭火系统是一项具有较高技术含量的自动灭火系统，目前已广泛应用于各类建筑物和构筑物，在应用过程中水源应优选采用城市自来水。主要特点有：可靠性高、系统寿命长、配制灵活、安装简便、维护方便、安全环保、高效灭火、净化作用、屏蔽辐射热、水渍损失小、电绝缘性好。

高压细水雾灭火系统由高压泵组、补水增压装置、供水管网、区域控制阀箱组、高压细水雾喷头及火灾探测报警系统等组成。高压细水雾灭火系统在准工作状态下，从泵组出口至区域控制阀组前的管网内维持一定的压力。当管网压力低于稳压泵的设定启动压力时，稳压泵启动，使系统管网维持在稳定压力范围之间；当发生火灾时，火灾探测报警系统会打开区域控制阀组，管网压力下降；当压力低于稳压泵的设定启动压力时，稳压泵启动，稳压泵运行时间超过 10 s 后压力仍达不到所定数值时，高压主泵启动，稳压泵会停止运行，高压水流通过细水雾喷头雾化后喷放灭火。高压细水雾灭火系统可以替代常规的水喷淋、水喷雾和气体灭火系统，由于它在备用状态下水容器为常压，克服了气体系统难以解决的储存泄漏等问题，日常维护工作量和费用较气体及水喷淋系统大大降低。高压单流体细水雾灭火系统适用于扑救 A 类、B 类、C 类和电气类火灾。由于它先进的灭火机理，其使用基本不受场所的限制，在陆地、海洋、空间均可应用。

高压细水雾灭火系统使用与维护的注意点：高压细水雾消防灭火系统,是利用水微粒气候之后，比表面积增大，通过吸收火场的温度，二次气化，产生体积急剧膨胀的水蒸气，一方面冷却燃烧反应，另外一方面要稀释氧气、窒息燃烧反应从而达到双重物理灭火的效果。因其冷却性能好、有较强的抑制火焰的能力、灭火的效果也很好并且节能环保，应用范围广泛，所以在各国都是积极推广、应用这项新型灭火系统。但在设计过程中，该系统有 10 个注意事项，关系到了其灭火效果。主要是：

（1）应用方式的选择：可以选择的应用方式有全空间应用方式和局部应用方式。一般都是根据保护对象、防护空间的特点以及要求来合理地选择应用的方式。一般来说，若是保护对象比较具体的时候，都会选择局部应用方式。若是扑救的现场是封闭空间，就选择全空间应用方式。

（2）供水设备：有 3 种供水设备，分别为泵组式、容器式、容器-泵组联用式。一般选用泵组式供水设备，泵组式系统构成简单、稳定，运行维护方便。水泵采用的自灌式饮水，设备 100%用泵。

（3）系统设备材料材质：因为高压细水雾灭火系统的工作压力比较高，所以要求也比较高，设备、管路、阀门等材质都应该选择不锈钢的材质。

（4）设计喷雾强度、持续喷雾的时间：因为各高速铁路设计标准没有规定设计喷雾强度、持续喷雾时间，设计的时候要综合考虑，参考相关规范，选择合理、可靠的参数。

（5）储水箱、水源、过滤器：储水箱的储水量应该是最大防火区设计消防用水量的 1.5 倍，并且可以在比较短的时间内进行补水。使用的水源为生活水，在储水箱进水安装有精过滤器，过滤器滤网的最大孔径不能超过喷头孔径的 80%。当喷头的最小孔径小于 800 μm 的时候，在配水管支管入口或者每个喷头前要加过滤器。

（6）喷头布置：喷头布置的时候，间距应该不小于 1.5 m、不大于 3 m。若是间距过大有可能出现盲区，所以在设计的时候要根据喷头的曲线参数、系统的工作要求等来进行设计以及核算。要是被保护的对象超过了 4 m，就要分层布置。

（7）建议采用膜处理技术对系统进水水质进行处理。系统储配水容器、管道、加压设备等应选择不会造成系统二次污染的设备或装备，以免影响喷头喷雾效果或堵塞喷头。

（8）细水雾灭火系统在使用过程中由于产品或操作者等，可能造成误喷现象。因此，为最大限度降低误喷的可能性，可选用闭式预作用自动灭火系统。

（9）在喷头与保护对象之间，喷头喷射角有效范围内不应有遮挡物，避免影响灭火效果。

（10）封闭空间场所内，防护区门应采用防火门，并向疏散方向开启，且能自动关闭。

综上所述，细水雾灭火系统是继七氟丙烷、二氧化碳、混合气体灭火系统之后的又一种新型高效的灭火系统，是一种既节约又环保的灭火系统。

目前已投入运营的高铁：例如向莆铁路、武广客运专线、石太客运专线、广深港高铁等项目的隧道消防工程，在铁路隧道（群）紧急救援站设置了消防高压细水雾系统，设计采用的参数如下（图 5-20）。

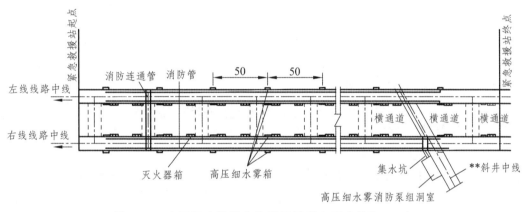

图 5-20 高压细水雾消火栓箱及管道布置（单位：m）

（1）设计流量：按 6 支细水雾喷枪，同时作用，每支喷枪流量为 36 L/min，故消防设计流量为 216 L/min。

（2）灭火延续时间：60 min。

（3）高压细水雾消火栓箱在紧急救援站站台范围沿铁路双侧布置，间距 25 m。

每套消火栓箱配 1 把多功能细水雾喷枪，1 盘 25 m 长度软管，箱体采用不锈钢，宜嵌入隧道结构层。

（4）消防管道根据工作压力选用普压或高压不锈钢管，管道宜在隧道排水沟内架设，用管道支架固定，管道穿越股道应设防护套管。

工艺流程及控制方式在铁路隧道消防救援站（点）设置的典型高压细水雾消火栓工艺系统如图 5-21 所示。

其中，消防水箱水由消防水池引入，通过增压稳压系统及高压细水雾泵组，送至高压细水雾主管道，形成环网，由 DN15 支管接至高压细水雾喷枪箱。

高压细水雾消火栓系统分远程控制和应急操作 2 种控制方式。

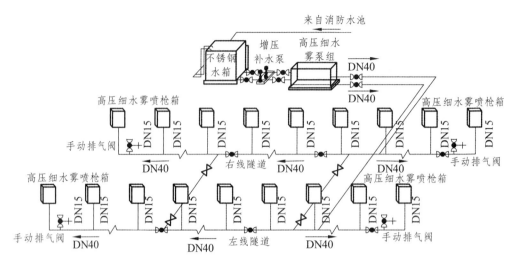

图 5-21　高压细水雾工艺系统图

远程控制程序为：控制中心得知列车着火信息后，在列车还未准确停靠救援站之前就启动泵组系统，使干式管网先充水，以节省灭火时间，当列车抵达救援站灭火位置后，打开消火栓即可灭火；应急操作程序为：当自动控制与手动控制失灵时，通过操作区域控制阀的手柄，启动系统灭火。

高压细水雾作为一种消防方式，具有非常多的优点，但高速铁路隧道消防采用手持高压细水雾喷枪实施灭火，还有一些问题需探讨。

存在以下问题：

（1）高压细水雾只适用于初期火灾，由于隧道内空间有限，升温较快，燃烧猛烈时，人员操作设备无法靠近着火点（根据各生产厂家的技术资料，高压细水雾喷枪发射的水雾有效作用距离距喷口一般只有 10 m 左右）。

（2）消防人员的安全问题，高铁动车组一般都是接触网供电，隧道发生火灾后烟雾弥漫，视线条件很差，消防队员手持金属喷枪，无法避免触电危险，除非接触网断电后才能灭火。北京规范和广州地方细水雾设计规范规定高压细水雾灭火系统能应用于高压电气火灾，但要求喷头与带电体有一个安全距离要求。

（3）隧道口紧急救援站的明线段长度小于 250 m 时，设置有防灾通风系统，通风模式下对细水雾灭火效果的影响需要考虑，尤其是采用射流风机排烟的纵向通风模式。

（4）移动式细水雾设备，自带水箱及泵，推车式。使用后需要去补水，细水雾喷射秒流量应该要满足消防要求。细水雾隧道灭火的实际效果还缺乏验证和实践数据的支持，只是《铁路隧道防灾疏散救援工程设计规范》TB10020 同意设置。

（5）高压细水雾灭火系统保养的关键点：高压细水雾灭火系统的设计、施工、维护专业性很强，必须由有专门资质的专业单位承担。

### 4. 自动喷水灭火系统

自动喷水灭火系统是建筑物内应用最广泛的一种灭火设施。但从现有试验和使用情况看，目前在公路交通隧道内应用自动喷水灭火系统及其有效性仍存在很大争议。一般交通隧道内设置自动喷水灭火系统应充分考虑以下情况：

（1）隧道内的火灾通常发生在车辆的下部、车厢里或车辆的发动机部分，安装在隧道上部的喷头往往达不到灭火效果。

（2）从火灾引燃到喷头动作之间有一段延迟时间，隧道内快速增长的火灾使喷洒的细小水滴汽化而产生大量高温蒸汽，不但难将火灾扑灭反而会增加对逃生人员的危害性。

（3）隧道内部狭长，车辆行驶形成的活塞风使热量和燃烧产物会沿着隧道快速蔓延，仅启动起火点上方的喷头往往不起作用。

（4）灭火系统动作后产生的冷却作用往往使沿隧道顶棚的热烟气层降低并破坏烟气分层。

（5）系统中喷出的水会使路面变得湿滑、危险，并可能导致可燃液体火灾进一步扩大。

（6）水源及相应排水系统、泵站，系统维护、电力保障等。

大多数国家认为绝大多数隧道火灾发生于车厢内，自动喷水灭火系统作用不大。因此，在欧洲，自动喷水灭火系统仅用于特殊的目的。例如挪威有两条隧道中安装的自动喷水灭火系统是为了保护添加了聚亚氨酯的隧道内衬。比利时、丹麦、法国、意大利、荷兰和英国的隧道则从不安装自动喷水灭火系统。在日本，只有 10 km 以上的长隧道和 3 km 以上且通行载重货车的短隧道要求安装自动喷水灭火系统。在美国，只有几条允许装载危险品的车辆通行的隧道安装了自动喷水灭火系统。NFPA502 也建议仅当车辆运输危险货物时，才考虑采用水成膜泡沫雨淋系统。

高速铁路主要服务于客运，隧道内的火灾危险主要有旅客携带的行李以及车辆和隧道本身的材料。

隧道的消防安全控制目标主要有：提供可能的疏散设施，减少人员伤亡；方便救援和灭火行动；避免隧道内混凝土内衬爆裂和通过对隧道结构、设备的防护，减小隧道修复和因隧道中断所造成的损失。

在铁路隧道防火设计中主要应考虑结构耐火和防坍塌，降低隧道内的材料的燃烧性能，设置火灾探测与报警、监控信号系统，规划与设置分隔、救援、疏散和避难应急系统以及烟气控制系统等。

发生火灾时洒水装置和排烟以及人员疏散的冲突，可已利用时间差，发生火灾三分钟内不洒水只排烟，供人员疏散；不洒水只排烟也能达到很好的消防工程"性能化"设计，水雾系统则能更好地保护混凝土结构。可以利用高压细水雾系统在隧道安装固定式喷头达到目的。

### 5. 消火栓系统灭火系统

消火栓系统较简单，使用经验成熟，对水质要求也不高，参照《地铁设计规范》

GB50157 区间隧道消火栓流量采用 20 L/s，使用较为成熟可靠，消防废水可采用隧道设置集水坑设置潜污泵排水。消火栓 QZ19 的水枪最大射程可达到 28 m 以上，对于控制火情和灭火较有利。但是对于缺水地区的隧道，需水量较大、水源需要从隧道外引入，维护管理及投资均较大。虽然地铁地下隧道距离很长，但车站站间距小，利用车站疏散距离小，单段区间隧道长度短，消防模式也不同于高铁的长隧道。因此灭火系统的额选择需要进一步研究。

### 6. 其他消防设施

隧道中的其他消防安全设施主要包括：应急照明与信号系统、监控与火灾报警系统、通信设施、消防栓、消防泵及灭火器等。

设计中是否采取某种系统以及采用何种类型的系统应视特定隧道的具体情况而定。例如，在选择自动报警系统时应考虑到感烟探头虽然比感温探头反应快，但由于隧道内车辆尾气排放影响，误报的可能性也较大。瑞士、瑞典和日本也根据隧道情况要求设置火灾探测器。其他国家一般只在一些特殊的隧道内安装。

在设计信号和通信设施时，应考虑到隧道内的封闭环境、噪声大对人员生理及心理影响，以及如何有效地向行车人员传达信息，降低逃生人员的恐慌心理等。

火灾发生时，电力系统的正常工作对于隧道中人员的逃生至关重要。因此，在一定的时间内就要保护这些系统不受火灾的影响，其中包括消防泵房、火灾报警系统、疏散应急照明系统和排烟管道系统等的用电。

### 7. 我国铁路隧道防火设计和开展消防安全研究的相关工作

1）我国开展铁路隧道消防安全研究的相关工作

隧道消防安全是目前国际消防研究的热点领域之一，已取得了许多研究成果，但仍有大量问题需要进一步研究。在具体研究内容上，在以下几个方面重点开展相关的隧道消防安全工作：

（1）隧道火灾风险评估方法，建立不同类型和规模的隧道消防安全设计基准。

（2）隧道火灾/烟气模型：建立设定火灾场景、火灾发展和烟气运动、火场温度与持续时间预测方法与技术。

（3）隧道火灾试验方法：确定隧道结构在特定火灾场景下的耐火性能及试验标准、防火措施。

（4）研究隧道内驾驶人员和火灾中疏散人员的行为。

2）长隧道火灾移动式消防救援模式

根据《铁路隧道消防技术研究十年回顾》研究结论，长隧道火灾移动式救援列车初步设计方案的研究由于隧道中列车发生火灾的地点、火灾的性质、火灾荷载大小都存在很大随机性，给隧道中的固定灭火设计带来诸多不确定因素，而且固定消防设施的投入和使用中的维护管理费用很高，因而在大量隧道中设计固定式消防设施极不经济。利用铁路集中调度，使救援列车畅通无阻地高速调集火场而实施灭火，建议研究设计消防救援列车。救援列车对隧道封闭火区实施降温、火情监查、火场燃烧状况判别和辅助灭火技术的列车总体方案，提出了救援列车编组应由消防灭火车、隧道洞口封闭车、化学灭火车、救援装备及检测车、蒸气灭火车、发电车及液氮罐车（2~4辆）等组成。该研究主要是针对客货共线铁路隧道内发生油罐列车火灾事故时的一种消防解决方案。对于高速铁路来说属于客运专线，一般只运行载运旅客的动车组，不会发生油品类火灾，因此不必要配置化学灭火车。但组建移动式的高速铁路的消防救援力量也是一种方案。由于高速铁路的列车最小追踪列车间隔时间一般是 3~5 min，火灾发生时需要 CTCS 2/CTCS 3 级列控系统及时调整运行图，为救援列车开往火灾隧道排布列车进路，救援列车与发生火灾隧道之间的区间合适地点需要设置为救援列车越行通过而用的停车线，还需要仔细研究隧道消防设计对隧道、线路和站场设计提出的技术要求，隧道消防等级标准的划分及其设施配置原则，并制定具体的隧道消防作业方法，消防队伍及行动准则等。由于需要设置停车线、配置消防救援列车，该方案投资运营成本非常高。

# 第四节　高铁站房自动喷水灭火系统

伴随着中国高铁的快速发展，近年来新建了一批超大规模、世界一流的高铁车站。例如：北京南、虹桥、广州南、南京南、杭州东、西安北、成都东、新武汉、新天津等十多个车站。这些高铁大型交通枢纽的建设，均采取了造型融入地方文化特色、旅客上进下出、高架候车、南北〔东西〕双广场、人车分离、立体零换乘、无柱雨棚、高站台、自动化售检票系统、高大空间、节能环保、自动化和无障碍候乘车等一系列新技术、新理念，其现代化、人性化、特色化、便捷、舒适、留有余地等全面发展的要求得到了极大的体现，标志着我国铁路客站建设步入了一个全新的发展阶段。

根据站房首层地面与站台面的标高关系，可将站房分为三大类常规站型（图 5-22），即：

线平式——站房地面高程与站台面高程相差很小或相同；

线上式——站房地面高程高于站台面高程；

线下式——站房地面高程低于站台面高程。

根据站房与站台的空间关系，线平式可分为线侧平式、线侧平与线正上复合式。线上式可分为线正上式、线侧上式；线下式可分为线正下式、线侧下式。

高铁站房各空间是否设置自喷通常是参考《建筑设计防火规范》GB50016 决定。铁路站房需要设置自喷的情况比较常见，候车厅和办公区域都有可能设置自喷。自喷多设置在净空 8 m 以下的场所。自喷的详细规定参考《自动喷水灭火系统设计规范》GB50084。如图 5-23 所示。

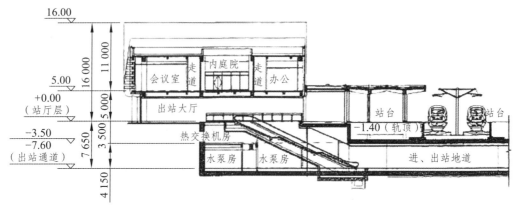

（a）线侧平式

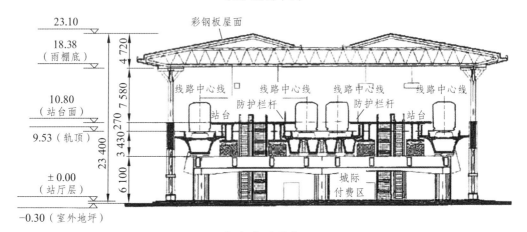

（b）线正下式

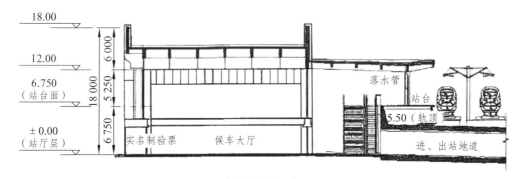

（c）线侧下式

图 5-22 高铁站三大类常规站型

（1）根据《建筑设计防火规范》GB50016 第 5.1.7 条的规定：耐火等级为一、二级的民用建筑，其每个防火分区的最大允许建筑面积为 2 500 m²，当设置自动灭火系统时，可扩大到 5 000 m²。根据《铁路工程设计防火规范》TB10063 的有关规定，设有自动喷水灭火系统的站房的候车区及集散厅，其每个防火分区的最大允许建筑面积可扩大到 10 000 m²。

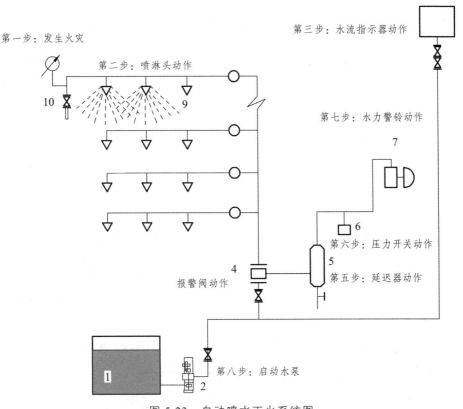

图 5-23　自动喷水灭火系统图

1—水池；2—消防泵；3—水箱；4—延时器；5—压力开关；6—水力警铃；
7—水流指示器；8—喷头；9—试验装置

（2）根据《建筑设计防火规范》GB50016 的规定：设置有送回风道（管）的集中空气调节系统且总建筑面积大于 3 000 m² 的办公楼等，应设置自动灭火系统。

（3）根据《铁路工程设计防火规范》TB10063 的有关规定，中型及以上车站设置的建筑面积不大于 100 m² 明火作业的餐饮、商品零售点、建筑面积大于 500 m² 或任一防火分区面积大于 300 m² 的车站地下行李包裹库房或地下货物库房，应设置自动喷水灭火系统。

喷头安装：

（1）无吊顶安装。

采用直立型喷头，喷头溅水盘与顶板的距离，不应小于 75 mm，不应大于 150 mm。当梁、通风管道、成排布置的管道、桥架等障碍物的宽度大于 1.2 m，时，其下方应增设喷头。增设喷头的上方如有缝隙时应设集热板。无吊顶安装如图 5-24。

（2）封闭吊顶安装（装修标准要求高时，可采用隐藏式喷头）。

封闭吊顶安装如图 5-25。

（3）密拼吊顶安装。

密拼吊顶安装如图 5-26。密拼吊顶属开放式吊顶形式，特点是具有通透性、不挡烟，如何保证喷头热敏元件处于"易于接触热气流"的位置，是喷头能否及时开放的关键。《自动喷水灭火系统设计规范》GB50084 规定：装设通透性吊顶的场所，喷头应布置在板下。但对于密拼吊顶，这种做法显然是不合适的，因为密拼的吊顶大大减弱水流的喷射强度，减缓水流的下落速度，降低水流的穿透力，从而削弱了灭火能力。因此，为了既能保证灭火效果，又能保证喷头及时的开放，建议喷头设置在密拼吊顶下方，喷头装饰盘与吊顶下表面平，并在密拼吊顶上方增设集热板，集热板的材质为金属，每个喷头上方集热板面积不小于 0.12 m² （多为 300 mm×400 mm，400 mm×400 mm）。溅水盘与集热板的距离不应大于 300 mm，确有困难时，溅水盘与集热板的距离不应大于 550 mm。

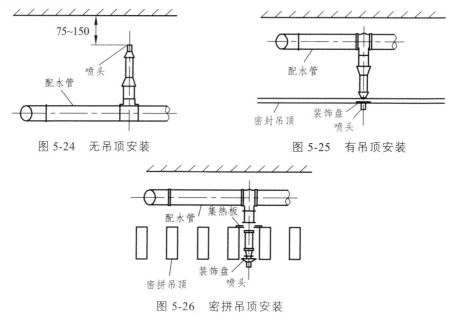

图 5-24　无吊顶安装　　　　　　　　　　图 5-25　有吊顶安装

图 5-26　密拼吊顶安装

# 第五节　高铁站房智能扫描自动水炮

对于候车大厅、进站大厅等净空高度大于 12 m 的高大空间，普通的自动喷水灭火系统已经不再适用，一般设置固定消防炮系统。

铁路消防水炮的配置基本按照《固定消防炮灭火系统设计规范》GB503380 设计的，少部分也有按《大空间智能型主动喷水灭火系统技术规程》CECS263 的考虑的。两种水炮的设置方式差异很大，新建站房消防设计中设计人员既有选用单个 20 L/s 水量大流量水炮的，也有选用 5 L/s 一个的小流量水炮的，需要结合实际情况具体分析。大空间智能消防水炮应根据使用场所确定单台灭火装置的流量大小，基本原则如下：

（1）轻危险等级或中危险 I 级的场所，单台灭火装置的流量不应小于 5 L/s。

（2）中危险 II 级的场所，单台灭火装置的流量不应小于 10 L/s。

（3）因需要而安装净高大于 20 米的场所，单台灭火装置的流量不应小于 10 L/s。

（4）严重危险级及以上的场所，单台灭火装置的流量不应小于 20 L/s。

（5）当火灾蔓延速度快速的场所，单台灭火装置的流量不应小于 20 L/s。

大空间智能消防水炮的选取很重要，设计应根据大空间场所的空间面积、长短，场所的火灾危险等级，场所的火灾类别、火灾特点、环境条件、空间高度、保护区域特点、建筑美观要求等因素来确定选取合适的智能消防水炮，完美的保护好场所的每一处地方。

根据《固定消防炮灭火系统设计规范》GB503380：扑救室内一般固体物质火灾的供给强度应符合国家有关标准的规定，其用水量应按两门水炮的水射流同时到达防护区任一部位的要求计算。民用建筑的用水量不应小于 40 L/s，工业建筑的用水量不应小于 60 L/s；因此高铁站房候车厅消防水炮的设计流量应为 40 L/s。

室内消防炮的布置数量不应少于两门，其布置高度应保证消防炮的射流不受上部建筑构件的影响，并能使两门水炮的水流同时到达被保护区域的任一部位。根据这一原则确定消防水炮的射程。

消防炮一般利用候车厅的钢（混凝土）支柱安装设置炮体、检修平台，需要给建筑、结构专业提要求，主要内容是设置位置、检修平台、马道、设备重量等。

## 一、固定式消防水炮系统计算

根据《固定消防炮灭火系统设计规范》GB50338，消防水炮的出水量宜为 30 ~ 50 L/s，且应具有直流及水雾两种喷射方式。目前国内的生产厂商提供的水炮供水流量为 30 ~ 200 L/s。根据消防水炮的工作压力和水炮仰角不同，通常其射程可达 30 ~ 120 m。

### 1. 设计射程

$$D_s = D_{s0}\sqrt{\frac{P_e}{P_0}} \tag{5-5}$$

式中　$D_s$——水炮设计射程（m）；

$D_{s0}$——水炮额定工作压力时的射程（m）；

$P_e$——水炮设计压力（MPa）；

$P_0$——水炮额定压力（MPa）。

### 2. 设计流量

$$Q_s = Q_{s0}\sqrt{\frac{P_e}{P_0}} \tag{5-6}$$

式中　$Q_s$——水炮设计流量（L/s）；

$Q_{s0}$——水炮额定流量（L/s）；

$P_e$——水炮设计压力（MPa）；

$P_0$——水炮额定压力（MPa）。

## 二、自动消防炮图像火灾安全监控系统

系统分为前端探测、主控系统和自动消防水炮三大部分（如图 5-27）。前端探测器将采集到的红外图像通过视频同轴电缆传送到控制室，经视频分配器，将每路信息分成两路：一路给视频切换器，循环切换给信息处理主机，另一路给防火并行处理器进行火灾分析与确认；同时将可视图像传回矩阵切换器，由信息处理主机根据需要控制切换、处理。火灾确认后，立安控制器发出声光报警，录像机自动启动，全程记录火灾发生和扑救的现场图像，留下第一手现场资料。通过与常规报警控制器的通信，启动常规消防系统中的广播系统、通信系统、排烟风机、防火卷帘门、消防水泵等设备。通过消防炮解码器控制消防炮自动扫描、自动定位、自动喷射，一直到火灾被扑灭后，关闭消防水泵，复位系统。

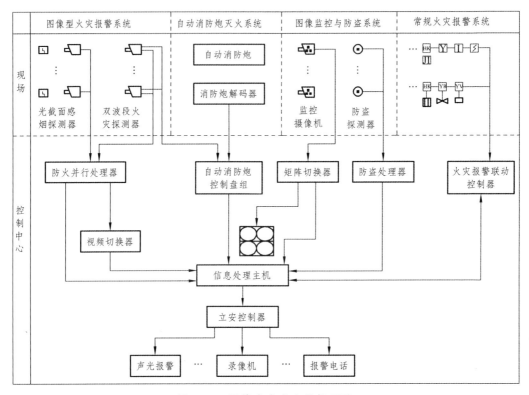

图 5-27    图像火灾安全监控系统

## 三、某火车站自动消防炮设计

### 1. 工程概况

某火车站候车室面积约 4 000 m²，长 90 m、宽 36 m、高约 20 m，属于典型的大空间场所。如图 5-28、5-29 所示。

工程内容：图像型火灾安全监控系统、自动消防炮灭火系统。

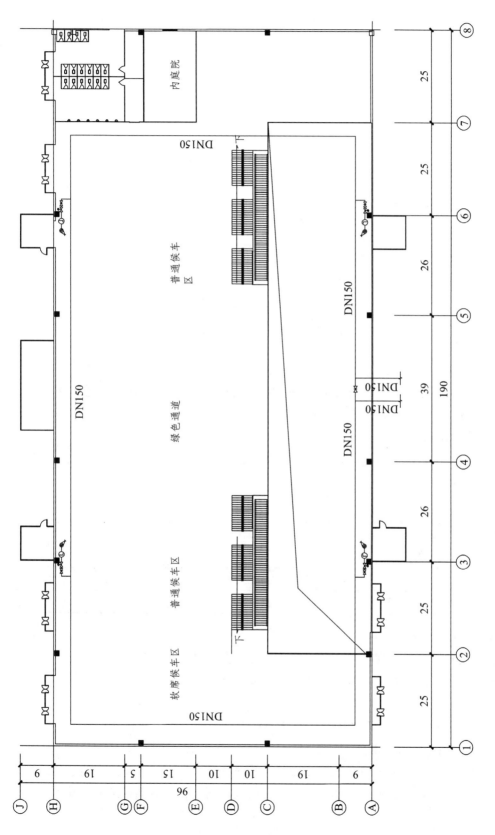

图 5-28　某火车站候车室自动消防炮平面布置图

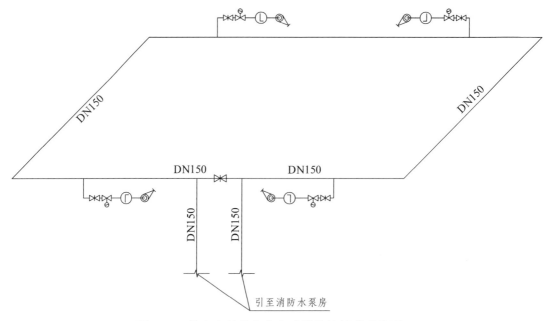

图 5-29　某火车站候车室自动消防炮管道系统图

## 2. 系统设计

本系统由 4 个基本部分组成：A. 前端探测部分；B. 图像处理与控制部分；C. 终端显示部分；D. 自动消防炮灭火部分。

A. 前端探测部分

根据候车室的具体情况：共设 8 套探测设备和 4 套自动消防炮灭火装置。安装地点：候车室内四周。具体分布见表 5-2。

表 5-2　具体分布

| 序号 | 设 备 名 称 | 数 | 安 装 高 | 说　　明 |
|---|---|---|---|---|
| 1 | 图像型火灾探测器 | 6 只 | 10 m | 对火焰进行有效探测 |
| 2 | 光截面感烟火灾探 | 2 套 | 10 m | 与发射器（共 8 只）配合，对烟雾进行有效 |
| 3 | 自动消防炮灭火装 | 4 套 | 8 m | 对候车室进行全方位防火保护 |

B. 图像处理与控制部分

通过两种探测器对现场进行实时防火监控，及时判断现场状况；同时显示各监控区域图像供值班人员查看；现场报警图像自动记录。

C. 终端显示部分

终端设备能显示报警现场画面。采用高性能、高稳定的监视器设备。

D. 自动消防炮灭火部分

自动灭火方式：图像型火灾探测器或光截面感烟火灾探测器将火灾信息传送到信息处理主机，信息处理主机处理后发出火警信号，同时自动启动相关的自动消防炮灭火装置进行空间自动定位并锁定火源点，自动启动消防泵，自动开启电动阀进行喷射灭火。前端水流指示器反馈信号在控制室操作台上显示。

远程手动灭火方式：消防控制室接收到火警信号后，值班人员在消防控制室通过切换现场彩色图像进一步确认，通过集中控制面板或集中控制盘控制相应的自动消防炮对准火源点，启动消防泵，开启电动阀实施灭火。

现场手动灭火方式：现场人员发现火源点，通过现场控制盘控制相应的自动消防炮灭火装置对准火源点，启动消防泵，开启电动阀实施灭火。

### 3. 系统功能

（1）高度集成系统集火灾监控、图像监控及联动控制等多种功能于一体；根据各设防点的具体情况进行自由选取，可以手动或自动控制。

（2）图像监控由矩阵切换器自动进行多通道分组循环切换，现场图像分时显示在控制室的监视器上，也可由操作人员任意设置（编程）选定其图像显示。

（3）综合智能防火系统采用计算机视觉技术，通过火灾趋势识别模式的综合判据和其他设备辅助预警进行火情监测，其图像火灾探测技术在高大空间防火方面具有独特的优越性。

（4）自动记录系统发现火情后，可通过录像机和信息、处理主机自动记录现场报警图像及发生的时间，并在监视器上显示现场画面。

（5）智能空间定位及自动启动灭火系统联动灭火系统采用自动消防炮灭火装置。系统能够探测着火点区域，可联动自动消防炮灭火装置进行空间扫描、定位，对着火源进行自动扑救。也可手动控制自动消防炮灭火装置灭火。

见表 5-3。

表 5-3　自动消防炮设备配置清单

| 序号 | 名称 | 型号 | 单位 | 数量 | 备注 |
|---|---|---|---|---|---|
| 一、火灾探测设备部分 | | | | | |
| 1 | 光截面感烟火灾探测器 | 接收器 | 只 | 2 | |
| | | 发射器 | 只 | 8 | |
| 2 | 图像型火灾探测器（双波段探测组件） | | 只 | 2 | |
| 3 | 图像型火灾探测器（双波段探测组件） | | 只 | 4 | |
| 4 | 支架 | | 只 | 8 | |
| 5 | 防火并行处理器 | | 台 | 1 | |
| 6 | 双波段探测模块 | | 块 | 6 | |
| 7 | 光截面探测模块 | | 块 | 2 | |
| 8 | 信息处理主机 | | 套 | 1 | |
| 9 | 视频切换器 | | 台 | 1 | |
| 10 | 矩阵切换器 | | 台 | 1 | |
| 11 | 硬盘录像机 | 4 路 | 台 | 1 | |

| 序号 | 名称 | 型号 | 单位 | 数量 | 备注 |
|---|---|---|---|---|---|
| 一、火灾探测设备部分 | | | | | |
| 12 | 监视器 | | 台 | 4 | |
| 13 | 直流电源 | | 台 | 2 | |
| 14 | 不间断电源（UPS） | | 台 | 1 | |
| 15 | 操作台 | | 套 | 1 | |
| 16 | 屏幕墙 | | 套 | 1 | |
| 二、联动灭火部分 | | | | | |
| 1 | 自动消防炮灭火装置 | 20 L/s | 台 | | |
| 2 | 解码器 | | 台 | | |
| 3 | 现场控制盘 | | 只 | | |
| 4 | 消防炮控制器 | | 台 | | |
| 5 | 电动蝶阀 | DN100 | 只 | | |
| 6 | 水流指示器（可选） | DN100 | 只 | | |

# 第六节　高铁站房压力流（虹吸式）雨水排放系统

由于高铁站房相对于普速铁路站房建筑体量和建筑面积的增加，传统的重力式雨水排水系统难以满足现代化大型屋面雨水排水要求，而利用虹吸原理的压力式雨水排水系统成为解决大型屋面雨水排水的有效途径之一。

（一）虹吸雨水排放系统简介及流程设计

（1）虹吸式雨水斗在屋面上布点灵活，更能适应现代建筑的艺术造型，很容易满足不规则屋面的雨水排放。悬吊管直径小且无需坡度节省空间利于装修。

（2）单斗大排量，屋面开孔少，减少屋面漏水概率，减轻屋面防水压力。

（3）建筑泄流量大，落水管的数量少和直径小，满足了现代建筑的美观要求以及大型标志性建筑，各种大跨度屋面及高层建筑群楼的雨水排放。

（4）设计合理虹吸雨水系统安全性有保证，管道走向可以根据需要设置，在不影响建筑功能及使用空间的同时满足现代大型高铁车站各种网架结构金属屋面的雨水排放。

（5）在设计流量下，虹吸雨水系统中满管流无空气旋涡，排水高效且噪音小。

（6）虹吸雨水系统以其广泛运用于大型屋面，节约建筑空间和减少地面开挖等突出优势。在高铁站房雨水排放建筑材料和空间等方面的高效性受到空前的重视。

大型屋面的车站站房、动车段（所）检修库房，宜采用虹吸式雨水系统。

虹吸雨水系统流量设计如下所示。

### 1. 雨水流量设计

雨水设计流量 $Q$ 按公式计算：

$$Q = K_1 q \varphi F \qquad (5-7)$$

式中　$Q$——雨水设计流量（L/s）；

$K_1$——流量校正系数，对于坡度大于 2.5% 的屋面，取 1.2 ~ 1.5，其余屋面取 1；

$q$——设计暴雨强度 [L/（s·ha）]；

$\varphi$——径流系数，屋面 0.90 ~ 1.00。

$F$——汇水面积（ha）。

注：当有生产废水排入雨水管道时，应将其水量计算在内。

### 2. 降雨强度

暴雨强度计算：

$$q = \frac{167 A_1 (1 + C \lg P)}{(t + b)^n} \qquad (5-8)$$

式中　$q$——设计暴雨强度 [L/（s·ha）]；

$t$——降雨历时（min）；

$P$——设计重现期（a）；

$A_1$，$C$，$n$，$b$——参数，根据统计方法进行计算确定。

各地降雨强度系数可在给水排水常用数据手册上查询，如无当地降雨强度公式或降雨强度公式有明显缺陷时，可根据当地雨量记录进行推算或借用邻近地区的降雨强度公式进行计算。

### 3. 设计重现期

车站站房和雨棚一般重现期一般取 10 a。设计中应充分注意该系统的流量负荷未预留排除超设计重现期雨水的余量，这部分水将会溢流。

对防止屋面溢流要求严格的高铁站房建筑，采用虹吸式系统时，其排水能力应用 50 年重现期。

### 4. 降雨历时

雨水管道的降雨历时，建筑屋面取 5 min，当屋面坡度较大时，集水时间变小，流量大，需要进行校正。为简单起见，在流量项增加校正系数。

### 5. 汇水面积

（1）一般坡度的屋面雨水的汇水面积按屋面水平投影面积计算。

（2）高出汇水面的侧墙，应将侧墙面积的 1/2 折算为汇水面积。同一汇水区内高出的侧墙多于一面时，按有效受水侧墙面积的 1/2 折算汇水面积。

（3）窗井、贴近建筑外墙的地下汽车库入口坡道和高层建筑裙房屋面的雨水汇水面积，应附加其高出部分侧墙面积的1/2。

（4）屋面按分水线底排水坡度划分为不同排水区时，应分区计算集雨面积和雨水流量。

（5）资料参考：半球形屋面或斜坡较大的屋面，其汇水面积等于屋面的水平投影面积与竖向投影面积的一般之和。

## （二）虹吸雨水系统产品

### 1. 雨水斗

（1）屋面排水系统应设置雨水斗，雨水斗应有权威机构测试的水力设计参考数，比如排水能力（流量）、对应的斗前水深等。未经测试的（金属或塑料）雨水斗不得使用在屋面上。

（2）虹吸式系统的雨水斗应采用淹没式雨水斗。雨水斗不得在系统之间借用。

（3）虹吸式雨水斗应设于天沟内，但DN50的雨水斗可直接埋设于屋面。

（4）虹吸式系统接有多斗悬吊管的立管顶端不得设置雨水斗。

（5）布置雨水斗的原则是雨水斗的服务面积应于雨水斗的排水能力相适应。雨水斗间距的确定还应能使建筑专业实现屋面设计坡度。

（6）在不能以伸缩缝为屋面雨水分水线时，应在缝两侧各设雨水斗。

（7）寒冷地区雨水斗宜设在冬季易受室内温度影响的屋顶范围之内。

（8）雨水斗受日晒强烈，材料宜为金属。

### 2. 悬吊管及其他横管

二次悬吊系统：二次悬吊系统又称"消能悬吊系统"，是针对虹吸式系统中水流流速大，震动强而专门设置的消能减震的固定装置。

（1）虹吸式系统接入同一悬吊管的雨水斗应在同一标高层屋面上。

（2）虹吸式系统大部分排水时间是在非满流状态下运行，悬吊管宜设0.003的排空坡度。

（3）悬吊管及其他横管跨越建筑的伸缩缝，应设置伸缩器或金属软管。

（4）虹吸式雨水系统的悬吊管尽量对称于立管布置。

（5）排出管宜就近引出室外。

（6）严寒地区站房及雨棚的雨水管路宜考虑防冻措施。

### 3. 立 管

（1）虹吸式系统的立管管径不受悬吊管管径限制。

（2）立管应少转弯，不在管井中的雨水立管应靠墙、柱敷设。

（3）高层建筑的立管底部应设托架。

#### 4. 管材与附件

（1）虹吸式系统应采用承压管道、管配件（包括伸缩器）和接口，额定压力不小于建筑高度静水压，并能承受 0.9 个大气压力的真空负压。

（2）虹吸式系统排出管的管材宜为承压的金属管、塑料管、钢塑复合管等。高层建筑室内雨水管不得使用污废水系统排水管材。

### （三）建筑屋面雨水系统设计

（1）虹吸式系统的雨水斗宜在同一水平面上。各雨水立管宜单独排出室外。当受建筑条件限制时，一个以上的立管必须接入同一排出横管时，个立管宜设置出口与排出横管连接。出口的设置条件见水力计算部分。

（2）雨水系统若承接屋面冷却塔的排水，应间接接入，并宜排至室外雨水检查井，不可排至室外路面上。

（3）高跨雨水流至低跨屋面，当高差在一层及以上时，宜采用管道引流。

（4）雨水系统的管道转向处宜做顺水连接。

（5）承压雨水横管和立管（金属或塑料）当其直线长度较长时，应设伸缩器。伸缩器的设置参考给水部分。

（6）限制雨水管道敷设的空间和场所与生活排水管道部分相同。

（7）寒冷地区的雨水口和天沟宜考虑电伴热融雪化冰措施，电热丝的具体设置可与供应商共同商定。

### （四）虹吸雨水系统水力计算

虹吸式雨水系统常用虹吸式雨水斗口径包括：DN50、DN63、DN75、DN110、DN160（表 5-4）。其排水流量如下。

表 5-4　雨水斗口径

| 型　号 | 公称直径 | 设计流量（L/s） |
|---|---|---|
| SG-50 | Φ50 | 6 |
| SG-63 | Φ63 | 10 |
| SG-75 | Φ75 | 12 |
| SG-90 | Φ90 | 22 |
| SG-110 | Φ110 | 28 |
| SG-160 | Φ160 | 66 |

#### 1. 管道计算公式

管道水头损失按海成-威廉公式计算

$$\sum h = h_j + h_l \tag{5-9}$$

$$h_j = \sum \xi \frac{v_x^2}{2g} \tag{5-10}$$

$$h_l = RL = \frac{10.67Q^{1.852}}{C^{1.852}D^{4.87}} \tag{5-11}$$

式中　　$h_j$——局部水头损失（m）；

$h_l$——沿程水头损失（m）；

$\xi$——局部阻力系数；

$v_x$——管道某一断面处（设为断面）的流速（m/s）；

$g$——重力加速度，9.8m/s²；

$R$——单位长度水头损失系数；

$L$——管道长度（m）；

$Q$——管道设计流量（m³/s）；

$C$——管道系数，塑料管 $C$=150，新铸铁管 $C$=130；

$D$——管道内径（m）。

吊管和立管的管径选择计算应同时满足下列条件：

悬吊管最小流速不宜小于 1 m/s，立管最小流速不宜小于 2.2 m/s。管道最大流速宜小于 6 m/s 且不得大于 10 m/s。

系统的总水头损失（从最远斗到排出口）与出口处的速度水头之和（$mH_{20}$），不得大于雨水管径、出口的几何高差 $H$。

系统中各个雨水斗到系统出口的水头损失之间的差值，不大于 10 kPa，否则，应调整管径重新计算。同时，各节点的压力的差值不大于 10 kPa（DN<75）或（DN>100）。

系统中的最大负压绝对值应小于：

金属管：80 kPa；

塑料管：根据产品的力学性能而定，但不得大于 70 kPa。

如果管道水力计算中负压值超出以上规定，应调整管径（放大悬吊管径或缩小立管管径）重算。

系统高度（雨水斗顶面和系统出口几何高差）$H$ 和立管管径的关系应满足：

立管管径 DN≥75，$H$≥3 m；DN≥90，$H$≥5 m。

如不满足，可增加立管根数，减小管径。

## 2. 系统出口及下游管道

系统出口处的下游管径应放大，流速应控制在 1.8m/s 内。管径按表 5-5 确定（计算坡度 $i$ 取管道敷设坡度）。

表 5-5　悬吊管最大排水能力

| 多斗悬吊管（铸铁管、钢管）的最大排水能力（L/s） | | | | | | 多斗悬吊管（塑料）的最大排水能力（L/s） | | | | | |
|---|---|---|---|---|---|---|---|---|---|---|---|
| 水力坡度 | Φ75 | Φ100 | Φ150 | Φ200 | Φ250 | 水力坡度 | Φ90 | Φ110 | Φ125 | Φ160 | Φ200 | Φ250 |
| 0.02 | 3.07 | 6.63 | 19.55 | 42.10 | 76.33 | 0.02 | 5.76 | 10.20 | 14.30 | 27.66 | 50.12 | 91.02 |
| 0.03 | 3.77 | 8.12 | 23.94 | 51.56 | 93.50 | 0.03 | 3.00 | 12.49 | 17.51 | 33.88 | 61.38 | 111.48 |
| 0.04 | 4.35 | 9.38 | 27.65 | 59.54 | 107.96 | 0.04 | 4.35 | 14.42 | 20.22 | 39.12 | 70.87 | 128.72 |
| 0.05 | 4.86 | 10.49 | 30.91 | 66.54 | 120.19 | 0.05 | 4.86 | 16.13 | 22.61 | 43.73 | 79.24 | 143.92 |
| 0.06 | 5.33 | 11.49 | 33.86 | 72.94 | 132.22 | 0.06 | 5.33 | 17.67 | 24.77 | 47.91 | 86.80 | 157.65 |
| 0.07 | 5.75 | 12.41 | 36.57 | 78.76 | 142.82 | 0.07 | 5.75 | 19.08 | 26.75 | 51.75 | 93.76 | 170.29 |
| 0.08 | 6.15 | 13.26 | 39.10 | 84.20 | 142.82 | 0.08 | 6.15 | 20.40 | 28.60 | 55.32 | 100.23 | 170.29 |
| 0.09 | 6.52 | 14.07 | 41.47 | 84.20 | 142.82 | 0.09 | 6.52 | 21.64 | 30.34 | 58.68 | 100.23 | 170.29 |
| ≥0.1 | 6.88 | 14.83 | 41.47 | 84.20 | 142.82 | ≥0.1 | 6.88 | 22.81 | 31.98 | 58.68 | 100.23 | 170.29 |

当系统出口只有一个立管或者有多个立管但雨水斗在同一高度时，可设在外墙处；当两个及以上的立管接入同一排出管且雨水斗设置高度不同时，则各立管分别设出。出口设在排出管连接点的上游，先放大管径再汇合。

## （五）手工计算步骤

（1）计算各斗汇水面积的设计雨水量 $Q$。

（2）计算系统的总高度 $H$ 和管长 $L$。

（3）确定系统的计算（当量）管长 $L_A$，可按 $L_A = 1.2 L$（金属管）和 $1.6 L$（塑料管）估计。

（4）估算单位管长的水头（阻力）损失 $i$，$i = H/L_A$。

（5）根据管道流量 $Q$ 和水力坡度 $i$ 在水力计算图（有压力单位 m）上查出管径及新的 $i$，其流速应小于 1 m/s。

（6）检查系统高度 $H$ 和立管管径的关系应满足要求。

（7）精确计算系统管道总阻力的损失 $h$。有多个计算管段时，逐段累计。

（8）检查 $H-h$ 应大于 1 m。

（9）计算系统的最大负压值，负压值发生在立管最高点。若不符合要求。调整管径。

（10）检查节点压力平衡情况，若不满足要求，调整管径。

水力计算的目的是充分利用系统提供的可利用水头，减小管径，降低造价；使系统各节点由不同支路计算的压力差限定在一定的范围内；保证系统安全、可靠、正常地工作。

水力计算是在初步布置的管路系统上进行的，计算的成功要遵守水力计算的各项要求。因此，管路系统不同区段的管径、连接的配件，以至管路的布置都可能有所变动。手工进行水力计算是非常烦琐的，最好使用专用软件或者编制 Excel 电子表格进行计算比较方便。

### （六）虹吸排水系统配件及其他

虹吸排水系统配件主要产品：虹吸式雨水斗、管材管件、管箍管卡及其他系统配件。

虹吸雨水斗有铝合金、不锈钢、钢塑混合三大系统多种规格的雨水斗，可满足混凝土及金属结构屋面的需要。

### 1. 雨水斗

如图 5-30 所示。

（a）不锈钢虹吸式　　　　　（b）铝合金虹吸式　　　　　（c）钢塑混合虹吸式

图 5-30　雨水斗

1）雨水斗主要技术参数（表 5-6）

表 5-6　雨水斗设计流量

| 雨水斗型号 | 雨 水 斗 | | | | |
|---|---|---|---|---|---|
| 雨水斗规格 | 50 | 75 | 110 | 160 | 200 |
| 设计流量范围（L/s） | 36 | 6~12 | 12~40 | 40~90 | 90~156 |
| 出水管管径 | 50 | 75 | 110 | 160 | 200 |

2）虹吸式雨水系统单斗最大汇水面积（m²）

见表 5-7。

表 5-7　单斗推荐排雨面积　　　　　　　　　　单位：m²

| 地区 | 型 号 | | | | |
|---|---|---|---|---|---|
| | SG-50A | SG-75A | SG-90A | SG-110A | SG-200A |
| 北京 | 120 | 250 | 310 | 410 | 820 |
| 上海 | 118 | 238 | 298 | 387 | 782 |

| 地区 | 型号 | | | | |
|---|---|---|---|---|---|
| | SG-50A | SG-75A | SG-90A | SG-110A | SG-200A |
| 天津 | 139 | 286 | 350 | 466 | 941 |
| 重庆 | 126 | 260 | 335 | 422 | 860 |
| 石家庄 | 140 | 284 | 348 | 464 | 932 |
| 太原 | 172 | 356 | 459 | 581 | 1166 |
| 包头 | 182 | 366 | 462 | 590 | 1200 |
| 长春 | 116 | 237 | 315 | 387 | 778 |
| 沈阳 | 139 | 280 | 360 | 460 | 930 |
| 哈尔滨 | 146 | 300 | 414 | 496 | 998 |
| 济南 | 140 | 284 | 361 | 464 | 926 |
| 南京 | 131 | 271 | 358 | 442 | 900 |
| 合肥 | 128 | 259 | 349 | 430 | 850 |
| 杭州 | 129 | 260 | 335 | 440 | 875 |
| 南昌 | 90 | 185 | 263 | 310 | 630 |
| 福州 | 112 | 227 | 284 | 365 | 750 |
| 郑州 | 116 | 237 | 296 | 387 | 777 |
| 武汉 | 122 | 250 | 341 | 400 | 830 |
| 广州 | 110 | 223 | 287 | 352 | 686 |
| 深圳 | 131 | 168 | 226 | 268 | 568 |
| 南宁 | 99 | 201 | 267 | 330 | 660 |
| 西安 | 278 | 569 | 778 | 929 | 1865 |
| 银州 | 292 | 600 | 800 | 1000 | 1987 |
| 兰州 | 149 | 520 | 630 | 700 | 1650 |
| 长沙 | 142 | 290 | 401 | 486 | 980 |
| 成都 | 125 | 259 | 335 | 422 | 947 |

## 2. 管道系统

用于虹吸式屋面雨水系统的管道，应采用钢管（镀锌钢管、涂塑钢管）、不锈钢管和高密度聚乙烯（HDPE）管等材料。目前一般工程推荐使用的管材主要为优质 HDPE 管，重要工程采用不锈钢管。满足虹吸雨水系统要求的优质管材、管件的选用标准如下：

（1）各类型的管材均严格控制质量，保证所有部件的强度、尺寸、稳定性和耐久性等。

（2）管材的耐压性能满足以下要求：最大耐负压绝对值不小于 0.08 MPa；最大耐

正压值不小于 0.35 MPa。

（3）管材、管件的连接应保证虹吸雨水系统的气密性。

（4）所选用的管材、管件均经过严密的水力学测试。

### 3. 管道固定系统

根据虹吸雨水系统独特的工作原理及系统运行时会产生较大的震动，二次悬吊系统（又称"消能悬吊系统"）以其独特的技术优势得到了业内人士的一致好评，并在工程实际应用中得到大面积推广，尤其使用在 HDPE 管道系统中，优势更明显。如图 5-31 所示。

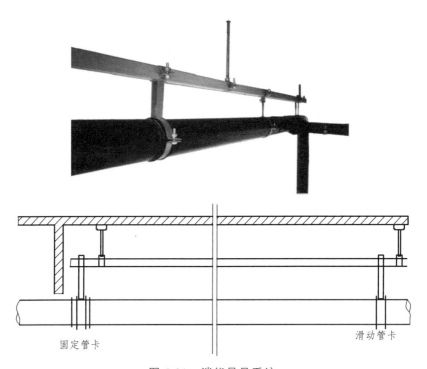

固定管卡　　　　　　　　　　　　　　滑动管卡

图 5-31　消能悬吊系统

HDPE 管道因温度变化的产生的膨胀伸缩量的补偿，在压力流排水系统工程设计时采用固定管卡分段补偿等措施。

系统特点：

（1）雨水悬吊管因温度变化产生的膨胀变形分解到各固定支（吊）架之间，减小变形，起到美观作用。

（2）将雨水悬吊管轴向伸缩产生的膨胀应力由固定支（吊）架传到消能悬吊系统上被消解，对建筑的结构本体不会造成影响。

（3）能将雨水悬吊管工作状态下的振动荷通过固定支（吊）架传递到消能悬吊系统上，利用悬吊钢结构的刚性进行消解。

（4）使管道在固定中有效减少与屋面的固定点数量，降低对屋面的破坏程度。

#### 4. 其他特殊配件

1）阻火圈

当雨水管穿越楼层、防火墙、管道井井壁时，应根据建筑物性质、管径和设置条件以及穿越部位防火等级等要求设置阻火装置。阻火圈在使用时只需卡在管道顶端，与楼板或墙体固定，火灾发生时阻火圈芯材遇火快速膨胀，挤压受火的管道，在短时间内迅速将孔洞封堵，有效的组织火势蔓延。如图 5-32 所示。

（1）遇高温密实封堵孔洞时间：小于 15 min。

（2）耐火时间：大于 120 min。

（3）芯材膨胀时不产生漂浮物，膨胀后芯材不松散，不掉落。

（4）阻火圈添加剂具有吸热、吸烟的作用。

（4）体积小、重量轻、造型美观等特点，施工安装、拆卸方便。

图 5-32　阻火圈

2）不锈钢波纹伸缩器

虹吸雨水系统的悬吊管在穿越伸缩缝或沉降缝时，需做特殊的变形补偿措施，使管道在一定范围内可自由调整。

（1）不锈钢波纹伸缩器与管道之间采用法兰连接，保证系统密封性。如图 5-33 所示。

（2）具有较强的抗负压能力，适用于虹吸雨水系统的负压抽吸管道。

图 5-33　不锈钢波纹伸缩器

### （七）大型屋面漏水的原因分析

现代大型高铁站房、机场候机楼，屋顶和四面幕墙大多采用玻璃材质或彩钢板材质，金属屋面既是建筑的外装饰，又是建筑物的外围 护结构，具有自重轻、造型美观以及抗腐蚀等优良性能。将建筑物的艺术效果和使用功能有机地结合在一起，将自然光引入到室内，白天完全不用灯光照明，节约大量电能。

但一些高铁站房、机场候机楼竣工后，降雨时频频发生了漏水。巨大的金属表皮屋面建筑，开了很多的玻璃窗口，从建筑来看外形美轮美奂，无可厚非；但这样的外形必然会加排水专业设计的难度。这类屋面造型、结构往往很复杂，如果仅仅凭耐候密封胶想解决渗漏水问题是难以想象的，防排结合是关键。暴雨重现期不能按一般来计算，暴雨重现期取 $P=50$ a，辅以溢流系统后，溢流流量按 100 a 一遇暴雨强度校核。溢流口堰上水头高度应通过计算确定，其顶端应在搭接缝以下，这样才能满足超重现期时雨水的合理溢流，避免雨水从搭接缝渗入室内。如图 5-34、5-35 所示。

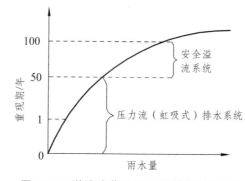

图 5-34 溢流水位和屋面搭接缝的关系

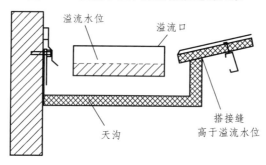

图 5-35 溢流口设置

应确保屋面每一单元水流组织和立管排水不存在设计盲点，屋面结构要能快速排放、避免积水，汇流距离、汇流面积不能过大。雨水管网系统不宜设计复杂，最好在下一层汇流快速排至室外雨水管网，室外雨水管网的设计标准要按高标准设置。

压力流（虹吸式）屋面雨水排水系统现阶段一般由设计院提供招标图纸，交给掌握专业计算软件的承包商负责施工图深化设计。整个压力流（虹吸式）系统不仅涉及给排水专业，还与屋面、管线综合等设计密切相关，设计人员必须对专业承包商的图纸和施工的各个环节实施控制。屋面天沟的计算和校核，溢流系统的设计给排水设计人员一定要认真参与。

屋面造型复杂，一些风沙大的地区，屋顶垃圾残留物可能积存较多，这也影响排水速度。

虹吸排水系统的产品质量也应注意，虹吸排水在国内应用时间不长，一些产品的质量还有待考证，应选择那些成熟可靠、经济适用的虹吸排水产品。

虹吸管在负压条件下工作，这就要求管路要具有较高的密封性，不能漏气。大型金属屋面现场存在大量的屋面拼接、接缝工作，防水层施工中肯定会存在着很大的难度，难以保证施工质量。

防水搭接层作为防止漏水的最后保障，防水材料的选择也很重要，要选择质量过关的产品。

# 第七节　高速铁路动车组地面卸污系统设计

随着铁路客车装备技术水平的快速提升，铁路客车重要装备之一的卫生间也正朝着"以人为本、舒适方便、安全可靠、绿色环保"的方向发展，动车组以及普速客车已经普遍采用卫生环保的集便器。

列车集便系统由污物收集系统、显示器、便器、冲水按钮、冲水控制系统等组成。污物收集系统污物收集系统用于收集和存放污物，污物箱对外排放。集便器污物排出采取地面固定式真空卸污设施或移动式真空吸污车统一收集、定点排放的办法。卸污系统的基本技术要求是快速、高效，同时应满足无泄漏、无异味的卫生要求。

铁路旅客列车地面固定式卸污系统按卸污工作原理分为重力式和真空式。其中，重力式卸污系统是列车污物箱污物在重力作用下，通过地面接收装置，自流排入卸污管道，并在卸污管道内，以一定的坡度下排入后续构筑物。整个卸污过程无动力消耗，不需要动力设备。由于依靠重力自流难以完全排净污物箱污物，卸污过程中需要用水冲洗，因此需铺设冲洗管道，进行中水冲洗。真空式卸污的工作原理是用泵或者喷射器将卸污管线内抽成真空，在真空压差的作用下将列车污物吸入管线直至真空站，然后排入预定管道或处理设施。真空卸污系统可广泛适用于铁路各种动车段及客车运用所的卸污，根据铁路站段的规模及要求，采用不同型式的地面固定真空卸污系统。

真空卸污系统同重力排水系统相比，具有很大的优越性。其卸污量大、效率高、操作自动化、运行可靠、占地面积小等特点；由于管道埋深及管径小，施工工程量少，并且不受地势及地质条件的限制，管路输送距离长；真空卸污系统由于冲洗水量少，可以有效节约用水。因此高速铁路一般都采用真空卸污系统。

## 一、动车组真空卸污系统

高速铁路以及城际铁路动车段、动车所、动车运用所、中途大型、特大型车站和普速客整所应设置铁路真空卸污系统及设备。真空卸污工艺流程如图5-36所示。

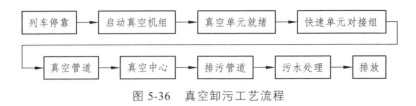

图 5-36　真空卸污工艺流程

固定式真空卸污设备由真空机组、真空管路、配套设备组成。其主要功能是通过真空作用将列车集便器污物抽吸至真空中心，然后进行集中处理。如图 5-37 所示。

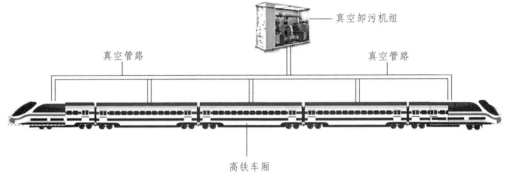

图 5-37　固定式真空卸污系统

固定式真空卸污系统分为在线凸轮泵真空卸污系统和真空罐式卸污系统两种型式。

## （一）在线凸轮泵真空卸污系统

在线凸轮泵真空卸污系统由在线旋转凸轮泵真空机组、真空管路、真空卸污单元三部分组成，在线凸轮泵真空卸污系统采用在线作业形式，系统真空度保持在-30 kPa到-70 kPa 之间，真空度为-50 kPa 时的抽气速率为 200 m³/h，最大真空度可达-70 kPa，卸污效率高。能实现抽吸面到压力面的连续运转，污物在压差作用下直接由机组抽吸与排放，无需另设排污泵和储污罐。在线凸轮泵真空卸污系统可满足 8 或 16 辆编组CRH 各型动车组列车及普速客车污物箱抽吸、冲洗和排放的需要。真空卸污机组可满足 4 个卸污口同时作业，卸污量大，可通过固体的最大直径为 60 mm。如图 5-38 所示。

## 1. 设备工作原理

卸污系统由喷射器收集机组在喷嘴出口区域形成真空，该区域与卸污管线连接。系统的真空状态由一组压力开关控制，当系统的真空度低于设定值时，压力开关会启动喷射器泵，若真空值持续下降，另一机组的泵会自动启动运行，系统真空度一般设在-40 kPa 到-60 kPa 之间，最佳真空度的设定可根据地面接收管路的不同而调整；收集槽内还设有高、低水位开关，用来控制污水排出管路的开闭或警告系统。机组至少有两套喷射器交替使用，其数量可依据抽吸管路和卸污量的情况相应增加，喷射器机组最佳的工作条件是最远端吸污管在 500 m 以内，2 人同时进行吸污操作。

图 5-38　在线凸轮泵真空卸污中心

## 2. 设备性能特点

使用有喷射器技术，可高效率的产生真空不需额外的排泄泵，排泄可由喷射器泵和定时流量自动调节阀完成连续混合污水，没有淤泥沉淀在箱体中。易保养，简单，可靠，自动运行，低能耗。真空机组、真空卸污单元及真空管路各部分完全密闭无异味、无堵塞、无漏气漏油、漏水和泄漏污物的现象，满足环保、节能等先进技术的要求。

## （二）真空罐式卸污系统

真空罐式卸污系统由真空中心、真空管路、真空卸污单元三部分组成。由真空中心启动真空泵，将真空罐抽气到设计真空度，通过外界与吸污管道系统内的压力差抽吸、输送污物至真空罐内，达到一定设计液面后自动进行排污。真空中心由真空泵、污水泵、污物收集罐、控制系统、阀门管件、基础底座等组成。

设备工作原理：真空中心的真空泵抽吸使系统产生真空形成负压，真空度由自动程序控制并保持在 -40 kPa ~ -70 kPa（真空度 ≤ -40 kPa，泵启动；真空度 ≥ -70 kPa，泵停），污物抽吸输送至真空罐内暂存，当真空罐内污水达到设计液位时，污水泵自动启动将罐内污水排放。整个工作过程按设定程序自动控制进行，保持循环作业。如图 5-39 所示。

图 5-39　真空罐式卸污中心

### （三）真空管路

一般有架空、地埋、管廊内安装三种形式。地埋和管廊内可采用给水 HDPE 管材，具有内壁光滑、阻力小、有效流量大、管道接头少、连接方法多、安装方便等特点。高速铁路一般采用综合管廊内安装的形式铺设真空卸污管道。

### （四）抽吸单元

抽吸单元一般有 3 种型式：T 型、柜式、盘绕式。详见图 5-40。

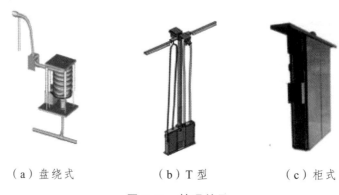

（a）盘绕式　　　　　（b）T 型　　　　　（c）柜式

图 5-40　抽吸单元

设备需要满足：

（1）结构简单、可靠性高、操作维护简便。

（2）适用各种车型的需要。

（3）卸污软管与冲洗软管独立放置，防止细菌污染。

（4）抽吸单元设有加热装置，可在冬季条件下使用。

盘绕式抽吸单元设备紧凑、节约空间，卸污软管平时卷绕在柜中，不影响其他作业，可地上安装，也可（半）地下安装。因此铁路高速铁路动车组固定式卸污系统目前采用的基本都是电动盘绕式抽吸单元。

## 二、移动式真空卸污车系统

移动式真空卸污车效率低于固定式真空式卸污系统，主要应用于有少量整备作业的动车组存车线，或者作为真空卸污系统的应急设施，动车段、动车运用所须配置备用的移动式真空卸污车。其规格为 0.5 t、2 t 两种。用移动式卸污的卸污站（点），应设置卸污车走行通道、卸污车停放场所及相应的检修设施。

铁路移动卸污分为两种型式：轮胎式动车组吸污车；轮轨式动车组吸污车。

（1）轮胎式动车组吸污车：卸污作业时需要利用动车组停靠的站台。吸污车体积小、机动灵活、操作方便。0.5 t 移动式真空吸污车最小转弯半径为 2.7 m，2 t 移动式真空吸污车最小转弯半径为 4.2 m。采用与列车上集便箱排污阀统一的 DN65 快速接头，每个污物箱平均卸污时间需 5 min 左右。车体吸污槽由强化聚酯玻璃纤维制成，配备无堵塞旋转泵。为节能环保，车辆行驶与吸污系统全部采用电力驱动，电力驱动故障率低、维护方便。如图 5-41（a）所示。

（2）轮轨式动车组吸污车：卸污作业时需要占用相邻到发线、停车线，适用于车站行车作业量不大，股道空闲时间较多的始发、终到车站。采用与列车上集便箱排污阀统一的 DN65 快速接头，每个污物箱平均卸污时间需 5 min 左右。驾驶轮轨式动车组吸污车作业要遵守铁路自轮运转特种设备行车组织规则和规定。如图 5-41（b）所示。

（a）轮胎式动车组吸污车　　　　　（b）轮轨式动车组吸污车

图 5-41　移动式真空卸污车系统

## 三、固定真空卸污系统设计计算

### （一）一般规定

固定式卸污设施不得侵入铁路的建筑限界。旅客列车地面卸污设施的接口型式应与列车集便器污物箱排污口相适应。

重力式地面卸污设施应设置列车集便器污物箱冲洗水栓。真空式地面卸污设施，除车站外，其他卸污站（点）至少应在一条卸污线的卸污单元内设置列车集便器污物箱冲洗水栓。

采用固定式真空卸污方式的卸污站（点），宜配置备用卸污车。采用固定式重力卸污方式的卸污站（点），可不配置卸污车。

列车集便器污物箱的冲洗用水宜采用回用水，并应设置防止误接、误用的明显标志。冲洗用水管道严禁与生活饮用水管道连接。

卸污站（点）地面卸污设施的布设应依据旅客列车运输组织及车辆运用整备设施布局确定，卸污线的设置应满足旅客列车最大编组、整备时间或停站时间和日整备列车数量的要求。特大型旅客车站应在每座客运车场的上行和下行旅客列车到发线间各设置不少于 1 排地面卸污设施；大型旅客车站宜在每座客运车场的上行和下行旅客列车到发线间各设置不少于 1 排地面卸污设施。客车整备所和动车段（所）内应设置带冲洗水栓的卸污单元。

客运专线铁路车站正线与到发线之间不应设置卸污设施。

车站范围内的地面卸污设施应与站场排水槽、站房雨棚线间立柱、旅客列车给水栓等的设置综合考虑。库内的真空卸污管道宜与其他管线在综合管沟内同沟铺设。客车上水管道与真空卸污管道共沟时，需要注意执行防水质污染的各项规定。

地面卸污设施中的污水泵井、真空站（真空中心）、卸污管沟、防护涵洞等建（构）筑物应按远期设计，设备应分期购置。

## （二）卸污设施能力计算

（1）地面卸污设施的卸污能力应满足在规定的时间内排除旅客列车污物箱内污物的要求。立即折返列车，卸污作业时间不大于 15 min，在中途车站卸污列车，卸污作业时间不宜大于 6 min，其他场所列车的卸污时间不宜大于 30 min。

（2）地面卸污设施的同时卸污旅客列车列数可按下列公式计算：

$$M = \text{celling}\left(\frac{N \cdot T_X}{T_Z},\ 1\right) \tag{5-12}$$

式中　$M$——同时卸污旅客列车列数；

　　　$N$——卸污整备线数；

　　　$T_X$——列车卸污作业时间；

　　　$T_Z$——列车总整备时间。

（3）卸污排水的设计流量应按下列公式计算：

$$Q_{ws} = \sum \frac{V_i}{60 \cdot K \cdot T_X} \tag{5-13}$$

式中　$Q_{ws}$——污水设计流量（L/s）；

　　　$\Sigma V_i$——计算管道所对应的同时卸污列车集便器污物箱总有效容积（L）；

　　　$K$——列车卸污作业时间这间系数，$0.5<K<1$。

## （三）固定式地面卸污设施系统布置

卸污线旁卸污单元的布置位置、个数、布置间距应根据旅客列车最大编组长度、列车集便器污物箱排污口位置和卸污单元服务半径确定，并宜布置在与其他整备设施干扰较少的整备线旁。

卸污管道穿越铁路时宜垂直穿过，当穿越铁路正线或无渣轨道时应设防护涵洞，防护涵洞应与铁路主体工程同步实施。车库内的卸污管道下穿股道时宜设防护涵洞。卸污管道穿越其他铁路线路时可设防护涵管。埋地铺设的卸污管道应沿管道走向设置金属示踪线或管道标。

真空卸污设施布置应符合下列规定：

（1）真空设备机组宜布置在卸污系统的中间位置。

（2）真空设备机组与最远卸污单元之间的真空卸污管道最大长度不宜大于 500 m。

（3）每条整备线的真空卸污管道宜单独接入真空站（真空中心）。

（4）卸污支管接入卸污干管时应在支管末端设置阀门。

（5）真空站（真空中心）宜采用地下式或半地下式。

（6）卸污单元井（柜室）应与客车给水栓（井室）分开设置，其净距不宜小于 2 m，并应设置明显的标志。寒冷和严寒地区的室外卸污单元应有防冻措施。

（7）重力卸污每条整备线应设置一排卸污单元；采用固定式真空卸污时，相邻两条整备线间宜设置一排卸污单元。

（8）重力卸污冲洗水栓栓口设计流量不应小于 5 L/s；真空卸污冲洗水栓栓口设计流量不应小于 1.2 L/s。

## 1. 真空站（真空中心）

1）真空站（真空中心）设计

应满足通风、采光、采暖、给水、排水和防水要求，并应符合下列规定：

（1）真空站（真空中心）建（构）筑物面积、高度应满足设备布置、安装、操作和检修要求。

（2）真空站（真空中心）应有设备运输通道和可供最大设备出入的门。当采用吊装时应设置起重设备。地下式真空站（真空中心）宜留有设备吊装孔。

（3）起重设备应根据最大吊件重量确定并宜采用电动起重设备。

（4）室内架空卸污管道、给水排水管道不得跨越电气设备。

（5）真空站（真空中心）值班室与机械设备间应隔开设置，隔墙上应设置隔音观察窗。

（6）真空机组应有减振降噪措施，其设计应符合国家现行标准《工业企业噪声控制设计规范》GBJ87 的规定。

（7）真空卸污系统设计真空度应为 50～70 kPa。

（8）真空设备在系统设计最大真空镀时的吸（排）气体积流量应为真空卸污系统污水设计流量的 5～7 倍。卸污系统内的压力从大气压降低到设计最大真空度时，真空设备的吸（排）气时间不宜大于 10 min。

（9）真空设备应有备用能力，应保证其一台故障检修时任能满足系统真空度的要求。

2）真空泵机组设计选型

卸污系统从设计的真空度下限恢复到上限，真空泵抽气时间按下列公式确定不宜小于 2 min。

$$T = 0.038\,3 \left( \frac{V_0}{S} \right) \lg \left( \frac{p_i}{p_0} \right) \tag{5-14}$$

式中　$T$——真空抽气时间（min）；

　　　$V_0$——真空区域总容积（L），包含真空罐和真空卸污管道；

　　　$S$——真空泵的抽气速率（L/s）；

　　　$p_i$——系统开始抽气时的绝对压强（kPa）；

　　　$p_0$——系统经过 T 时间的抽气后的绝对压强（kPa）。

３）污水真空收集罐结构

除应符合国家现行标准《钢制压力容器》GB150 的有关规定外，尚应符合下列要求：

（1）罐体应设检查孔、清洗孔和放空管孔，罐内壁应做防腐。

（2）罐内应设置有防止污水污物进入真空泵抽气管的措施。

（3）接入真空罐的真空卸污管道，其管内底高程不得低于罐内设计最高液位。

（4）真空罐总容积应不小于排污泵停泵时段内进罐污水总体积的 3 倍。

４）排污泵设置应符合要求

（1）排污泵应自灌式工作。

（2）排污泵设计流量应不小于卸污系统设计污水流量。

（3）排污泵扬程应考虑真空卸污系统设定最大真空度，并应核算水泵的有效气蚀余量。

（4）排污泵与真空罐之间的吸水管道应安装阀门；扬水管应安装止回阀，并宜设置与真空罐相连的平衡管。

（5）排污泵每小时启动次数不应大于 6 次。

采用凸轮泵真空机组时宜在真空卸污管道与机组之间设置缓冲罐。喷射泵机组宜采用水力喷射器形成真空，喷射器喉管直径不应小于 50 mm。

#### 2. 卸污管道

卸污管道材质应根据管内工作压力、外部荷载、施工维护等条件确定，宜采用内壁光滑粗糙系数小的管材。真空卸污管道设计应符合下列要求：

（1）真空卸污管道宜宜采用聚乙烯管或聚乙烯钢塑复合管道。采用聚乙烯（PE）管时公称压力不得小于 1.0 MPa，管道公称直径与管壁厚度的比值不宜大于 11。

（2）铺设在管廊内的卸污管道，应计算水温和环境温度变化时的管道纵向变形时的管道纵向变形量，并应采取卡箍式固定支墩或支架。

（3）真空卸污管道管径宜按表 5-8 采用。

表 5-8　真空卸污管道公称直径

| 管道污水设计流量 $Q_{ws}$（L/s） | ≤5 | $5<Q_{ws}≤8$ | $8<Q_{ws}≤13$ | $13<Q_{ws}≤28$ | $28<Q_{ws}≤50$ | $50<Q_{ws}≤90$ |
|---|---|---|---|---|---|---|
| 管道工称直径 $d_e$（mm） | 100 | 125 | 150 | 200 | 250 | 300 |

（4）真空卸污管道应坡向真空站（真空中心），向下倾斜坡度宜为 2‰～5‰，并宜

采用"锯齿状"布置。提升管段 2 m 范围内不得接入支管。整个真空卸污管道，其提升段累计高度不宜大于 2 m。

（5）真空卸污管道应采用 45°弯头，卸污管道支管与干管连接时应使用 45°斜三通专用管配件。

（6）真空卸污管道设计总压力降不宜大于 50 kPa。

（7）寒冷地区设置在站场到发线之间综合管廊内的真空卸污管道，应根据当地气象条件核算冬季是否会发生冻结，如有冻结的可能应采取可靠的保温或电伴热措施。如卸污管材采用的是塑料管材，应采用低温型自限温电伴热带，输出功率 15 ~ 30 W，表面温度不超过 60 ℃。

### 3. 卸污单元

地面柜式卸污单元宜设置在无检修车辆通行的通道上；卸污单元布置在地下井室内时应有排水措施。

卸污单元卸污软管的接口和管径应与列车集便器污物箱排污口相匹配。

真空式卸污单元的服务半径宜为 10 ~ 13 m。卸污单元与列车集便器污物箱排污接头应具备延时进气和自动关闭功能。

### 4. 专业接口设计

（1）当排水管道、卸污管道穿越铁路线路需要设置防护涵洞时，应向桥梁、站场、建筑等专业提出相关要求。

（2）当排水管道、卸污管道在站区平行铁路线路设置时，应向站场、桥梁、建筑专业提供管道布置、卸污单元等设施设置管廊、预留孔洞的要求。

（3）旅客列车地面卸污设施应设接地装置，并纳入综合接地系统。

（4）卸污站（点）的地面卸污设施应预留通信接口条件。

（5）真空站（真空中心）设计与其他专业接口应符合下列规定：

① 向建筑专业提出真空设备机组用房的设计要求，包括设备布局、室内地坪高程、卸污进出管槽预留孔洞、机组基础要求等。

② 向采暖通风专业提出采暖、通风、建筑给排水等设计要求。

③ 向电力专业提出真空设备机组、卸污单元等电气设备用电负荷等级、负荷容量、基地要求等。

④ 向通信、信息专业提出通讯、卸污设备信息化等要求。

## 四、列车集便污水处理技术研究

车站、客车车辆段、客车整备所、动车段、动车运用所列车集便卸污污水最简单的污水处理工艺是采用化粪池进行简单处理，排入城市（镇）区域污水管网，进入城市污水处理厂。污水排入城市（镇）区域污水管网需要执行标准《污水排入城市下水道水质标准》（GB/T31962）。

标准要求见表 5-9。

表 5-9　污水排入城市下水道水质标准控制项目

| 控制项目名称 | 单位 | A 级 | B 级 | C 级 |
|---|---|---|---|---|
| 悬浮物（SS） | | 400 | 400 | 250 |
| 五日生化需氧量（$BOD_5$） | mg/L | 350 | 350 | 150 |
| 化学需氧量（COD） | mg/L | 500 | 500 | 300 |
| 氨氮（以 N 计） | mg/L | 45 | 45 | 25 |
| 总氮（以 N 计） | mg/L | 70 | 70 | 45 |
| 总磷（以 P 计） | mg/L | 8 | 8 | 5 |

列车集便污水如仅采用化粪池进行简单厌氧处理，化粪池出水悬浮物、总氮、COD、$BOD_5$、$NH_3$-N、TP 不能满足《污水排入城市下水道水质标准》GB/T31962。即使设计加大污水厌氧水力停留时间，$NH_3$-N，TN 也不能满足标准。

列车集便器污水是高浓度的粪便污水，其水质特征具有：高有机物浓度、高 $NH_3$-N、高 SS、低 C/N 值、水间歇性排放、水量变化大的特征。获得良好的脱氮效果是处理列车集便器污水的关键。

考虑到铁路污水处理现场的技术力量和管理难度，应选择运行自动化程度高，管理简单的工艺。

## （一）采用 ABR+SBR 工艺

厌氧折流板反应器自产生以来，出现了几种不同结构的形式，如图 5-42 所示结构的 ABR 因具有结构简单、造价低廉等优点，在污水处理工程中得到了很好的应用。

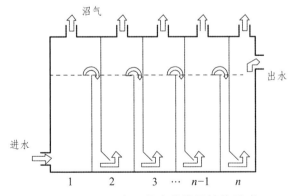

图 5-42　ABR 在工程中的常见结构形式

### 1. ABR 工艺

因废水厌氧处理对环境温度要求较高，一般不能低于 15 ℃，故在工程设计时应注意 ABR 反应器外部的保温，建议采用半地下式结构。反应器一般采用钢筋混凝土结构，内壁要做适当的防腐处理。

1）填料的选择

在反应室上部空间架设填料的 ABR 称为复合式厌氧折流板反应器（HABR）。增设填料后，方面利用原有的无效容积增加了生物总量，另外还加速了污泥与气泡的分离，从而减少了污泥的流失。研究结果表明，加装填料后的 ABR 在启动期间和正常运行条件下的性能均优于加装前，而添加填料并不会明显增加反应器的造价。至于填料可能带来的堵塞问题未曾见报道。因此，建议在 ABR 设计时考虑增加填料。常用的填料有铁炭填料、半软性塑料纤维等。

2）隔室数的选择

隔室数的设置，应根据所处理废水的特点和所需达到的处理程度合理地设计。一般而言，在处理低浓度废水时，不必将反应器分隔成很多隔室，以 3~4 个隔室为宜；而在处理高浓度废水时，宜将分隔数控制在 6~8 个，以保证反应器在高负荷条件下的复合流态特性。

3）上下流室宽度比的选择

上流室宽度的设计与选耳义的上升流速有关，应尽量使反应器在一般 HRT 下处于较好的水力流态。上流室与下流室的宽度之比一般宜控制在 5∶1~3∶1。

4）单个隔室长宽高的比值

研究表明，长宽高的比值会影响反应器的水力流态。反应器上流室沿水流前进方向的长宽比宜控制为 1∶1~1∶2，宽高比 $L/H$ 一般采用 1∶3，具体有待于进一步实践研究。

## 2. 强化脱氮的 SBR 工艺

SBR 主要特征是在运行上的有序和间歇操作，SBR 技术的核心是 SBR 反应池，该池集均化、初沉、生物降解、二沉等功能于一池，无污泥回流系统。尤其适用于间歇排放和流量变化较大的场合。在停止曝气的沉淀期和排水期，系统处于缺氧或厌氧状态，可发生反硝化脱氮和厌氧释磷。运行灵活，容易调整运行参数。

SBR 在全程过程周期中，厌氧、缺氧、好氧状态交替出现，可以最大限度地满足生物脱氮除磷的环境条件。在进水期的后段和反应期的好氧状态下，可以根据需要提高曝气量、延长好氧时间与污泥龄，来强化硝化反应，并保障聚磷菌过量吸磷。在停止曝气的沉淀期和排水期，系统处于缺氧或厌氧状态，可发生反硝化脱氮和厌氧释磷过程，为延长周期内的缺氧或厌氧时段，增强脱氮除磷效能，也可在进水期和反应后期采用限制曝气或半限制曝气，或进水搅拌以促使聚磷菌充分释磷。

如系统脱氮不理想，污水处理站可采取反硝化脱氮外加碳源强化系统的脱氮效果。

外加碳源使用最多的是甲醇。

## （二）采用 ABR+MBBR 工艺对列车集便器污水的进行处理

ABR+MBBR 工艺如图 5-43 所示。

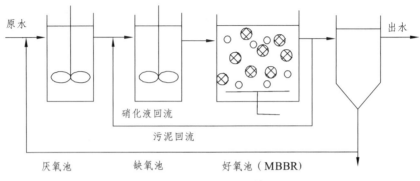

图 5-43　ABR+MBBR 流程图

通过向反应器中投加一定数量的悬浮载体，提高反应器中的生物量及生物种类，从而提高反应器的处理效率。由于填料密度接近于水，所以在曝气的时候，与水呈完全混合状态，另外，每个载体内外均具有不同的生物种类，内部生长一些厌氧菌或兼氧菌，微生物生长的环境为气、液、固三相。载体在水中的碰撞和剪切作用，使空气气泡更加细小，增加了氧气的利用率外部为好养菌，这样每个载体都为一个微型反应器，使硝化反应和反硝化反应同时存在，从而提高了处理效果。MBBR 的核心就是增加填料，独特设计的填料在鼓风曝气的扰动下在反应池中随水流浮动，带动附着生长的生物菌群与水体中的污染物和氧气充分接触，污染物通过吸附和扩散作用进入生物膜内，被微生物降解。附着生长的微生物可以达到很高的生物量，因此反应池内生物浓度是悬浮生长活性污泥工艺的数倍，降解效率也因此成倍提高。对 TN 去除都需要依靠消化液回流进行反硝化去除。

为节约能源，集便器高浓度粪便污水的处理成本，在实际运行中可以充分利用MBBR 调整运行时间灵活的优点，在保证活性污泥中微生物存活的条件下，减少曝气时间，以节省运行费用，使排入城市下水道的水质指标中 TN、$NH_3$-N 满足标准即可，不必要追求排放指标的优良。

## （三）列车集便器污水处理设计注意事项

北方寒冷地区设计过程中要考虑到集便污水排放的间歇性，冬季列车卸污后污水储存在室外地下、半地下化粪池池体中，与城市小区建筑的化粪池每天各时段不断有生活污水排入不同，污水温度降低很快，如果覆土深度、保温措施不足，很容易发生冻结现象，影响列车正常卸污作业，而且水温过低也严重影响后续污水生物处理效果，设计时应考虑可靠的保温措施。

# 第八节　高铁车站雨水控制利用工程设计

《国务院办公厅关于推进海绵城市建设的指导意见》明确要求，通过海绵城市建设，最大限度地减少城市开发建设对生态环境的影响，将70%的降雨就地消纳和利用。到2020年，城市建成区20%以上的面积达到目标要求；到2030年，城市建成区80%以上的面积达到目标要求。

《意见》分总体要求、加强规划引领、统筹有序建设、完善支持政策、抓好组织落实5部分。

海绵城市是指通过加强城市规划建设管理，充分发挥建筑、道路和绿地、水系等生态系统对雨水的吸纳、蓄渗和缓释作用，有效控制雨水径流，实现自然积存、自然渗透、自然净化的城市发展方式。

高速铁路客运站肩负着旅客聚集、输送、换乘、疏散的多重任务，设有铁路车场、铁路站房、站前广场，地方配套有地铁、公交、出租等公共区域，是大型综合交通工程和城市交通枢纽。因此，其雨水排放系统复杂，功能性强，是需要多专业密切配合、协同设计、共同完成的系统工程。

随着高速铁路快速发展以及国家支持铁路建设实施土地综合开发，依托高铁车站推进周边区域开发建设，必将促进交通、产业、城镇相互融合发展。

为实现雨水资源化管理，减轻城市内涝。高铁客站作为城市大型基础设施，占地面积大，降雨时站房屋面、雨棚、站前广场、站台、无砟轨道、整体道床等硬化面汇集大量的雨水产生较大的径流，简单收集排放雨水不但对车站设施自身的安全造成不良后果，而且对接纳雨水的城市雨水管网的排水能力和河流、水体的防洪，造成一定压力和影响。因此，排水工程应采用低影响开发理念，考虑雨水控制与利用工程，结合当地海绵城市规划和建设要求做好雨水控制利用工程设计。

铁路客运站雨水排放系统由铁路车场、中间站台面、雨棚屋面、基本站台面（铁路车场与站房之间）、站房屋面、站前广场等排水子系统组成。

（1）铁路车场：一般情况采用有组织排水方式。车场内设有纵、横向盖板排水沟，负责收集降落在股道和路基面的雨水，并能及时排除，以保证路基的良好状态。

（2）中间站台面：一般采用漫流排水方式，将站台面设计为面向股道的横向坡度，以便将降落在站台面的雨水及时排走，保证站台面不积水，方便旅客乘降。

（3）雨棚屋面：采用有组织排水方式，在雨棚屋面设有排水沟槽，将雨水收集后，通过落地雨水管路及时将屋面的雨水落地，保证雨棚屋面不积水，不会压垮、结冰、变形等。

（4）铁路车场与站房之间的基本站台面：该站台面一般比较宽，采用有组织排水方式，在站台上设有纵向盖板排水沟，将基本站台面的雨水收集后，及时排走，保证站台面不积水，方便旅客乘降。

（5）站房屋面：采用有组织排水方式，在屋面设有排水设施，将雨水收集后通过落地雨水管，及时排除站房屋面的雨水，保证站房屋面不积水，不会压垮、结冰、变形等。

（6）站前广场：采用有组织排水方式，在站前广场地下设有排水管网，将雨水收集后，及时排走不积水，保证旅客疏散通道的畅通。

## 一、铁路车场与站台面、雨棚屋面各排水子系统衔接方案

（1）铁路车场排水子系统方案：一般是在股道之间设置带盖板的纵向排水沟，到发线之间的距离一般为 5～6.5 m，考虑到发线之间还要设置上水管路、卸污管路、接触网支柱、雨棚柱等设施，线间排水沟一般是采用宽度 0.4 m 的矩形标准沟，其容量只能满足车场邻近 4 条到发线路基面的漫流排水量。

（2）中间站台面排水子系统方案：站台面一般设置为面向股道方向的横坡，站台面的水可以直接漫流排入线间排水沟，对路基不会造成冲刷。

（3）雨棚屋面雨水排放子系统方案：普通铁路设计为将雨水有组织收集后，通过雨水管直接排入车场排水沟。这种衔接存在一定问题，主要是因为车场排水沟容量较小，纵向排水坡度较缓（与到发线坡度相同），不能满足强度较大的雨棚排水，很快溢满造成对股道和路基冲刷，对路基造成危害。

## 二、站房屋面与基本站台、站前广场各排水子系统衔接关系

（1）站房屋面雨水排放子系统方案：设计为有组织排水，由屋面排水系统将雨水收集后，通过落地雨水管排到基本站台或站前广场。设计时需要注意的问题一是：靠近基本站台一侧的站房屋面落水管，不能直接落在基本站台面上，因为有组织的排水水量集中，冲刷强度大，将严重影响基本站台面的旅客通行，不能采用直接落地方案。设计时需要注意的问题二是：靠近站前广场一侧的站房屋面雨水管，不能采用直接落在站前广场方案，因为有组织的排水水量集中，将对站前广场的旅客疏散、通行工作造成很大影响。

（2）基本站台面雨水排放子系统方案：一般在站台面上设置带盖板的纵向排水沟，排水沟的标准一般为 0.4 m 宽，以满足基本站台面排水要求。

（3）站前广场雨水排放子系统方案：站前广场的雨水收集后一般采用管道、盖板排水沟排入市政管网。

## 三、铁路客运站与地方排水系统的衔接方案设计

与自然排水通道衔接设计车站排水出路首选是自然排水沟渠，将车场的雨水收集

后有组织的引到自然河流、排水沟渠处排走，衔接设计要重视车场排水沟的出水口位置、沟底高程、流量、冲刷等具体情况的处理。

（1）铁路排水沟出水口要选择在合适位置，高于自然沟渠的雨季洪水位水面高程，以避免水流倒灌。

（2）铁路排水沟底高程必须高于将衔接的自然沟渠的沟底高程，注意纵断面的顺接，以保证铁路雨水顺利排入河流。

（3）要加强现场调查，进行计算，确认将衔接的自然沟渠排水容量是否能容纳铁路增加的排水流量，以避免自然沟渠容量不足，雨水溢出，甚至水流倒灌。

（4）衔接处铁路水流较大，如对自然沟渠造成冲刷，需要对自然沟渠进行护砌处理，以免冲刷引起坍塌，造成淤堵。设计中解决好这些设计细节，基本能保证铁路排水系统顺畅无阻。

## 四、铁路（高铁）客运站雨水低影响开发设计

火车站地区是城市最重要的门户地区之一，最能反映城市的地域特征、文化特征和发展情况，成为提升城市整体形象和地位，塑造良好城市空间的典范。高铁客运站即使建设初期距离城区有一定的距离，随着地方经济的发展也会逐步成为城市的重要地标，根据《关于推进高铁站周边区域合理开发建设的指导意见》发改基础〔2018〕514号要求，高铁车站周边开发建设要突出产城融合、站城一体，与城市建成区合理分工，在城市功能布局、综合交通运输体系建设、基础设施共建共享等方面同步规划、协调推进。因此高铁车站建设与城市规划、海绵城市建设相结合，是城市协调发展客观的需要。因此，客运站的雨水排放与城市雨水系统衔接十分重要。

低影响开发LID英文的全称是Low Impact Development，是20世纪90年代末发展起的暴雨管理和面源污染处理技术，旨在通过分散的，小规模的源头控制来达到对暴雨所产生的径流和污染的控制，使开发地区尽量接近于自然的水文循环。

低影响开发（LID）是一种强调通过源头分散的小型控制设施，维持和保护场地自然水文功能、有效缓解不透水面积增加造成的洪峰流量增加、径流系数增大、面源污染负荷加重的城市雨水管理理念。低影响开发主要通过生物滞留设施、屋顶绿化、植被浅沟、雨水利用等措施来维持开发前原有水文条件，控制径流流量，减少污染排放，实现开发区域可持续水循环。低影响开发强调开发应减小对环境的冲击，其核心是基于源头控制和延缓冲击负荷的理念，构建与自然相适应的城镇排水系统，合理利用景观空间和采取相应措施对暴雨径流进行控制，减少城镇面源污染。

## 五、铁路（高铁）客运站雨水控制与利用设计

雨水控制与利用工程应以削减径流排水、防止内涝及缺水型城市雨水的资源化利

用为目的，兼顾城市防灾需求。

雨水控制与利用工程的建设应根据水文地质、施工条件以及养护管理等因素综合考虑确定，要注重节能环保和工程效益。

车站雨水控制与利用的目的是削减外排雨水峰值流量和径流总量，实现低影响开发及雨水的资源化利用。

车站雨水设计标准应与市政规划相协调，并不应低于规划标准。雨水控制与利用工程的设计标准，应使得建设区域的外排水总量不大于开发前的水平；外排雨水峰值流量不大于市政管网的接纳能力。

建筑屋面应采用对雨水无污染或污染较小的材料，不得采用沥青或沥青油毡。有条件时宜采用绿化屋面。

符合透水条件的人行道、非机动车道及广场庭院等应采用透水铺装地面。如图 5-44 所示。

车站道路、广场及建筑物周边绿地应采用下凹式做法，并应采取将雨水引至绿地的措施。

地下车库的出入口及通风井等出地面构筑物的敞口部位应高于周边道路中心标高 300 mm，并应采取防止被雨水淹没的措施。

根据车站总体规模配建雨水调蓄设施。

雨水控制与利用规划应优先利用低洼地形、下凹式绿地、透水铺装等设施减少外排雨水量，并满足以下要求：

（1）应根据硬化面积、建设前后径流系数、管网设计暴雨重现期等计算或按当地规划标准配建雨水调蓄设施容积。

硬化面积=建设用地面积－绿地面积（包括实现绿化的屋顶）－透水铺装用地面积

（2）雨水调蓄设施包括：雨水调节池、具有调蓄空间的景观水体、降雨前能及时排空的雨水收集池、洼地及入渗设施，不包括仅低于周边地坪 50 mm 的下凹式绿地。

（3）凡涉及绿地率指标要求的建设工程，绿地中最好有 50%为用于滞留雨水的下凹式绿地。如图 5-45 所示。

（4）公共停车场、通站道路和广场、铁路建筑庭院的应设置透水铺装。

（5）车站区域年径流总量控制率应满足城市总体规划要求。

（6）建设用地竖向设计应满足雨水控制与利用的要求，车站车应进行地面标高控制，防止区域外雨水流入，并引导雨水按规划要求排出。

（一）系统设计

雨水控制与利用应采取入渗、滞蓄系统，收集回用系统，调节系统之一或其组合，并满足以下要求：

（1）在保证铁路站场路基及建筑地基不受雨水影响的条件下，优先采用雨水入渗、滞蓄系统，地下建筑顶面的透水铺装及绿地宜设增渗设施。

（2）具有大型屋面的站房建筑宜设收集回用系统，收集屋面雨水，回用于绿地浇灌、场地清洗及合适地点渗入地下等。

（3）市政条件不完善或项目排水标准高的区域，当排水量超过市政管网接纳能力时，应设调节系统，减少外排雨水的峰值流量。

（4）雨水控制与利用系统的设施规模，应根据项目条件、雨水控制与利用目标、市政条件、下垫面以及雨水回用水量等因素，经技术经济比较后确定。

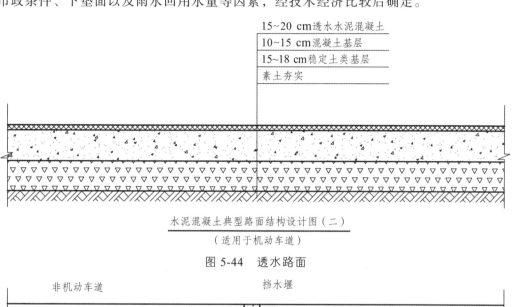

水泥混凝土典型路面结构设计图（二）

（适用于机动车道）

图 5-44　透水路面

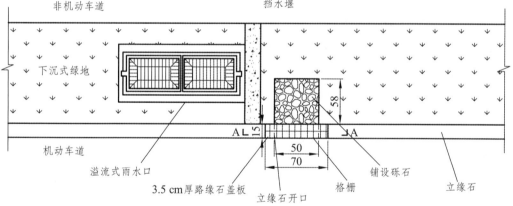

路缘石开口及下凹式绿化带平面示意图

图 5-45　下凹式绿地

## （二）雨水控制与利用系统应满足以下要求

（1）雨水入渗、滞蓄系统应合理利用场地空间。

（2）收集回用系统应设收集、截污、储存、处理与回用等设施。

（3）调节系统应设收集、调节及溢流排放等设施，且宜与入渗、滞蓄系统和收集回用系统组合应用。

雨水收集回用系统的设施规模根据下列条件确定：

（1）可收集的雨量。

（2）回用水量、回用水时间与雨季降雨规律的吻合程度及回用水的水质要求。

（3）水量平衡分析。

（4）经济合理性。

雨水回用用途应根据可收集量和回用水量、用水时段及水质要求等因素综合考虑确定。"低质低用"或按下列次序选择：

① 景观用水，② 绿化用水，③ 循环冷却用水，④ 路面、地面冲洗用水，⑤ 列车外皮洗刷或冲洗汽车用水，⑥ 其他。

屋面雨水可采用收集回用、雨水入渗或两者的组合形式，宜优先排入绿地等雨水滞蓄、收集设施。当在平均降雨间隔期间的回用水量小于屋面的日均可收集雨量时，屋面雨水利用宜选用回用与入渗相结合的方式。

硬化地面雨水应有组织排向绿地等雨水滞蓄、收集设施。有条件站场通站道路雨水宜利用。

渗透设施的日渗透能力不宜小于其汇水面上 2～3 年一遇重现期标准降雨量，渗透时间不应超过 24 h。

### （三）雨水入渗与滞蓄

雨水入渗设施宜根据汇水面积、地形、土壤地质条件等因素选用透水铺装、浅沟、洼地、渗渠、渗透管沟、入渗井、入渗地、渗排一体化设施等形式或其组合。绿地内表层土壤入渗能力不足时，可增设人工渗透设施。

雨水入渗场所应不引起地质灾害及损害建筑物，下列场所不得采用雨水入渗系统：

（1）可能造成陡坡坍塌、滑坡灾害的场所。

（2）自重湿陷性黄土、膨胀土和高含盐土等特殊土壤地质场所。

雨水入渗系统设计应满足下列要求：

（1）采用土壤入渗时，土壤渗透系数宜大于 $1.0^{-6}$ m/s，且地下水位距渗透面高差大于 1.0 m。

（2）当入渗系统空隙容积计为调蓄设施时，应满足其入渗时间不大于 12 h。

（3）地下建筑顶面覆土层厚度不小于 600 mm，且设有排水片层或渗排水管时，可计为透水铺装层。

（4）除地面入渗外，雨水入渗设施距建筑物基础不宜小于 3 m。

（5）当雨水入渗设施埋地设置时，需在其底部和侧壁包覆透水土工布，土工布单位面积质量宜为 200～300 $g/m^2$，其透水性能应大于所包覆渗透设施的最大渗水要求，并应满足保土性、透水性和防堵性的要求。

（四）透水铺装设计

透水铺装地面设计降雨量应不小于 45 mm，降雨持续时间为 60 min。透水铺装地面结构应符合《透水砖路面技术规程》CJJ/T188 相关规定，并满足下列要求：

（1）透水铺装地面宜在土基上建造，自上而下设置透水面层、透水找平层、透水基层和透水底基层；当透水铺装设置在地下室顶板上时，其覆土厚度不应小于 600 mm，并应增设排水层。

（2）透水面层应满足下列要求：

a）渗透系数应大于 $1.0 \times 10^{-4}$ m/s，可采用透水面砖、透水混凝土、草坪砖等，当采用可种植植物的面层时，宜在下面垫层中混合一定比例的营养土。

b）透水面砖的有效孔隙率应不小于 8%，透水混凝土的有效孔隙率应不小于 10%；

c）当面层采用透水面砖时，其抗压强度、抗折强度、抗磨长度等应符合《透水砖》JC/T945 中的相关规定；

（3）透水找平层应满足下列要求：

a）渗透系数不小于面层，宜采用细石透水混凝土、干砂、碎石或石屑等；b）有效孔隙率应不小于面层；c）厚度宜为 20～50 mm。

（4）透水基层和透水底基层应满足下列要求：

a）渗透系数应大于面层，底基层宜采用级配碎石、中、粗砂或天然级配砂砾料等，基层宜采用级配碎石或者透水混凝土；b）透水混凝土的有效孔隙率应大于 10%，砂砾料和砾石的有效孔隙率应大于 20%；c）垫层的厚度不宜小于 150 mm。

（5）应满足相应的承载力和抗冻要求。

（五）下凹式绿地应满足要求

（1）下凹式绿地应低于周边铺砌地面或道路，下凹深度宜为 50～100 mm，且不大于 200 mm。

（2）周边雨水宜分散进入下凹绿地，当集中进入时应在入口处设置缓冲措施。

（3）下凹式绿地植物应选用耐旱耐淹的品种。

（4）当采用绿地入渗时可设置入渗池、入渗井等入渗设施增加入渗能力。

（六）生物滞留设施应满足要求

（1）对于污染严重的汇水区应选用植被浅沟、前池等对雨水径流进行预处理，去除大颗粒的沉淀并减缓流速。

（2）屋面径流雨水应由管道接入滞留设施，场地及人行道径流可通过路牙豁口分散流入。

（3）生物滞留设施应设溢流装置，可采用溢流管、排水篦子等装置，溢流口应高于设计液 100 mm。

（4）生物滞留设施自上而下设置蓄水层、植被及种植土层、砂层、砾石排水层及调蓄层等，各层设置应满足下列要求。

a）蓄水层深度根据径流控制目标确定，一般为 200 ~ 300 mm，最高不超过 400 mm，并应设 100 mm 的超高。

b）种植土层厚度视植物类型确定，当种植草本植物时一般为 250 mm，种植木本植物厚度一般为 1 000 mm。

c）砂层一般由 100 mm 的细沙和粗砂组成。

d）砾石排水层一般为 200 ~ 300 mm，可根据具体要求适当加深，并可在其底部埋置直径为 100 mm 的 PVC 穿孔管。

e）在穿孔管底部可设置不小于 300 mm 的砾石调蓄层。

（七）渗透洼地和渗透池（塘）应满足要求

（1）渗透池（塘）适用于汇流面积大于 1 hm²，且具有空间条件的场地。

（2）渗透洼地边坡坡度不大于 1 : 3，宽深比不小于 6 : 1。

（3）渗透塘底部应设置砂渗透层和碎石层，砂层一般不宜小于 300 mm，碎石层宜为 20 ~ 40 mm。

（4）在渗透洼地、渗透池（塘）前可设置沉泥井等预处理设施。

（5）地下式渗透池应设检查口。

（6）渗透洼地、渗透池（塘）均应设溢流设施。

（7）渗透池（塘）设施外围应设安全防护措施。

渗排一体化系统及外排雨水管或溢流雨水管应按总的外排水设计标准计算。当采用渗排一体化系统替代排水管道时，应满足排水流量、水力坡度及下游管道高程的要求。如图 5-46 所示。

（八）渗透管沟应满足要求

（1）渗透管沟应设置沉泥井等预处理设施。

（2）渗透管可采用穿孔塑料管、渗排管、无砂混凝土管等材料制成，塑料管开孔率应控制在 1% ~ 3%，无砂混凝土管的孔隙率应大于 20%。

（3）检查井之间的管道敷设坡度宜采用 0.01 ~ 0.02。

（4）渗透管四周填充砾石或其他多孔材料，砾石层外包土工布，土工布搭接宽度不应少于 150 mm。

（5）渗透检查井的出水管的管内底高程应高于进水管管顶，但不应高于上游相邻井的出水管管底。

（6）渗透管沟设在行车路面下时覆土深度不应小于 700 mm。

（九）雨水收集与截污

雨水收集利用系统的汇水面选择应遵循下列原则：

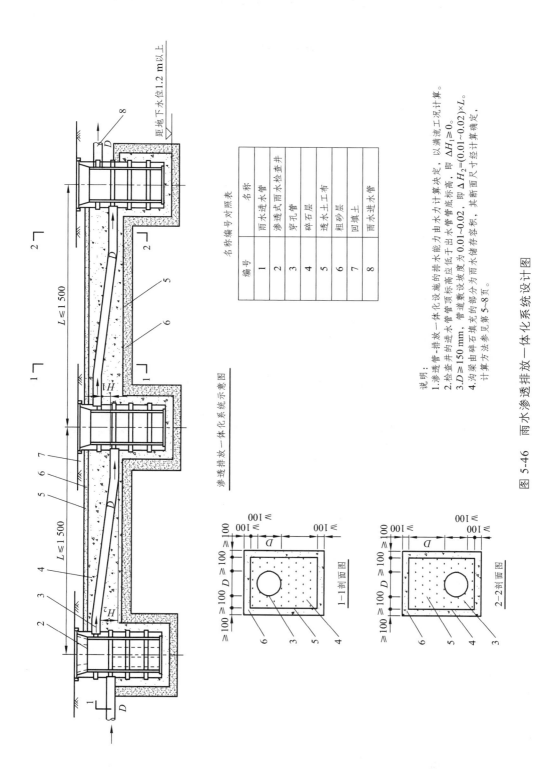

渗透排放一体化系统示意图

名称编号对照表

| 编号 | 名称 |
|---|---|
| 1 | 雨水进水管 |
| 2 | 渗透式雨水检查井 |
| 3 | 穿孔管 |
| 4 | 碎石层 |
| 5 | 透水土工布 |
| 6 | 粗砂层 |
| 7 | 回填土 |
| 8 | 雨水进水管 |

1—1剖面图

2—2剖面图

说明：
1.渗透管-排放一体化设施的排水能力由水力计算决定，以满流工况计算。
2.检查井的进水管顶标高应低于出水管底标高，即 $\Delta H_1 \geq 0$。
3.$D \geq 150$ mm，管道敷设坡度为0.01~0.02，即 $\Delta H_2 = (0.01 \sim 0.02) \times L$。
4.沟渠由碎石填充的部分无雨水储存容积，其断面尺寸经计算确定，计算方法参见第5~8页。

图 5-46　雨水渗透排放一体化系统设计图

（1）尽量选择污染较轻的屋面、广场、硬化地面、人行道、绿化屋面等汇流面，对雨水进行收集。

（2）厕所、垃圾堆等污染场地雨水不应收集回用。

（3）当不同汇流面的雨水径流水质差异较大时，应分别收集与储存。

## （十）地表雨水输送宜优先选择植被浅沟，植被浅沟应满足要求

（1）浅沟断面形式宜采用抛物线形、三角形或梯形。

（2）浅沟顶宽宜为 500 ~ 2 000 mm，深度宜为 50 ~ 250 mm，最大边坡（水平：垂直）宜为 3：1，纵向坡度宜为 0.3% ~ 5%，沟长不宜小于 30 m。

（3）浅沟最大流速应小于 0.8 m/s，曼宁系数宜为 0.2 ~ 0.3。

（4）沟内植被高度宜控制在 100 ~ 200 mm。

区域雨水汇水面积应按投影面积计算。屋面排水的汇水面积应按汇水面投影面积计算并应满足下列要求：

（1）高出汇水面积有侧墙时，应附加侧墙的汇水面积，计算方法应满足现行国家标准《建筑给水排水设计规范》GB50015 的相关规定；

（2）球形、抛物线形或斜坡较大的汇水面，其汇水面积应附加汇水面竖向投影面积的 50%。

屋面雨水系统中设有容积弃流设施时，弃流设施服务的各雨水斗至该设施的管道长度宜相近。

绿化屋面雨水口应不低于种植土标高，可设置在雨水收集沟内或雨水收集井内，且屋面应有疏排水设施。

## （十一）雨水口的设置应满足要求

（1）雨水口宜设在汇水面的最低处，顶面标高宜低于排水面 10 ~ 20 mm，并应高于周边绿地种植土面 40 mm。

（2）水口担负的汇水面积不应超过其排水能力，其最大间距不宜超过 50 m。

（3）在雨水重现期标准高或地形下凹区域设置雨水口时，雨水口数量宜考虑 1.5 ~ 2.0 的安全系数。

（4）收集利用系统的雨水口应具有截污功能。

屋面及硬化地面雨水的收集回用系统均应设置弃流设施，并满足下列要求：屋面雨水收集系统的弃流装置宜设于室外，当设在室内时，应为密闭式；地面雨水收集系统的雨水弃流设施宜分散设置，当集中设置时，可设雨水弃流池。

弃流雨水宜排入生物滞留等设施进行入渗处理或待雨停后排放至市政污水管道，当弃流雨水排入污水管道时应确保污水不倒灌。

雨水收集系统的设计流量，管道水力计算和设计应符合现行国家标准《室外排水设计规范》GB50014 的相关规定。

（十二）雨水储存

雨水储存设施因条件限制必须设在室内时，应设溢流或旁通管并排至室外安全处，其检查口等开口部位应防止回灌。

单纯储存回用雨水的储存设施可只计算回用容积。兼有储存和雨水调节功能的储存设施应分别计算回用容积和调节容积，总容积应为两者之和。

雨水池的回用容积可按下列要求进行计算：

（1）有连续10年以上逐日降雨量和逐日用水量资料时，宜采用日调节计算法确定雨水池回用容积与平均雨水收集效率之间的关系曲线，再由技术经济分析后确定雨水收集效率和回用容积。

（2）降雨资料不足时，可采用45~81 mm的降雨扣除初期径流后的径流量确定雨水池的回用容积。

雨水池平均雨水收集效率按公式（5-15）计算：

$$\eta_T = \frac{W_{iT} - W_{uT}}{W_{iT}} \tag{5-15}$$

式中　　$\eta_T$——雨水池平均雨水收集效率；

　　$W_{iT}$——多年日调节计算的总来水量（$m^3$）；

　　$W_{uT}$——多年日调节计算的总弃水量（$m^3$）。

雨水储存池可采用室外埋地式混凝土水池等。做法应满足以下要求：

（1）应设检查口或检查井，检查口下方的池底应设集泥坑，深度不小于300 mm，平面最小尺寸应不小于300 mm×300 mm；当有分格时，每格都应设检查口和集泥坑，池底设不小于5%的坡度坡向集泥坑，检查口附近宜设给水栓。

（2）当不具备设置排泥设施或排泥确有困难时，应设搅拌冲洗管道，搅拌冲洗水源应采用储存的雨水。

（3）应设溢流管和通气管并设防虫措施。

（4）雨水收集池兼作沉淀池时，进水和吸水应避免扰动池底沉积物。

（十三）雨水调节

雨水调节系统应包括调节、流量控制和溢流等设施，雨水调节为雨水调蓄系统的一部分，雨水滞蓄、储存和调节的总调蓄容积不应小于计算的容积。

调蓄系统的设计标准应与下游排水系统的设计降雨重现期相匹配。

调节设施宜布置在汇水面下游，当调节池与雨水收集系统的储存池合用时，应分开设置回用容积和调节容积，且池体构造应同时满足回用和调节池的要求。雨水调节池布置形式宜采用溢流堰式和底部流槽式，并应满足以下要求：

（1）调节池宜采用重力流自然排空，必要时可用水泵强排。排空时间不应超过12 h，且出水管管径不应超过市政管道排水能力。

（2）调节池应设外排雨水溢流口，溢流雨水应采用重力流排出。

（3）应设检查口并便于沉积物的清除。

流量控制设施应符合下列要求：

（1）设于调蓄设施的下游。

（2）设计重现期降雨情况下的最大出流量应不大于雨水规划控制的值。

溢流设施的设计应符合下列要求：

（1）宜与蓄水设施分开设置。

（2）溢流方式宜采用堰或虹吸管溢流，溢流雨水应采用重力流排出。

（3）调节容积、溢流堰顶高程等参数宜根据设计降雨过程和出流控制要求采用数值模拟方法确定，资料不足时，调节池容积可采用公式（5-16）计算，溢流堰顶标高可按公式（5-18）确定：

$$V = \max(10 \times h_y \varphi_c F - \frac{60}{1\,000} Q' \beta_p t) \qquad (5\text{-}16)$$

式中　$V$——调节容积（m³）；

　　　$t$——降雨历时（min），按照 5，10，15，20，…逐渐增大分别计算，直至得到 $V$ 的最大值；

　　　$\beta_p$——调控出流过程平均流量相对于峰值流量的比值，无量纲，依据流量控制设施一般取 0.3~0.5；

　　　$F$——汇水面积；

　　　$\varphi_c$——雨量径流系数；

　　　$h_y$——设计降雨量厚度（mm）；

　　　$Q'$——调控的目标峰值流量（L/s），按下式计算：

$$Q' = \frac{1\,000W}{t'} \qquad (5\text{-}17)$$

式中　$t'$——排空时间（s），宜按 6~12 h 计。

$$Z_{ov} = Z_u + \frac{V}{A_T} \qquad (5\text{-}18)$$

式中　$Z_{ov}$——雨水池溢流堰顶标高（m）；

　　　$Z_u$——雨水池回用容积对应的水位标高（m）；

　　　$A_T$——调节容积对应的雨水池有效截面积（m²）。

### 1. 水利构造式调蓄池

根据雨水调蓄池的构造可以将其分为溢流堰式、底部流槽式和中部侧堰式（图 5-47）。

（1）溢流堰式调蓄池是将溢流堰设在管道上，通过溢流作用使管道中的雨水进入调蓄池。溢流堰式雨水调蓄池一般被设在下管的一侧，并且进水管较高、出水管较低，通常会被用于具有陡坡的地段。

（2）底部流槽式雨水调蓄池是将雨水管道设置在雨水调蓄池的中央，使管道变成雨水调蓄池底部的一道流槽。底部流槽式调雨水调蓄池通常在管道埋深较大且地形平坦的情况下使用。

（3）中部侧堰式雨水调蓄池池需要安装水泵，并用水泵将调节池中贮存的雨水抽升排出，以恢复雨水调蓄池的有效调蓄容积。中部侧堰式雨水调蓄池通常在地形平坦但管道埋深不大的情况下使用。

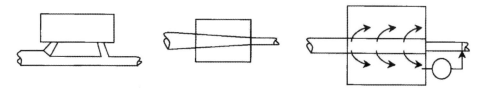

图 5-47　溢流堰式、底部流槽式和中部侧堰式调蓄池

## 2. 水利闸门式调蓄池（图 5-48）

### 1）水利自控闸门

当上游来流量加大，门上游水位抬高，动水压力对支点的力矩大于门重与摩阻力对支点的力矩时，闸门自动开启到一定倾角，直到在该倾角下动水压力对支点的力矩等于门重对支点的力矩，达到该流量下的新的平衡。流量不变时，开启角度也不变。而当上游流量减少到一定程度，使门重对支点的力矩大于动水压力与摩阻力对支点的力矩时，水力自控翻板闸门可自行回关到一定倾角，达到该流量下的新的平衡。因此，水力自控翻板闸门具有不需启闭机械及相应设施、不需人为操作，完全由水流及时自动控制的特点。

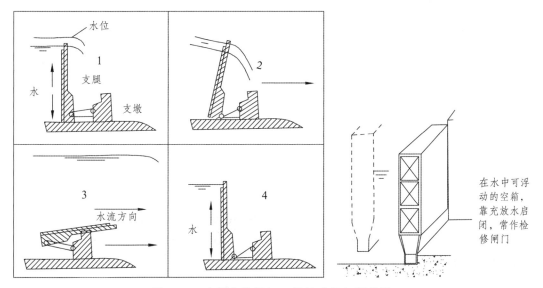

图 5-48　水利自控闸门、浮箱式闸门调蓄池

2）浮箱式闸门

浮箱式闸门一般由闸室（可充放水箱体）、闸坞、转动中枢、坝槛、推进装置、基础部分、控制系统等组成。主要利用水的浮力和重力作用启闭。需要关闭时，闸门利用水的浮力和推进装置的推进，运动至既定关闭位置，闸室进水，闸门下沉至关闭。开启时，闸室内的水被抽干、利用水的浮力闸门升起，在推进装置的作用下，闸门复位于闸坞。

图5-49为雨水调蓄池设计图。

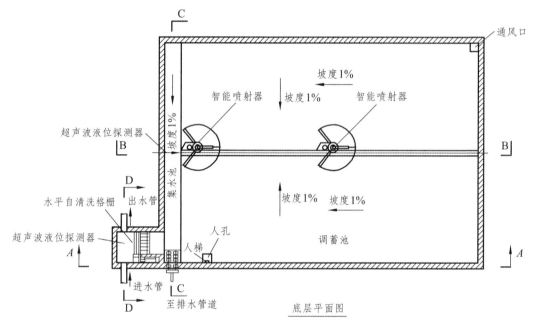

说明：
1.本调蓄池主要是在强降雨时起削峰的作用。
2.当降雨来临时，雨水由进水管进入缓冲池，当来水流量小于排水管道的最大排水流量时，雨水直接通过管道进入自然水体；当来水流量大于排水管道的最大排水流量时，随着缓冲池水位的逐渐上升，水位达到水力自动闸门的浮箱室进水水位线时，雨水开始进入浮箱室。浮箱室水位上升，将浮箱浮起，从而带动闸门开启，剩余的雨水通过，自清洗水平格栅和水力自动闸门，进入调蓄池内，从而起到削峰的作用。当降雨结束后，缓冲池内的水位开始下降，此时超声波液位传感器将信号传递给控制室。控制室给出控制信号，控制调蓄池内的智能喷射器进行曝气预处理，搅拌，冲洗及点对点冲洗动作，将调蓄池底部完全冲洗干净；在智能喷射器开始动作的同时，在调蓄池集水池内的潜污泵动作，将调蓄池内的雨水和污泥等泵至缓冲池，再随管道流入自然水体，调蓄池抽干后，水力自动闸门自动回复到关闭状态，准备迎接下一场暴雨。

图5-49 雨水调蓄池设计图

（十四）雨水处理及回用

雨水收集回用系统应设置水质净化设施，净化设施应根据出水水质要求，并经经济技术比较后确定。回用于景观水体时宜选用生态处理设施；回用于一般用途时，可采用过滤、沉淀、消毒等设施；当出水水质要求较高时，也可采用混凝、深度过滤等处理设施。

### 1. 雨水净化设施前处理应符合要求

（1）雨水储存设施进水口前应设置拦污格栅设施。

（2）利用天然绿地、屋面、广场等汇流面收集雨水时，应在收集池进水口前设置沉泥井。

### 2. 人工湿地的设计

其规模宜按汇水流域及上游雨水设施的情况，经模拟分析后确定，并应符合下列要求：

（1）进口应设缓冲消能设施，防止扰动沉积物。

（2）应设前置预处理措施。

（3）进水口流速不超 0.5 m/s。

（4）水力停留时间不小于 30 min。

雨水处理设备的日运行时间一般不超过 16 h，设备反冲洗等排污可排入污水系统。

雨水清水池的有效容积，应根据产水曲线、供水曲线确定，并应满足消毒剂接触时间的要求。在缺乏上述资料情况下，可按雨水回用系统最高日设计用水量的 25%～35% 计算。

### 3. 雨水回用系统设计注意事项

（1）供水水源必须设置备用水源，并能自动切换。

（2）系统应设水表计量各水源的供水量。

雨水回用供水管网应采取防止回流污染措施，水质标准低的水不得进入水质标准高的水系统。

（3）雨水回用供水系统的水量、水压、管道及设备的选择计算等应满足国家现行标准《建筑给水排水设计规范》GB50015 中的相关规定。

（4）雨水回用系统应采取防止误饮误用措施。雨水供水管外壁应按设计规定涂色或标识。当设有取水口时，应设锁具或专门开启工具，并有明显的"雨水"标识。

（5）雨水回用于浇洒绿地时，应避免影响行人，宜采用夜间灌溉及滴灌、微灌等措施。

（6）雨水回用系统供水管材应采用钢塑复合管、PE 管或其他内壁防腐性能好的给水管材。管材及接口应满足相关国家标准的要求。

### （十五）系统监控

雨水控制与利用系统应设置雨水监控设施，一般应设置外排水流量监测、雨量监测设备以及雨水储存池、调节池的液位计等。

雨水收集、处理和回用系统宜设置以下控制方式：

① 自动控制；② 远程控制；③ 就地手动控制。

自动控制弃流装置应符合下列要求：

（1）电动阀、计量装置宜就地分散设置，控制箱宜集中设置，并宜设在室内。

（2）应具有自动切换雨水弃流管道和收集管道的功能，并具有控制和调节弃流间隔时间的功能。

（3）流量控制式雨水弃流装置的流量计宜设在管径最小的管道上。

（4）雨量控制式弃流装置的雨量计应有可靠的保护措施。

对雨水处理设施、回用系统内的设备运行状态宜进行监控。雨水处理设施运行宜自动控制。

应对常用控制指标（降雨量、主要水位、流量、常规水质指标）实现现场监测，有条件的可实现在线监测。

收集池水位自动控制：降雨时，雨水进入水池，当水位高于溢流水位时由溢流管自流排出；水池低水位时，停止供水，回用水自动切换至由补充水源供水。

车站宜建设雨水调蓄设施。雨水调蓄设施设置要求：

（1）结构设计使用年限50年。

（2）需设置进水管、排空设施、溢流管、弃流装置、集水坑、检修孔、通气孔及水位监控装置。

（3）宜布置在区域雨水排放系统的中游、下游。

（4）有良好的工程地质条件。

（5）有条件区域应在调蓄设施上方建设雨水处理设施。

## （十六）高铁站区海绵城市建设还需地下管廊配套加持

车站配套海绵城市建设，虽然能把部分雨水蓄积，但在雨量过多时仍需要有效的排水通道。为了进一步强化站区的排水能力，综合管廊是海绵城市建设的重要工程设施，是一种新的建设理念和模式。如果排水用管廊的模式，排水能力就很强大，水流进来就能排走。

地下综合管廊是指在城市地下用于集中敷设电力、通信、广播电视、给水、排水、热力、燃气等市政管线的公共隧道，将有助于消除反复开挖地面的"马路拉链"问题和蜘蛛网式架空线的情况，并提升管线安全水平和防灾抗灾能力。

要在城市高铁新区全面推进海绵城市建设，海绵城市和地下管廊建设结合起来在基础设施规划、施工、竣工等环节都应有所要求。

# 第九节　大型高铁站房建筑给排水施工图设计实例

## 一、设计依据

（1）《关于新建某高速铁路某客站站房初步设计批复》的意见（注明文号）。

（2）《铁路旅客车站细部设计》《铁路旅客车站建筑细部设计和施工规定》及其他相关文件。

（3）规范及标准：

《铁路旅客车站建筑设计规范》GB50226

《湿陷性黄土地区建筑规范》GB50025

《高速铁路设计规范》TB10621

《铁路给水排水设计规范》TB10010

《建筑设计防火规范》GB50016

《建筑给排水设计规范》G650015

《铁路工程设计防火规范》TB10063

《自动喷水灭火系统设计规范》GB50084

《固定消防炮灭火系统设计规范》GB50338

《自动消防炮灭火系统技术规程》CECS245

《水喷雾灭火系统设计规范》GB50219

《建筑灭火器配置设计规范》GB50140

《气体灭火系统设计规范》GB50370

《城市污水再生利用　城市杂用水质》GB/T18902

《建筑给水排水及采暖工程施工质量验收规范》GB50242

《给水排水管道工程施工及验收规范》GB50268

《自动喷水灭火系统施工及验收规范》GB50261

《建筑灭火器配置验收及检查规范》GB50444

《气体灭火系统施工及验收规范》GB50263

《建筑给水排水制图标准》GB/T50106

（4）经相关部门审批通过的"某站房工程防火性能化设计评估报告"一某消防安全咨询有限公司。

（5）站场、桥梁、室外给排水等有关专业提供的设计图和有关资料。周边市政给排水专项规划和竣工资料。

（6）建筑专业提供的建筑说明，平、立剖面及总平面图。

## 二、工程概况

某客站位于某市某区，车站北侧为城市主干道纬一路，南侧是在建城市主干道纬一路。站房采取高架候车的形式，车站功能分为高架候车层、站台层、出站层、地铁站台层4个主要层面。旅客流线"上进下出、立体分离"，在南北两侧均设置高架落客平台。车站与城市地铁、公交、出租车等多种交通方式无缝接驳，实现了客流的"零距离换乘"。

本工程建筑面积为：站房 99 960 m²、南北城市通廊 19 000 m²、出租车道 14 800 m²、高架车道 16 700 m²，站台雨拥 102 000 m²。

本工程属特大型交通枢纽建筑，高峰小时旅客发送量 13 700 人/h，最高聚集人数 10 000 人。

本工程主要包括地下出站层（-10.50），地面进站层（±0.00），高架候车层（9.70），另外在+4.80 和+16.60 标高处设有办公和高架商业夹层，地下出站厅正下方为轨道交通 3 号线。

## 三、设计内容

（一）站房室内工程（含南北城市通廊、物流通道、落客平台、高架商业夹层、车站用房部分）

（1）给、排水系统设计（含站房屋面雨水系统设计）。
（2）水消防系统设计。
（3）中水系统设计。
（4）气体消防系统设计。
（5）建筑灭火器配置。

（二）站台雨棚工程

雨水排水系统设计。

（三）高架商业夹层（不含车站用房部分）

（1）预留给水、污废水、油污水接口。
（2）预留自喷系统接口。
（3）消火栓系统设计。

（四）出租车道

（1）雨水排水系统设计。
（2）水消防系统末端设计。
（3）灭火器配置。

（五）站房室外工程

（1）站房给水引入管及水表阀组设计，空调系统冷却塔补水系统设计。
（2）消防水泵结合器设计，站房南、北广场两侧室外消火栓布置。
（3）基本站台综合管沟的排水设计。
（4）出站排水检查井至与市政排水管道接口处的所有雨水、污水及化粪池等污水处理构筑物的设计，并预留商业餐饮油污水管位及隔油池位置。

（5）与市政排水管道的接口设计。

## 四、工程周边的市政条件及有关规定

（1）依据某市地区控制性详细规划，本站站址周边已规划城市市政给水、排水管道，可为本工程提供供水水源及排水接管条件。

（2）本地供水部门不允许消防泵从市政给水管道直接抽水。

（3）生活污水需经化粪池处理达《污水综合排放标准》GB8978 三级排放标准后方可排入市政污水管道。

## 五、单　　位

尺寸及管径以 mm 计；标高以 m 计。

## 六、标　　高

相对标高±0.00 相当于黄海高程 543.462 m，图中除注明外均为相对标高。所有压力管及预埋套管标注管中标高，重力管及通气管标注管内底标高。

## 七、系统概况

本工程设置给排水系统、消火栓系统、自动喷水灭火系统、消防水炮灭火系统、气体灭火系统并配置灭火器。

### （一）给水系统

#### 1. 水　　源

整个枢纽室外供水系统由某铁路设计院配套设计，车站站房是该系统用户之一，由其提供满足本站房生产、生活水量、水质、水压要求的用水，并为本站房室内消防水池补水。

站房生活、消防补水管均由基本站台管廊中的列车上水环管上接出，由南、北站房基本站台综合管廊处分东、西两侧各设 2 根给水引入管（共 4 根），设室外水表阀组后供给站房用水。

考虑冷却塔与相邻建筑物之间距离，以及噪声、飘水等对建筑物的影响。冷却塔平行夏季主导风向设置，就近由室外供水环管上接管，设室外水表阀井后为其补水。冷却塔补水管浮球阀门由冷却塔供货厂家配套供应。

## 2. 给水系统

### 1）用水量

最大日生活用水量为 191.4 m³/d；最大日饮水量为 8 m³/d；空调系统补水量为 1 160 m³/d，站内消防用水量为 526 m³/次。

### 2）系统设计

给水及水消防系统各自独立。管道呈枝状布设，采用下行上给式。

热水系统：站房内不设集中热水供应系统。贵宾候车室卫生间、公安办公卫生间、售票厅工作人员用卫生间内设置即热电热水器，分散制备热水供给每个洗手盆。

饮用水：各候车室均设置饮水间，内设过滤加热一体式电加热直饮水设备，供应饮用水。

## 3. 水表设置

给水引入总管设室外总水表；冷却塔补水管上设水表；其余部位根据铁路部门管理需要设置分水表。

## （二）室内污、废水系统

（1）站房生活污、废水量：最大日污、废水量为 181.8 m³/d。

（2）站房室内采用污、废合流制。

（3）地下出站层卫生间污、废水采用潜污泵提升排水方式。每处卫生间侧下方设集水坑一座，内置潜污泵两台。

（4）站台层污、废水采用重力流排水方式，排水接户管沿基本站台敷设。

（5）高架候车厅卫生间污、废水采用重力流排水方式，横干管分四组沿其下方层马道内敷设至站房 4 个主管道井内，再设立管向下至基本站台出站，污水排入基本站台埋地污水管道中。

（6）地下出站层两侧设不锈钢格栅盖板明沟，扶梯坑底设集水坑。站台飘雨、出站通道两侧明沟集水及消防废水均排水至此，经潜污泵提升分别就近排至站台股道侧明沟内。

（7）物流通道一侧设明沟，分散汇水至各集水坑，由潜污泵提升就近排至站台股道侧明沟内。

（8）空调机房冷凝水排至地下层集水坑或明沟内。

（9）卫生间按规范设置环形通气管和专用通气管，并伸顶至屋面。

## （三）室外污、废水系统

（1）本站在站房室外东、西、南，北侧各设置一座有效容积为 50 m³ 的钢筋混凝土化粪池，站房生活污水经其预处理后汇入 DN300 污水总干管，穿越南北站前广场，分

4 处排至经一路、经二路、纬一路、纬二路市政污水管道。

（2）基本站台综合管沟废水由其下方集水坑分散收集后，经潜污泵提升排至站台埋地雨水管道中。

（3）站内高架商业夹层厨房油污水需经隔油池处理后，方可排入站房室外污水管道，本设计为其预留油污水管管位及隔油池位置，待餐饮招商确定后根据实际情况实施。

### （四）雨水系统

#### 1. 设计参数

暴雨量按 XX 市当地暴雨强度公式计算：

$$i = \frac{(18.26 + 18.984 \lg T_E)}{(t + 12.69)^{1.06}}$$

设计重现期：站房屋面 $T_E$=100 年，$q_5$=3.85 L/（s·100 m²），系统总流量为 2 200 L/s。

站台雨棚 $T_E$=100 年，$q_5$=3.85 L/（s·100 m²），系统总流量为 2 650 L/s。

落客平台 $T_E$=10 年，$q_5$=2.45 L/（s·100 m²），系统总流量为 550 L/s。

#### 2. 屋面雨水系统

站房屋面采用压力流（虹吸）排水方式。屋面雨水经天沟内雨水斗收集，经由悬吊管汇至立管中。股道正上方屋面雨水排水立管沿柱向下敷设至轨行区，排水至股道间线路明沟内。南北站房正上方屋面雨水排水立管沿站房内 4 个主管道井向下敷设至基本站台地坪下出站，排入基本站台埋地雨水管道中。

#### 3. 站台雨棚雨水

采用重力流方式。雨水立管沿柱向下敷设至轨行区，排水至股道间线路明沟内。

#### 4. 落客平台

采用重力流排水方式，排水至站外雨水接户管中。

#### 5. 室外雨水系统

设计重现期 $T_E$=5 年，$q_5$=2.03L/（s·100 m²）。站台层为高架，因此按屋面雨水考虑，积集水时间 $t$=5 min。

所有股道间线路明沟雨水均汇集至东西侧过轨箱涵，箱涵最终排水至经二路市政雨水管道中。

基本站台、落客平台下方的埋地雨水管道分东、西，南、北 4 个区域分别汇集至 4 根 DN600 雨水总干管中，雨水总干管穿越南北站前广场，分 4 处排水至西一西路，南一路市政雨水管道。

### （五）站房水消防系统

本工程属特大型旅客车站，按多层建筑进行消防给水系统设计。

站内设置消火栓系统，干、湿式自动喷水灭火系统，水喷雾灭火系统，消防水炮灭火系统。

#### 1. 水 源

取自某车站室外供水系统。由北站房东侧列车上水环管上接出两根 DN150 管道，设室外水表阀组后进站，为消防水池供水。本站站内水消防系统均由该消防水池供水。

#### 2. 室内消火栓系统

1）消火栓布置

建筑物内所有部位均设置室内消火栓保护，任一点有两股水枪的充实水柱同时到达。

2）基本设计参数

室内消防用水量 20 L/s，充实水柱 13 m，消防灭火持续时间 3 h，其余部位 2 h。室内消火栓用水量为 216 m³/次。

3）系 统

本设计采用临时高压给水系统，由消防水池（526 m³）、水泵、屋顶水箱（18 m³）联合供水，管道呈环状布置，利用减压阀竖向分为两个压力分区，消火栓口压力大于 0.50 MPa 处，设减压孔板减压。

4）水泵接合器

北站房室外设两套地下式消防水泵接合器，单只流量为 15 L/s。距其 15～40 m 范围内设一只室外消火栓（含市政消火栓）。

5）消火栓泵控制

设两台消火栓泵，互为备用，备用泵在工作泵发生故障时自动投入工作；火灾时，按动任一消火栓箱内的启泵按钮或消防控制中心、消防泵房内的启泵按钮均可启动该泵并报警；泵启动后，反馈信号传输至消火栓处及消防控制中心。消火栓泵设定时自检装置。

#### 3. 自动喷淋系统

1）设置部位

站房室内除小于 5 m² 的楼梯间、水箱间、卫生间、管道井、屋顶设备机房、物流通道、不宜用水扑救的房间、无可燃物的管道夹层和净空高度大于 12 m 的场所以外，其余各处均按照全防护的原则设置喷头。

最底层自动扶梯底部需设喷头保护。

净空高度大于 800 mm 的闷顶技术夹层内有可燃物时，需设置喷头。

柴油发电机房及储油罐设置水喷雾系统保护。

所有防火卷帘均为特甲级，两侧设加密喷头保护，所有玻璃天窗钢构件均刷防火涂料，不需设喷头保护，地下出站通道、南北城市通廊、出租车道等非采暖部分设置干式自喷系统。

2）基本设计参数

行包房（堆垛储物，储物高度 3.0 ~ 5.5 m）按仓库危险级 Ⅱ 级设计，喷水强度 10 L/min·m²，作用面积 200 m²，消防用水量 43 L/s。喷头正方形布置最大间距 3m；持续喷水时间 2 h，最不利喷头处压力为 0.05 MPa。

南北站房-10.50 标高处净高 8 ~ 12 m 的高大空间按非仓库类高大净空场所设计。喷水强度 6 L/min.m²，作用面积 260 m²，设计消防用水量 35 L/s。喷头正方形布置最大间距 3.0 m；持续喷水时间 1 h，最不利喷头处压力不低于 0.05 MPa。

其余部位按中危险等级 Ⅰ 级设计。设计喷水强度 6 L/（min·m²）。作用面积 160 m²，消防用水量为 27 L/s（有格栅吊顶），喷头正方形布里最大间距为 3.6 m，持续喷水时间 1 h，最不利喷头处压力为 0.05 MPa；水喷雾系统设计喷雾强度 20 L/（min·m），持续喷雾时间 0.5 h；喷头工作压力不小于 0.35 MPa。

3）系 统

采用消防水池（526 m³，水消防系统合用）、消防泵及消防水箱（18 m³，水消防系统合用）联合供水的临时高压给水系统；并在水箱间设局部增压稳压设施 1 套，以维持最不利喷头所需压力；主管道呈环状布置，支管枝状布置。

依据明显而易于操作，便于检修，尽量靠近防护区域的布置原则，将报警阀组分散设置于北站房消防泵房，地下出站通道报警阀室，南站房报警阀室内。每个报警阀控制喷头数湿式系统不大于 800 个，干式系统不大于 500 个。每层、每个防火分区均设置水流指示器。

4）喷淋泵控制

设两台喷淋泵，互为备用，备用泵在工作泵发生故障时自动投入工作；平时由喷淋增压设施维持管网压力，火灾时喷头动作，由报警阀压力开关、水流指示将火灾信号传至消防控制中心（显示火灾位置）及泵房内喷淋主泵控制箱启动喷淋主泵，并反馈信号至消防控制中心。喷淋主泵也可在消防控制中心遥控启动和在水泵房内手动启动。报警阀前后及水流指示器前所设置的阀门均为信号阀，阀门的开启状态传递至消防控制中心。

5）水泵接合器

在北站房室外设 3 套地上式消防水泵接合器，单只流量为 15 L/s。距其 15 ~ 40 m

范围内设 1 只室外消火栓（含市政消火栓）。

**4. 消防炮灭火系统**

1）设置部位

高架候车厅上方设置固定消防炮灭火系统，保护区域为高架候车厅及其上部商业夹层。

2）基本设计参数

水炮自带雾化装置，单炮流量 20 L/s，保护区任何部位两门消防炮水射流可同时到达，$Q_{xp}$=40 L/s，射程 50 m，最不利点出口水压 0.80 MPa。灭火用水连续供给时间不小于 1 h。

3）系　　统

采用稳高压制，由消防水池（526 m³，水消防系统合用）、消防主泵、消防稳压泵、稳压罐联合供水；管道呈环状布置。

4）消防炮控制

（1）自动控制：当智能型红外探测组件采集到火灾信号后，启动水炮传动装置进行扫描，完成火源定位后，打开电动阀，信号同时传至消防控制中心（显示火灾位置）及水泵房，启动消防炮加压泵，并反馈信号至消防控制中心。

（2）消防控制室手动控制：在消防控制室能够根据屏幕显示，通过摇杆转动消防炮炮口指向火源，手动启动消防泵和电动阀，实施灭火。

（3）现场手动控制：现场工作人员发现火灾，手动操作设置在消防炮射近的现场手动控制盘上的按键转动消防炮炮口指向火源，启动消防泵和电动阀，实施灭火。

（六）水消防设施

（1）消防泵房位于北站房东侧地下出站层，内设 526 T 钢筋混凝土消防水池 1 座；消火栓泵两台（一用一备）流量 20 L/s，扬程 80 m。喷淋泵两台（一用一备），流量 30～50 L/s，扬程 89～110 m。消防水炮泵两台（一用一备）流量 40 L/s，扬程 140 m，消防水炮稳压泵两台（一用一备），流量 5L/s，扬程 200 m，消防水炮稳压罐一台，有效容积 600 L。

（2）北站房东侧商业夹层顶水箱间内设 18 T 消防水箱 1 座（由站房生活给水管补水），自喷系统稳压设施 1 套。

（七）落客平台水消防系统

落客平台设置室外型消火栓，布设间距不大于 100 m。

1. 水　源

从室外消防环管上接管供水。

2. 基本设计参数

设计流量 30 L/s，最不利点水枪充实水柱不小于 10 m，持续喷水时间 2 h，一次灭火用水量为 216 m³。

（八）室外水消防系统

室外消火栓设计流量为 30 L/s，灭火持续时间 2 h，一次灭火用水量为 216 m³，室外消火栓由室外消防环管上接出，布置间距不大于 120 m。

（九）消防试水排水

自喷系统排水、消防泵试验排水、消防系统泄压水均回流至消防水池或排至集水坑，集水坑积水采用潜污泵提升排放。

（十）气体灭火系统

本站设置全淹没七氟丙烷管网式自动灭火系统。灭火系统包括：灭火瓶组、高压软管、灭火剂单向阀、启动瓶组、安全泄压阀、选择阀、压力信号器、喷头、高压管道、高压管件等。

（1）设置部位：电力 10 kV 配电及控制室（含 1#、2#），信息主机房[含票务机房、旅服机房、防灾监控设备机房、通信设备机房（按通信机械室设计，两处）]。

（2）设计参数等另详细。

（十一）灭火器配置

1. 设计标准

（1）旅客候车室、行李房按严重危险级 A 类火灾设计最大保护距离 15 m。

（2）电气用房按中危险级 A、E 类（带电类）火灾设计，最大保护距离 20 m。

（3）柴油发电机房按中危险级 B、E 类火灾设计，最大保护距离 12 m。

（4）出租车道按中危险级 A、B 类火灾设计，最大保护距离 12 m。

（5）其余部位按中危险级 A 类火灾设计，最大保护距离 20 m。

2. 灭火器选型

（1）建筑灭火器尽量设置在组合式消防柜内，每处不少于 2 具。

（2）各部位均设置手提式磷酸铵盐干粉灭火器。

（3）信息配线间及设备间设置超细干粉自动灭火装置。

## 八、施工说明

### （一）设备与材料材质

#### 1. 给水系统

（1）室内给水管道：管径 DN50 支管选用 S5 系列 PP-R 管，热熔连接；管径≥DN65 干管选用内衬塑（PE）外镀锌钢管，其中管径≤DN80 时采用丝扣连接，>DN80 时采用沟槽卡箍连接；电伴热保温给水管选用 304L 型薄壁不锈钢管，氩弧焊接，管道承压均不小于 1.0 MPa。

（2）室外埋地给水管道选用内衬塑（PE）外镀锌钢管，法兰连接。管道承压均不小于 1.0 MPa。

（3）给水系统所选用管件必须与管道相适应，生活给水系统所涉及所有材料必须达到饮用水卫生标准。

#### 2. 排水系统

（1）室内重力流污、废水及通气管道选用柔性接口机制排水铸铁管及管件，平口对接，橡胶圈密封，不锈钢带卡箍接口。

（2）室内压力流污、废水管道选用内壁涂塑外镀锌钢管；管径≤DN80 丝扣连接，>DN80 法兰连接，承压不小于 0.6 MPa。

（3）落客平台、站台雨棚重力流选用内壁涂塑外镀锌钢管，管径≤DN80 丝扣连接，管径>DN80 卡箍连接。站房屋面压力流虹吸雨水管道采用不锈钢管，承插式橡胶圈接口。

（4）室外埋地排水管，管径≤DN500 选用 PVC-U 双壁波纹排水管（环刚度 8 kN/m²），承插式橡胶圈接口；管径>DN500 选用 II 级离心成型钢筋混凝土排水管，承插式橡胶圈接口。

#### 3. 水消防系统

（1）站内水消防管道：系统压力≤1.0 MPa 时，选用内外热浸镀锌焊接钢管；1.0 MPa <系统压力<1.6 MPa 时，选用内外热浸镀锌厚壁焊接钢管；系统压力≥1.6 MPa 时，选用内外热浸镀锌无缝钢管。管径≤DN80 丝扣连接；>DN80 卡箍连接，干式自喷系统选用内壁涂塑外镀锌钢管；消防泵房管道采用法兰连接，消火栓及自喷系统管道承压不小于 1.6 MPa，消防炮管道承压不小于 2.5 MPa。干式自喷系统空压机供气管道选用铜管。

（2）室外埋地消防管道 DN≤80 选用内涂塑镀锌钢管，丝扣连接；DN>80 选用内壁涂塑给水球墨铸铁管，承插式橡胶圈接口；与阀门连接时采用法兰连接，承压不小于 1.0 MPa。

（3）落客平台消火栓管道管材同站内水消防管道，承压不小于 0.6 MPa。

（4）消防水箱选用不锈钢制品，模块式拼装。

（二）阀　门

（1）给水管管径≤DN50选用铜制球阀；>DN50选用铜质阀芯球墨铸铁阀体阀门，其中 DN125≥管径≥DN70 者采用手柄式衬胶蝶阀，管径≥DN150 者采用蜗杆式衬胶蝶阀。

（2）消防管水泵吸水管上采用球墨铸铁闸板闸阀，其余部位采用球墨铸铁双向型蝶阀，并有明显永久性的固定标识。

（3）湿式报警阀前后及水流指示器前均设置信号阀。

（4）减压阀：选用可调先导式减压阀（用于水消防系统带止回功能）。安装减压阀前所有管道必须冲洗干净，减压阀前过滤器应定期清洗和去除杂物。

（5）止回阀：消防水泵出水管上选用防水锤缓闭式；屋顶消防水箱出水管上选用旋启式，压力排水管上选用球形止回阀；其余选用蝶式止回阀。

（6）电动阀门：自带电动执行机构，控制箱与阀门为一体，均为双向型阀门，所有的电动阀门均具备手动关断功能。

（7）压力排水管上选用铜芯球墨铸铁阀体闸阀。

（8）所有阀门的承压能力与其管道系统设计压力相匹配。

（三）给排水附件

（1）检查口：重力流污、废水立管，底层和顶层设置，且立管上检查间距不大于10 m。有埋地管的雨水立管底部设检查口，重力流排水立管有转弯处，其上层增设。检查口距地坪 1.0 m，立管装修暗敷时须预留检修门。

（2）H管：专用通气管每隔两层与排水立管以 H 管连接，连接点在卫生器具上边缘 0.15 m 处。

（3）不锈钢波纹补偿器：各类压力管道穿沉降缝及伸缩缝处，在缝隙两侧设置。

（4）地漏选型：

①饮水间、各式报警阀室、空调机房内地面排水均选用有水封密闭型地漏，其余选用直通式地漏。

②地漏箅子均为镀铬制品。

（5）水封：所有构造内无存水弯的卫生器具及地漏排水口下均应设存水弯，所有卫生器具及地漏构造内自带或外配的存水弯水封深度不小于 50 mm。

（6）清扫口：地面清扫口选用铜制品，其表面与地面平。

（7）重力流雨水斗选用87型。虹吸式雨水斗采用 YG 型。

（8）所有污、废水集水坑均设不锈钢密闭盖板。

### （四）卫生洁具

（1）本工程所选用卫生洁具均为陶瓷制品，建设单位与装修设计方选定品牌时应符合本条款的要求及设计批复的洁具单价。

（2）旅客用公共卫生间选用红外线自动冲洗阀落地式（带水封）小便器、感应式冲洗阀蹲式（带水封）大便器、红外自控水龙头洗手盆。蹲式大便器冲洗阀阀后冲洗管前自带防污器。低水箱坐式大便器选用 6 L 两档式冲洗水箱。

（3）卫生洁具给水及排水五金配件应采用与卫生洁具配套的节水型产品，并应符合《节水型用水器具》CJ164 技术参数要求。

（4）卫生器具预留孔待确定洁具型号后由施工方根据样本先核对位置，在施工前及时调整，以免返工。

### （五）卫生防疫

（1）消防水池及屋顶消防水箱进水管管底高出溢流水位大于 150 mm。

（2）饮水间、湿式报警阀室、空调机房等采用有水封密闭型地漏，出水排至明沟或集水坑内。

### （六）设　备

#### 1．水　泵

均应按产品样本配置隔振基座减振，水泵进出水管处均设置橡胶软接头，管道穿泵房墙及楼板处采取防固体传声措施。

#### 2．消防箱

室内消火均选用带灭火器组合式，内配置 DN65 消火栓 1 个，25 m 长 DN65 衬胶麻质水带 1 条、φ19 水枪 1 支、消防软管卷盘 1 套、消防启泵按钮和指示灯各 1 只，手提式储压式磷酸铵盐干粉灭火器 2 具。嵌入防火墙的消火栓箱采用墙厚或嵌半墙方式，保证其后有耐火极限不小于 5 h 的衬墙。

#### 3．灭火器箱

独立设置的灭火器箱底部距地高度大于 80 mm，箱顶部距地高度小于 1 500 mm，内设 2 具手提式灭火器，此箱不得上锁。

#### 4．喷头安装

（1）不做吊顶的场所，采用直立型喷头，溅水盘距顶板面的距离为不小于 75 mm，不大于 150 mm，并应满足 GB50084 第 7.2.1 条的规定。若不能满足，在梁下增设下垂型喷头，风管等障碍物宽度大于等于 1.2 m 时，其下方增设下垂型头；增设的下垂型喷头其溅水盘与顶面的距离不小于 75 mm，不大于 150 m。

（2）非通透性吊顶下布置的喷头，采用下垂型喷头。

（3）装设网格、类通透性吊顶的场所，当网格、栅板的投影面积小于地面面积的 15% 时，喷头安装在网格、栅板上，向上安装；当投影面积为 15% ~ 70% 时，吊顶上下均设喷头；当投影面职大于 70% 时，喷头安装在网格、栅板下，向下安装。向上安装的喷头选型及安装方式同不做吊顶的场况，向下安装的喷头选型及安装方式同非通透性吊顶。

（4）贵宾候车室选用装饰型喷头。柴油发电机组选用水雾喷头。

（5）干式自喷系统向下安装的喷头选用干式下垂型喷头，向上安装的喷头选用直立型喷头。

（6）厨房采用动作温度为 93 ℃ 的喷头外，其余各处喷头动作温度为 68 ℃。

（7）非采暖场所选用易熔合金喷头，其余采用玻璃球喷头。

（8）行包库 $K$=115，其余 $K$=80。

（9）如遇喷头与风口、灯具及其他设施相碰，可适当调整喷头位置。但调整后喷头需满足一只喷头最大保护面积，对于行包房及非仓库类高大净空为 9 m²，其余为 11.5 m²；所有需做二次装修的部位，喷头布置仅做参考，应按装修图纸施工。

（10）备用喷头：各种喷头应有 1% 的备用量，且每种型号不少于 10 只。

### 5. 放水阀

各层各防火分区喷淋系统末端设 DN25 放水阀和 Y-100 压力表；各报警阀组最不利点设置试水装置，试水接头的流量系数为 $K$=80（行包库 $K$=115）。

### 6. 室内管道敷设

（1）给水、消防立管穿楼板时，应加装较管道大两档的钢套管。卫生间及厨房内套管顶部高出装饰地面 50 mm，其余部位高出装饰地面 20 mm，底部与楼板底面相平，套管与管道之间缝隙用阻燃密实材料和防水油膏填实，端面光滑。

（2）排水立管穿楼板应预留孔洞，管道安装完后将孔洞严密捣实，立管周围应设高出装饰地面设计标高 10 ~ 20 mm 的阻火圈。

（3）各类管穿室内钢筋混凝土墙及梁处预埋钢套管。

（4）各类管道穿地下室外墙、物流通道及基本站台管廊外墙，落客平台板处均预埋柔性防水套管，参见 02S404-5、6。

（5）管道穿消防水池池壁处均预埋柔性防水套管，参见 02S404-5、6。

（6）管道穿钢筋混凝土墙、楼板、梁时，应根据本图所注管道标高、位置配合土建工种预留孔洞或预埋套管；本设计图中所注均为穿管管径，相应钢套管规格详见附表一。柔性防水套管规格详见附表二或 02S404。

附表一　穿管管径与钢筋混凝土墙、梁、楼板上预埋钢管规格对照表　　　单位：mm

| 穿管管径（DN） | 钢套管规格（外径厚） |
|---|---|
| ≤70 | 108×4.5 |
| 80，100 | 159×0.8 |
| 150 | 219.0×8 |
| 200 | 299×10 |
| 250 | 377×10 |

## 7. 水流指示器与信号阀间的直管段

不小于 300 mm。

## 8. 管道坡度

（1）重力流铸铁排水横管坡度除注明外，按附表三施工。通气管以 $i \geqslant 0.01$ 的上升坡度坡向通气立管。

（2）重力流雨水管坡度 $i \geqslant 0.01$。

（3）给水管、消防给水管均按 0.002 的坡度坡向立管或泄水装置。

附表二　穿管管径柔性防水套管管径、翼环外径规格对照表　　　单位：mm

| 穿管管径（N） | 防水套管内径 D7 | 翼环外径 D6 |
|---|---|---|
| 50 | 100 | 177 |
| 65 | 113 | 190 |
| 80 | 131 | 217 |
| 100 | 150 | 236 |
| 150 | 191 | 280 |
| 200 | 259 | 350 |
| 250 | 309 | 402 |
| 300 | 359 | 462 |

附表三　铸铁排水横管坡度一览表

| 管径（mm） | DN50 | DN75 | DN100 | DN150 | DN200 |
|---|---|---|---|---|---|
| 坡度 | 0.035 | 0.025 | 0.020 | 0.010 | 0.008 |

## 9. 防火封堵

管道穿防火墙及楼板时施工后要做防火封堵，封堵材料的耐火时间与所在部位墙体或楼板的耐火时间相同。

## 10. 给排水及消防管道

严禁穿过电气设备用房，并尽量避免敷设在设备用房、过道的控制箱、配电箱上方，同时避免在生产设备和吊装孔的上方通过。

## 11. 管道布置及综合

室内各种管道竖向发生矛盾时，应遵从以下原则：

（1）压力管让重力管，分支管让主干管，小管让大管。

（2）喷淋管与其他管道矛盾时尽量不要上、下翻，如不可避免时，上翻处需设自动排气阀，下弯最低点需设排水设施；少于 5 个喷头设管堵，多于 5 个喷头设排水阀、排水管。

## 12. 管道支吊架

（1）管道支架和管卡应固定在楼板或承重结构上。

（2）水泵房内采用减震吊架和支架。

（3）支吊架安装间距按《建筑给水排水及采暖工程施工质量验收规范》GB50242、《自动喷水灭火系统施工及验收规范》GB50261 的相关条款施工。

## 13. 管连接接

（1）塑料管与热水器开水器连接处设长度不小于 400 mm 的金属过渡管。

（2）污水横管与横管之间的连接，不得采用正三通和正四通。

（3）污水立管偏置时，应采用乙字弯或 2 个 45°弯头。

（4）污水立管与横管及排出管连接时采用 2 个 45°弯头，且立管底部弯管处设置支墩。

（5）自喷系统管道变径处，应采用异径管连接，不得采用补芯。

## 14. 阀门安装

（1）阀门安装时应将手柄留在易于操作处。暗装在管道井、吊顶内的管道凡设阀门应设检查口、检修门，做法详见建筑施工图。

（2）阀门的安装位置和高度应考虑检修方便，在综合管线密集区应尽量避免设置阀门。如必须设置应考虑预留操作阀门的空间。当阀门设置较高时，应设置必要的固定爬梯和操作平台。

### （七）管道和设备保温

（1）以下部位管道采用伴热电缆保温，并外包 50mm 超细玻璃棉管壳及 0.5mm 铝合金薄板保护层。

①地下出站通道内的给水、消防管道（除干式自喷系统充气管道外）及消火栓。

②站台上方马道、基本站台室外吊顶内的给水、消防、污废水管道。

③物流通道内的消防管道及消火栓。

④落客平台下的消防管道及其上的消火栓。

（2）以下部位管道采用 50 mm 超细玻璃棉管壳保温，外包 0.5 mm 铝合金薄板保护层。

①地下南北城市通廊内的给水、消防管道（除干式自喷系统充气管道外）及消火栓。

②距离外幕墙 2 m 以内的消防及给水管道。

③一面以上临外墙的给排水管道井内的给水、消防管道及消防水箱的管道。

④出租车道内的消火栓管道、充水自喷管道及消火栓。

⑤其他室内非采暖房间内的消防及给水管道。

（3）以下部位管道采用 30 mm 超细玻璃棉管壳防结露，外包 0.5 mm 铝合金薄板保护层。

室内有空调的办公用房、办公区走廊、贵宾区吊顶内的给水管道。

（4）保温层应在试压合格及除锈防腐后再行施工，并要求平整美观和有良好的气密性。

（八）防锈及油漆

（1）镀锌钢管安装试压后，镀锌层被破坏部分及螺纹露出部分，刷防锈漆一道，面漆二道，其余刷面漆一道。

（2）管道支、吊架管卡与管道之间设 5 mm 厚绝缘橡胶垫。

（3）在涂刷底漆前，应清除管道表面灰尘、污垢、锈斑、焊渣等物，涂刷油漆厚度应均匀，不得有脱皮、起泡、流淌和漏涂现象。

（4）溢、泄水管外壁刷蓝色调和漆二道。

（5）雨水管外壁刷白色调和漆二道。

（6）压力排水管外壁刷灰色调和漆二道。

（7）消防管外壁刷樟丹二道，红色调和漆二道；自喷管外壁刷樟丹二道，红色黄环调和漆二道。

（8）给水管外壁刷蓝色环，排水管刷黑色环。

（9）管道支架除锈后刷樟丹二道，灰色调和漆二道。

（10）水池内的管道、爬梯及附配件刷无毒瓷釉防腐涂料。

（11）埋地钢管（包括镀锌钢管、外壁无涂塑层的钢塑复合管）在外壁刷冷底子油一道，石油沥青漆两道，外加保护层。埋地铸铁管在外壁刷冷底子油一道，石油沥青两道。

（九）管道试压

（1）站房生活给水系统的工作压力为 0.35 MPa，试验压力为 0.60 MPa，试压方法按《建筑给水排水及采暖工程施工质量验收规范》GB50242 的规定执行。

（2）消火栓给水系统的工作压力为 0.8 MPa，试验压力为 1.6 MPa，保持 2 h 无明显渗漏为合格。

（3）自喷系统的工作压力为 1.0 MPa，试验压力为 1.6 MPa。消防炮系统的工作压力为 2.0 MPa，试验压力为 2.4 MPa，试压方法按《自动喷水灭火系统施工及验收规范》GB50261 的规定执行。

（4）隐蔽或埋地的排水管道在隐蔽前必须做灌水试验。其灌水高度应不低于底层卫生器具的上边缘或底层地面高度，满水 15 min 钟水面下降后，再灌满观察 5 min 液面不降，管道及接口无渗漏为合格。

（5）室内雨水管道安装后应做灌水试验，灌水高度必须到每根立管上部的雨水斗。

（6）雨、污、废水主干管及水平干管按《建筑给水排水及采暖工程施工质量验收规范》GB50242 的规定做通球试验。

（7）钢板水箱满水试验，应按国标 02S101（矩形给水箱）中的要求进行。

（8）压力排水管按潜污泵扬程的 2 倍进行水压试验，保持 30 min，无渗漏为合格。

（9）水压试验的试验压力表应位于系统或试验部分的最低点。

（10）室外埋地管道安装完毕后按照《给水排水管道工程施工及验收规范》GB50268 的要求进行试压。

（十一）管道冲洗

（1）给水管道在系统运行前须用水冲洗和消毒，要求以不小于 1.5 m/s 的流速进行冲洗，并符合《建筑给水排水及采暖工程施工质量验收规范》GB50242 中 4.2.3 条的规定。

（2）雨、污、废水冲洗以管道通畅为合格。

（3）消防给水管道冲洗：

①室内消防管在与室外给水管连接前，必须室内给水管道冲洗干净，其冲洗强度应达到消防时最大设计流量。

②室内消火栓系统在交付使用前须冲洗干净，其冲洗强度应达到消防时最大设计流量。

③自喷系统及消防炮灭火系统按《自动喷水灭火系统施工及验收规范》GB50261 的要求进行冲洗。

## 九、室外给排水管道敷设及附属构筑物选型

（一）室外管道敷设

（1）室外直埋给水及消防管管顶最小覆土深度不小于 120 cm（某市土壤最大冻结深度为 1.03 m）。

（2）室外排水管道覆土厚度不小于 0.7 m。

（3）PVC-U 双壁波纹排水管接口及基础做法见 04S531-1-15、23。

（4）室外钢筋混凝土排水管接口及基础做法见 04S531-1-14、21。

（5）室外埋地内壁涂塑给水球墨铸铁管接口及基础做法见 04S531-1-11、19。

（6）埋地给水管道与污水管道交叉处时，给水管道尽量设在上面，且接口不重叠，

当给水管道设在下方时，应加设钢套管，钢套管两端用防水材料封堵。

（7）雨水口与检查井连接管管径均为 200 mm，坡度不小于 0.01。

（8）各类管道交叉相碰时，遵循以下原则予以调整：

压力管让自流管；管径小的让管径大的；易弯曲的让不易弯曲的；检修次数少的让检修次数多的；工程量小的让工程量大的；新建的让已建的。

### （二）附属构筑物

#### 1. 井盖及检查井踏步

井盖及踏步均选用球墨铸铁材质，其中站台、车行道及停车场选用重型五防井盖，人行道、绿地用轻型五防井盖。

#### 2. 给水及消防附属构筑物

水表井：室外水表井选用钢筋混凝土矩形水表井或设在基本站台综合管沟内，安装参见 05S502-150（带旁通）。冷却塔补水水表井选用钢筋混凝土矩形水表井，参见 05S502-137（不带旁通）。

地下式水泵接合器及井：选用 SQX，DN100 型，参见 99S203-34、35、36。

室外地下式消火栓及井：选用 SA100/65-1.0 型，参见 13S201-31。

#### 3. 排水附属构筑物

（1）检查井：均为钢筋混凝土检查井。

管径≤DN400 时，选用 700×700 矩形检查井，参见 S531-5-14。

管径≤DN600 时，选用 1 000×1 000 矩形检查井，参 S531-5-15。

管径＞DN600 时，选用矩形 90 度三通钢筋混凝土检查井，参见 S531-5-17。

（2）跌水井：均为钢筋混凝土跌水井。

管径 DN200～DN400 时，选竖槽式直线外跌型，参见 04S531-5-31。

管径 DN400～DN600 时，选竖槽式直线外跌型，参见 04S531-5-32。

（3）化粪池：选用钢筋混凝土化粪池。参见 03S702-165、183。

（4）雨水口：设在有道牙路面的雨水口选用边沟式单箅雨水口，参见 16S518-42。其余选用平箅式单箅雨水口，详见 16S518-39。

## 十、本图使用的标准图集

所有图集均应采用国内目前最新有效标准图集，见附表四。

## 十一、其 他

（1）图中所注尺寸除管长、标高以 m 计，其余以 mm 计。

附表四　本设计使用的标准图集

| 序号 | 标准图编号 | 标准图名称 | 选用内容 | 备注 |
|---|---|---|---|---|
| 1 | 09S304 04S301 | 《卫生设备安装》《建筑排水设备附件选用安装》 | 卫生设备安装清扫口、地漏 | |
| 2 | 02S403、02S404、03S401、03S402、07MS101 | 给水工程 | 刚性、柔性防水套管选用及安装；吸水喇叭口及支座大样，不锈钢水箱选用及布置；液压水位控制阀选用及安装；止回阀、橡胶挠性接头、Y型过滤器选用及安装；室外水表、立式阀门井选用及安装、柔性接口排铸铁管安装 | |
| 3 | 02S515、04S516、04S520、04S519、03S702 | 排水工程 | 排水管道基础、接口检查井，跌水井、水封井选用及做法；隔油池、化粪池选用及做法；排水管穿地下室外墙 | |
| 4 | S531-1～5 | 陷性黄土地区室外给水排水管道工程构筑物 | | |
| 5 | 甘 02S4-6 | 专用给水工程、热水工程、消防工程 | 室内外消火栓实验消火栓选用及安装，水泵接合器选用及安装；减压孔板安装 | |
| 6 | 04S301 | 建筑排水设备附件安装 | 地漏、通气帽安装 | |
| 7 | 09S302 | 雨水斗选用及安装 | 虹吸式雨水斗安装 | |
| 8 | 05S108 | 倒流防止器安装 | 倒流防止器安装 | |
| 9 | 01SS105 | 常用小型仪表及特种阀门安装 | 温度计、压力表、排气阀、减压阀选用及安装 | |
| 10 | 04S206 | 自动喷水与水喷雾灭火设施安装 | 全册 | |
| 11 | 03S401 | 管道和设备保温、防结露及电伴热 | 管道保温、防结露及电伴热 | |
| 12 | 03S402 | 室内管道支架及吊架 | 室内管道支架及吊架 | |
| 13 | 95SS103 | 立式水泵隔振及其安装 | 立式水泵隔振及其安装 | |
| 14 | 08S305 | 小型潜水排污泵选用及安装 | 小型潜水排污泵选用及安装 | |

注：标准图由建设、施工单位自购。实例中采用的是国家建筑标准设计图集，具体设计时可以根据工程建设地点选用更有针对性和适合地域特点的地方标准图集。

（2）本设计施工说明与图纸具有同等效力，二者有矛盾时，建设单位及施工单位应及时提出，并以设计单位解释为准。

（3）除本设计说明外，施工中还应遵守所有国家、铁路行业、地方相关规范、规定及设计所选用的相关标准图。

（4）本专业所有预留洞、预埋管土建图中未反映者，均按本专业图纸施工。水泵等设备基础螺栓孔位置以到货的实际尺寸为准。

（5）施工中应与土建施工方和其他专业安装公司密切合作，合理安排施工进度，及时预留孔洞及预埋套管，以免碰撞和返工。

（6）所有管线未注明标高处，以管线综合图为准。

# 第十节　高速铁路车站室外给水排水设计实例

## 一、设计依据

（1）《关于新建 XX 至 XX 高速铁路初步设计的批复》（注明文号）。

（2）《关于新建 XX 至 XX 高速铁路施工图设计原则》（注明文号）。

## 二、设计资料

（1）XX 枢纽工程设计范围：XXX 站、综合维修车间、动车运用所及存车场、融冰融雪库等。

（2）车站性质：XXX 站是大型客运站，客车上水、卸污站。

（3）生活用水量标准：180 L/（cap·d）。

（4）气象资料：气候属高原大陆性季风气候区。受季风环流、地理位置和地形的综合影响，春季干旱多风，有寒流出现；夏季温热、干旱、雨涝相间，多雷阵雨，秋季凉爽多雨，气温下降快，霜期早；冬季寒冷干燥，持续时间长。年平均温度 9.7 ℃，极端最高气温 39.7 ℃，极端最低气温 -25.4 ℃。全年主导风向为东南风，占年频率的 24%。年平均风速 1.5 m/s，最大风速 8.0 m/s。年最大降水量：741.0 mm。土壤最大冻结深度：1.03 m，最大积雪深度 170 mm。

（5）XX 枢纽地区地震动峰值加速度为 0.20，相当于地震基本烈度八度，地震动反应谱特征周期 0.4~0.45 s。

（6）地形地貌及工程地质：车站地貌属黄河冲击平原地区，区内地势低缓较平坦，地层结构基本为：上部 3~7 m 为砂质黄土，下部为 7~17 m 为砂卵石层；北岸地势西北高东南低向河谷呈阶梯状倾斜，南岸地势南高北低向河谷呈缓坡状倾斜。主要地貌类型为黄土台塬、黄河三级阶地、二级阶地、一级阶地。阶地区主要分布在动车运用所及高速铁路上、下行走行线所在地区，由于黄土冲沟的切割将其分割成宽阔而地势较高的场坪，地面高程 600~620 m，阶面较平坦，地层结构为典型的三元结构，上部为砂质黄土，中部为具水平层理的粉质黄土夹粉细砂及碎石层，下部为下更新统砾石层。XX 枢纽地区场地黄土的湿陷等级与黄土场地所处的地貌单元关系密切，该站广泛分布具有Ⅱ（中等）~Ⅲ级（严重）自重湿陷性黄土。分布于较高阶地的综合维修车间及动车所黄土场地湿陷等级为Ⅲ或Ⅳ级自重湿陷。

（7）站场平面布置图及相关专业提供的资料。如图 5-50~5-59 所示。

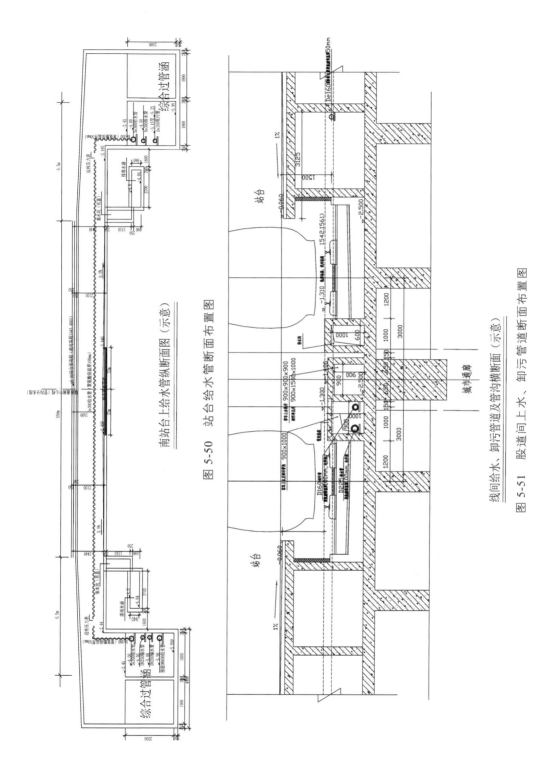

图 5-50　站台给水管平面布置图

南站台上给水管纵断面图（示意）

图 5-51　股道间上水、卸污管道断面布置图

线间给水、卸污管道及管沟横断面（示意）

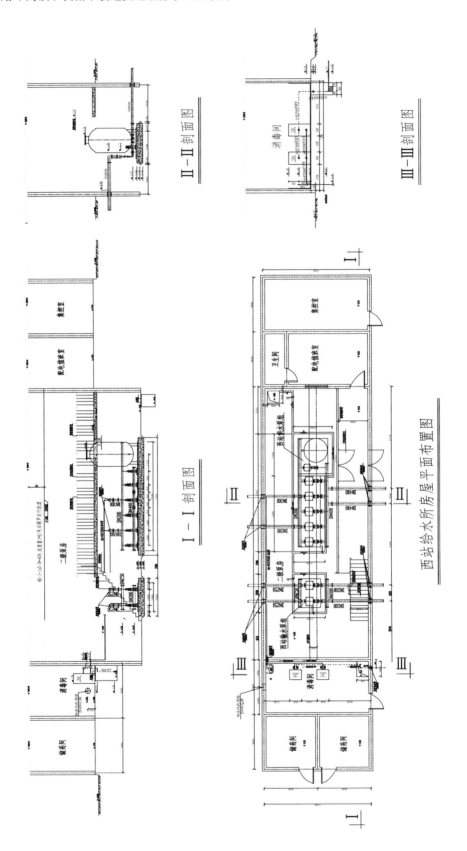

图 5-52　给水所设计图

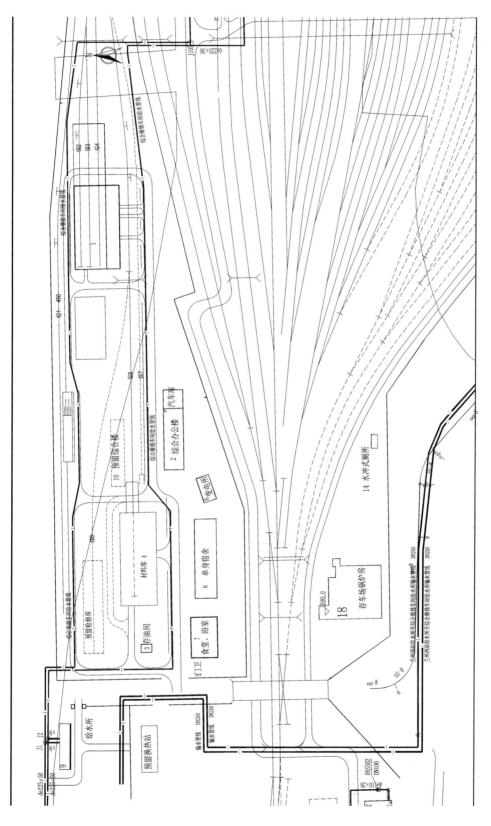

图 5-53 动车运用所给排水平面图

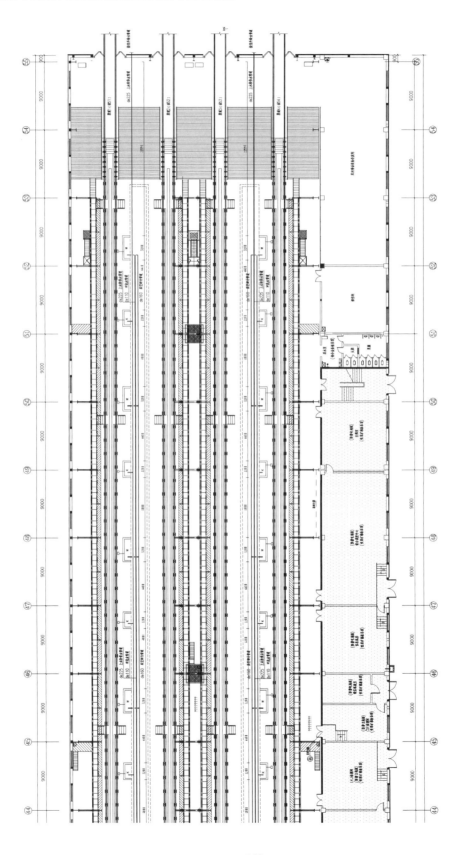

图 5-54 （融水熔雪、检修）库内上水、卸污管道断面布置图

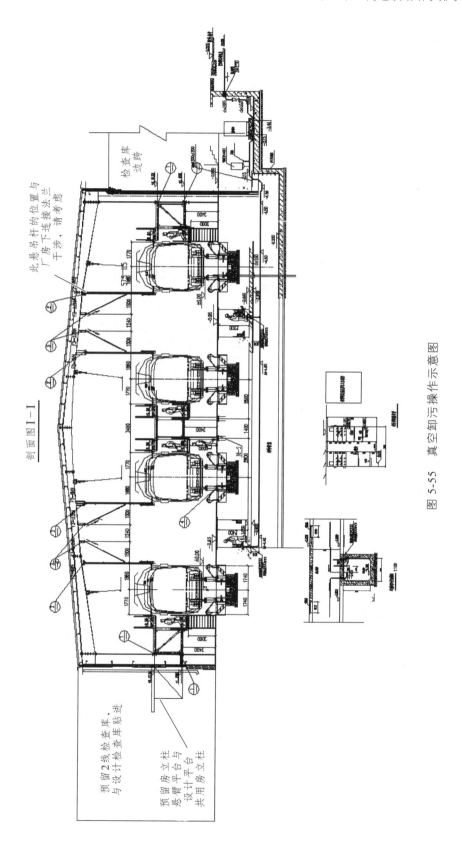

图 5-55　真空卸污操作示意图

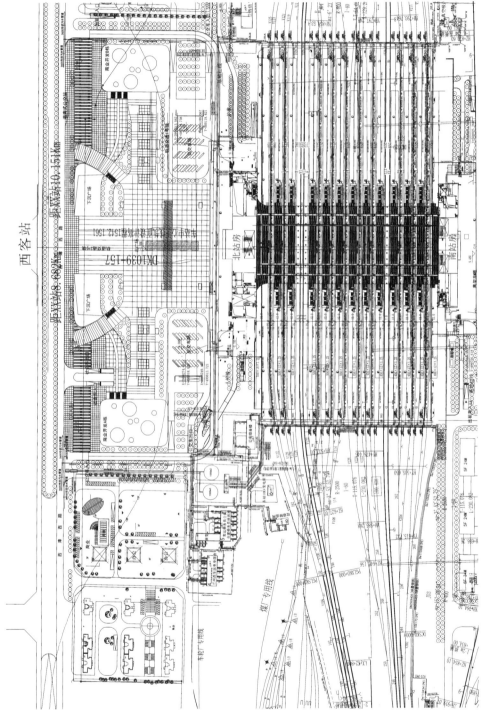

图 5-56　车站给水总平面设计图

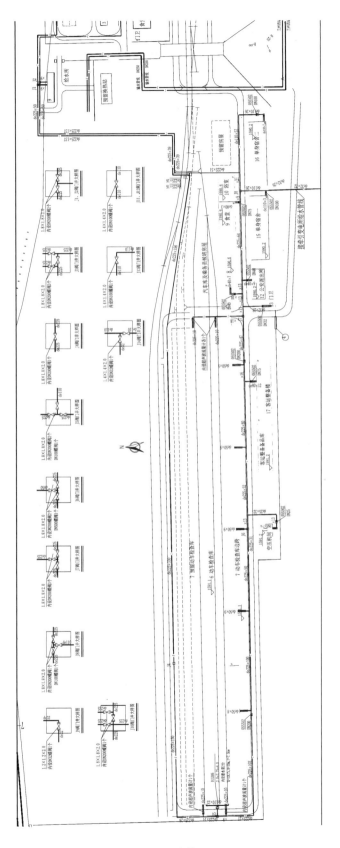

图 5-57　动车运用所给水排水总平面设计图

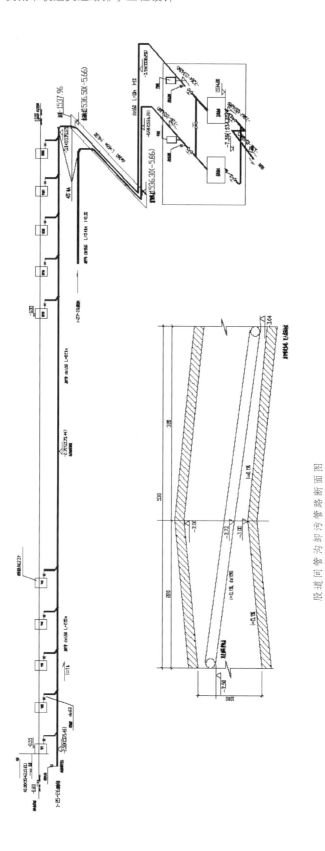

股道间管沟卸污管路断面图

图 5-58　真空卸污管道系统设计图

### 三、给水排水主要技术条件及设备选择

（1）车站日用水量为 10 400 m³/d，排水量 1 270 m³/d。室内外消火栓消防用水量为 360 m³/次。综合维修车间日用水量为 105 m³/d，排水量 75 m³/d。室内外消火栓消防用水量为 360 m³/次。动车运用所日用水量为 2 453 m³/d，排水量 893 m³/d。室外消火栓消防用水量为 360 m³/次。

（2）水源：车站就近接市政自来水，从站北经一路自来水主干管 DN900 mm 管道上接管引出，设 2 条 DN300mm 引入管道送至车站给水所。车站给水所内设水泵 2 组，一组满足车站的生产、生活及消防用水。另一组为输水泵，通过 2 条 DN2 000 mm 管道输水至综合维修车间给水所。综合维修车间给水所担负综合维修车间、动车存车场、动车运用所、融冰融雪库等的生产、生活和消防供水。

（3）供水设备：给水所设变频供水泵组 1 套：其中含 $Q=65$ L/s，$H=81$ m，$N=100$ kW 立式主泵 5 台（4 用 1 备），配套 $Q=20$ L/s，$H=81$ m，$N=15$ kW 稳压泵 2 台。综合维修车间给水所设变频供水泵组 1 套：其中含 $Q=55$ L/s，$H=60$ m，$N=75$ kW 立式泵 4 台（3 用 1 备），配套 $Q=15$ L/s，$H=60$ m，$N=7.5$ kW 稳压泵 1 台。设消防泵组 1 套：$Q=55$ L/s，$H=60$ m，$N=75$ kW 立式泵 2 台（1 用 1 备）。

（4）贮配水构筑物：车站给水所内新建 1 000 m³ 钢筋砼生活、消防共用水池两座，供车站地区客车上水、室内外消火栓消防用水。综合维修车间给水所新建 500 m³ 钢筋砼水池一座，供综合维修车间、动车所等生产、生活用水。新建 500 m³ 筋筋砼水池一座，供综合维修车间、动车所等处室内、外消火栓用水。

（5）水处理设备：车站给水所消毒间内设 $Q=1 000$ g/h 二氧化氯消毒剂发生器（化学法制备）2 套（1 用 1 备），消毒液投放到水池中对生活用水进行二次消毒处理。综合维修车间给水所消毒间内设 $Q=500$ g/h 二氧化氯消毒剂发生器（化学法制备）2 套（1 用 1 备），消毒液投放到水池中对生活用水进行消毒处理。二氧化氯消毒液投加管道采用 ABS 工程塑料管，具有耐腐蚀、耐酸碱能力。

（6）客车上水系统设计：车站设置旅客列车上水栓 10 排，每排 22 个，共 220 个。采用普通旅客上水栓，配上水软管自动回卷装置。动车运用所设置旅客列车上水栓 2 排，每排 22 个，共 44 个，配上水软管自动回卷装置。融冰融雪库设置旅客列车上水栓 1 排 21 个，配上水软管自动回卷装置。

（7）客车卸污系统设计：车站车场和动车运用所、融冰融雪库卸污方式均采用真空固定卸污方式卸污。车站车场、动车运用所、融冰融雪库各设一套固定式凸轮泵真空卸污设备。车站车场 25~26 股道间，27~28 股道间各设一条卸污线，每条线上设 22 组卸污单元。动车所 1~2 股道间，3~4 股道间各设一条卸污线，每条线上设 22 组卸污单元。融冰融雪库设一条卸污线，设 22 组卸污单元。

（8）给排水管道及附属构筑物：埋地给水管道≤100 mm 管材采用 PE100 给水管，

公称压力 1.0 MPa，输水管采用 k9 球墨铸铁管，公称压力 1.0 MPa。排水管道采用 HDPE 双壁波纹管，环刚度等级 SN8（即>8 kN/m）。给水管道管顶埋深不小于 1.25 m，排水管道管底埋深不小于 1.0 m。给排水管道下设 300 mm 厚 3：7 灰土垫层，分层压实，压实系数不小于 0.95。所有给排水管道附属构筑物（如阀门井、检查井等），下设 500 mm 厚 3：7 灰土垫层，分层压实，压实系数不小于 0.97。水表井、化粪池等，下设 1 000 mm 厚 3：7 灰土垫层，分层压实，压实系数不小于 0.97。雨水排水管道采用工Ⅱ级钢筋砼承插式排水管，橡胶圈接口，管道基础采用 180 度条形基础（045531-1）。管沟及检查井基底开挖夯实后，做 0.3 m 厚 3：7 灰土垫层，处理宽度为基础加 0.5 m，压实系数不小于 0.95，上做 0.3 mm 厚 C10 混凝土垫层，然后才能在上面做管道及检查井基础。

（9）污水处理及排放：车站污水经化粪池、隔油池等构筑物处理后，汇入站房排水管道，再排入市政纬一路 D600 污水干管。动车所卸粪便污水经吸污中心泵组通过 D160 mm 吸污管抽吸至 3×100 m³ 化粪池处理后，也通过东侧综合管涵排入纬一路市政 D600 污水管。综合维修车间污水经化粪池、隔油池等构筑物处理后，就近抽升排入纬二路路市政 D600 污水管道。动车所粪便污水、含油废水分别经化粪池、隔油池等构筑物处理后，经抽升排入经一路市政 D600 mm 污水管道。动车所客车所卸粪便污水经吸污中心泵组通过 D160、吸污管抽吸至 3×100 m³ 化粪池处理后，排入动车所排水系统。融冰融雪库动车卸污经吸污中心泵组通过 D160 mm 吸污管抽吸到 50 m³ 化粪池处理后，汇同其他污水抽升后排入经二路市政 D600 mm 污水管道。

（10）动车所道路雨水设雨水口收集，暴雨重现期为 5 年，地面集水时间 10 min，径流系数为 0.9，采用工程所在地区暴雨强度公式 $q = \dfrac{1140\,(1+0.961 \lg p)}{0.8}$，经 D400 mm 管道就近排入市政排洪沟。

（11）消防：室外消防设室外地下式消火栓，按一次一处火灾设计。车站室外消防秒流量按 45 L/s，火灾延续时间按 3 h 计。室内消火栓消防，按一次一处灭火设计，消防秒流量按 20 L/s，火灾延续时间按 2 h 计。综合维修车间室外消防秒流量按 35 L/s，火灾延续时间按 3 h 计。综合维修工区消防秒流量按 35 L/s，火灾延续时间按 2 h 计；室内消火栓消防，按一次一处灭火设计，消防秒流量按 15 L/s，火灾延续时间按 2 h 计。动车运用所室外消防秒流量按 35 L/s，火灾延续时间按 2 h 计。室内消防设室内消火栓，按一次一处灭火设计，消防秒流量按 15 L/s，火灾延续时间按 3 h 计。动车检查库内配备移动式高压细水雾灭火装置两套。

（12）给排水集控：由中央管理级（综合维修车间给水集控室）、各站给水所、污水处理站监控级，各站给、排水设施现场控制级，监控设备三级。以及 Internet 网络共同构成高速铁路给排水全线实时监控系统。

车站给水所集控室、综合维修车间给水所集控室通过 PLC 模块，现场控制各系统运转，分别负责车站与综合维修车间、动车所、融冰融雪库范围内（现场控制级）各工点所有给排水设施、设备的监视与控制、自动巡检和事故报警以及工艺参数、设备工况参数的接收、整理和上传路局责任维管单位，并负责下达各种指令、派出养护及检修人员。枢纽范围内各工点所有给排水设施、设备设 PLC 模块进行控制。中央管理级（综合维修车间给水集控室），负责下达各种指令、接收车站（各站给水所、污水处理站集控室）监控级数据和报表等，并预留铁路局主管部门的数据传输接口。

## 四、施工注意事项

（1）施工前应根据现场实际情况对图中高程及尺寸进行核对，确认无误后方可施工，并应与土建、建筑给排水、暖通、电力等专业管线图纸进行配合，若现场实际情况与设计有出入时，及时与设计单位联系，以便协商解决。

（2）本册图中所有设备部分的安装设计，应与设备招标后厂商提供的设备进行核对无误方可施工，如有不符，应及时与设计院联系修改设计图纸。

（3）各排水检查井施工时应严格按照管底设计高程施工，管道埋深及检查井埋深应按照实际地面高程调整。

（4）给排水管路穿越铁路采用预埋钢套管施工，钢套管内径大于所穿过管子外径 30～60 mm，采用环氧煤沥青三油两布加强防腐措施。

（5）本设计未尽事宜请严格遵照现行规范及有关规程规定办理，并注意施工安全。

真空机房设备安装说明（图 5-59）：

（1）本图尺寸标注除标高以 m 计外，其他均以 mm 计，标高为管底标高，以轨面标高为 ±0.00。

（2）真空机组：为双泵凸轮泵机组，型号 VX186-184QM，设备总质量 2.9 t，单件设备最大质量 0.3 t。

机组尺寸 $L \times W \times H$=2 900 mm×1 050 mm×1 800 mm，机组基础尺寸 $L \times W \times H$=3 500 mm×1 500 mm×3 500 mm，真空机组基础采用 C25 砼，机组底座通过膨胀螺栓与基础相连，预留螺栓孔洞。施工前应待设备到货核对尺寸无误后，方可施工。

（3）安装信息管理设备 1 套，尺寸：长×宽×高=1 000 mm×800 mm×1 500 mm。

（4）机房内设集水坑：1 000 mm×1 000 mm×1 000 mm，设于侧墙位置。设给水管及给水龙头，可设于集水坑上方，集水坑内配备潜污泵 1 套，以备事故时泵房排水。

（5）卸污单元设备、真空机组到货后按设备样本进行核对，无误后方可施工。

（6）配电条件：

①每套机组功率 44 kW，电源 380 V，三相五线制，两套机组 88 kW。从配电箱至每个机组控制柜预埋 DN100PVC 电缆穿线管。

②信息控制设备：预留三相电源或插座，从信息管理设备至每个机组控制柜预埋此 DN32 穿线管。

③集水坑内预留潜污泵功率 2 kW。

④设备间考虑通风及空调，并预留插座、网线接口。

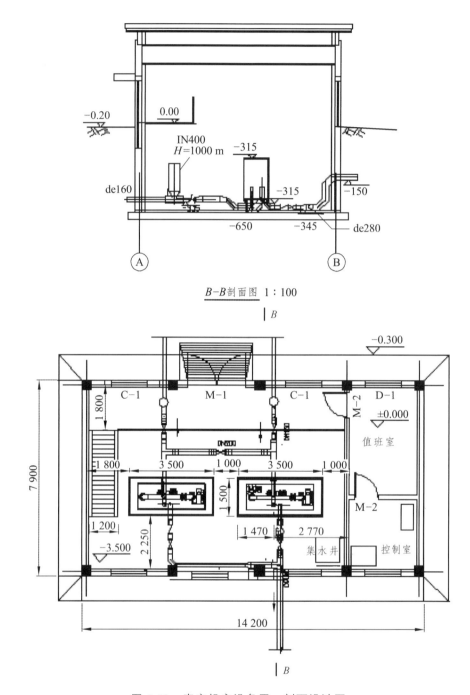

图 5-59　真空机房设备平、剖面设计图

（7）真空卸污管道及压力排水管道采用 PE100 给水管，PN1.0 MPa，电熔套筒连接。真空卸污管道的水平转向、垂直转向均应小于 45° 弯头连接；所有三通采用小于 45° 的斜三通，变径等均采用聚乙烯 Pe 制管件。

（8）管道转弯、三通处以及阀门底部设置管道支墩，C15 砼，阀门底部与支墩上面用 M7.5 水泥砂浆抹八字填实。

（9）本次设计两套机组，预留机组安装条件，大门最小尺寸 2 400 mm×2 400 mm。

## 五、给排水精细化设计

### 1. 隐形井盖设计

"精细化设计"已经成为高速铁路站房设计重点，给排水各类检查井可采用隐形井盖。隐形井盖设计是为提高站台、人行道、广场整体景观、保证残疾人通行顺畅，将硬化、铺砌面上的公用管线检查井"隐性化"，并细部设计隐形井盖结构。

隐形井盖选材可采用镀锌钢板或不锈钢板，内外框主结构均一次性折弯成"L"形，并焊接而成，内框可选焊接钢筋，加强内框强度及稳固性的同时，还能有效附结填充的砂浆。此结构由于结构紧凑，并具有更好的承载性能及稳定性。如图 5-60 所示。

图 5-60　隐形井盖的设计

隐形井盖由顶面钢槽和钢格栅板组成。安装时配以钢框组成的预埋件。井盖检修时，隐形井盖应尽量平顺放置，避免倒扣或侧立放置。如图 5-61 所示。

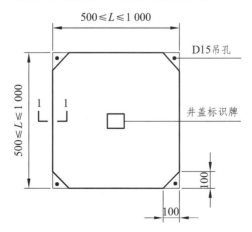

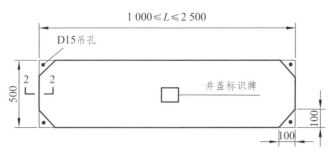

图 5-61　隐形井盖的标识

## 2. 景观排水沟的精细化设计

按照车站基本站台、站前广场等区域对品质的不同要求，决定排水沟的样式。按照位置和功能进行分类分析。

### 1. 地面排水主沟（图 5-62）

图 5-62　地面排水主沟

位置：地面主人流区，多为通行空间，人流较多。

分类：地面排水主沟。

样式：暗沟，一般采用装饰性侧排式沟盖板，且样式统一。

材料：不锈钢，用材质地坚固耐久，施工质量高，排水沟按照市政标准模块统一加工（经考察，大部分排水沟规格均为统一样式），避免因施工单位不同，而影响施工质量。

### 2. 地面排水辅沟或集水口（图 5-63）

图 5-63　地面排水辅沟或集水口

位置：地面非主人流区，多为休闲空间，人流较少，人行速度较慢。

分类：地面排水辅沟或集水口。

样式：一般采用全排式沟盖板，样式规格根据场地功能单独设计。

材料：不锈钢和铸铁，一般需开模加工制作。

# 第六章　城市轨道交通给排水工程设计

城市轨道交通指采用轨道结构进行承重和导向的车辆运输系统，依据城市交通总体规划的要求，设置全封闭或部分封闭的专用轨道线路，以列车或单车形式，运送相当规模客流量的公共交通方式。包括地铁系统、轻轨系统、单轨系统、有轨电车、磁浮系统、自动导向轨道系统和市域（郊）快速轨道系统。

设计合理可靠的轨道交通给排水工程和消防灭火设施，对于提高运输服务品质，提升轨道交通管理维护工作人员办公条件，确保生产设施正常运转，保证轨道交通的安全运营，具有重要作用。

轻轨系统、跨坐式、悬挂式单轨铁路系统、有轨电车、中低速磁浮系统、自动导向轨道系统和市域快速轨道系统多采用地面或高架结构形式。地铁多采用地下隧道区间、车站结构形式。城市轨道交通车站的站台布置有双岛式、单侧式和岛侧混合等形式。车站的竖向布置有地下一层、地下多层、地面、路堑式和高架一层、高架多层等形式。

采用地面车站或高架车站两种形式的轨道交通工程，其给水排水的设计大致与一般共公共建筑的给水排水设计方法相同或类似于铁路给水排水设计。设置在地下的地铁车站，由于其位于地下、埋深较大，系统的污水、废水、雨水一般均需要设置泵站采用压力排水的方式排放；相比一般地面建筑，地下车站人流众多，如发生火灾，受灾面大、升温快且温度高，烟雾消散较慢，灾情更重，地下建筑火灾是世界上各类火灾中最难扑救的火灾之一，因此地铁消防的设计要求更高。地铁工程设计具有一定的特点，本书主要介绍城市轨道交通中地铁的地下车站、区间、车辆段的给水排水设计。

## 第一节　城市轨道交通轨道设计原则

轨道交通给排水和消防系统主要分布在各车站和区间。给排水工程是城市轨道交通机电设备的一部分，给、排水和消防系统设计必须满足车站、区间的安全性、可靠性和可维护性。其次，还要满足正常运行、火灾发生时对水量、水压和水质的要求。

### 一、车站给排水设计

地铁一般位于城市中心区由于人流密集、交通拥挤、土地资源紧缺，站点周边应多采用土地高强度混合开发，城市中心型站点通常设置在城市的大型商业中心或公共活动中心附近，周边高层建筑密集，聚集了大量城市综合体、写字楼、酒店、文化场馆、百货商场、商业步行街等设施。周边城市市政给排水条件良好，除车辆段或停车场可能选址在郊区，存在自建水源、污水处理设施外，车站供水一般均能驳接附近市政给水管道，污水管道、雨水管道排放去向均不存在困难。

因地铁车站连续墙厚度近 1 m，预留孔洞造价高、并对结构工程带来不利。给排水管道一般不能穿过地下连续墙，宜在出入口或风道（井）部位布置。地下车站的进出地面空间有限，车站的给排水立管设置和设备用房的位置密切相关。轨道交通领域中应用于车辆供电的系统多采用直流供电的方式，车站的进出水金属管道还要采取一定的措施防止杂散电流腐蚀扩散。

（一）生产、生活用水系统设计原则

（1）给水压力要求不高，地铁车站可以利用市政水压。以城市自来水为水源，在市政给水管上引出一根 DN150～200 的水管，供应车站生产、生活用水和消防用水。生产、生活和消防水管上还要设置水表以及倒流防止器，生活、生产用水全部由市政给水管网供水，给水管在车站的站台层和站厅层呈支状网分布。

（2）为保证工作人员生活饮用水的水质，地铁宜采用生活和消防分开的给水系统。但是在设计的时候要将生活用水和生产用水隔开，车站的生产用水主要用于地面冲洗、机房补充水以及空调冷却水。

（3）车站运营过程中，用水量最大的是循环冷却水的补水方面。车站的补水量要根据车站运行时间，不同的城市地铁车站气象条件、运行时间也不同，所以根据实际情况设计。

（4）当城市自来水的供水量和供水压力能满足生产和生活用水，而不能满足消防用水量要求时，则应设消防泵、稳压装置和消防水池；

（5）地铁给水管道布置和敷设：当车站生活和消防为分开的给水系统时，车站内生活用水宜设计为枝状管网，由城市自来水管引出一根给水管和车站内生活给水管连接，给水管不应穿过变电所、通信信号机房、控制室、配电室等房间；从站厅层至站台层的给水立管宜设置在端部风井内，避免给水立管影响接触网供电系统。

（二）排水系统

车站的排水系统包括废水系统、雨水系统和污水系统。废水包括消防废水、结构渗透水以及凝结水。

污水系统：在车站的站厅和站台层卫生间设置污水泵房，生活废水和粪便污水排放污水池内。污水池的有效容积按照 6 h 的污水量进行计算。所以在站台层站台板下还要设置污水集水池，池内设置两台潜污泵，一台运行，另外一台备用。污水经过潜污泵提升以后，提升至地面的压力检查井，经过化粪池处理后排放至市政污水管网。

雨水系统：雨水指的是出入口处的雨水以及敞口矮风亭的雨水排放。所以在风井下设置集水坑，坑的有效容积不能小于最大排水泵 15~20 min 的排水量，有效容积面积为 30 m³。此外，还要设置 2 台潜水泵，一用一备，如果排水量最大时，可以同时启动两台设备雨水经过抽升以后，经过室外压力检查井，直排放到市政雨水管网。

废水系统：包括消防废水、地面冲洗废水、事故排水、结构渗漏水等，这些废水均通过线路排水沟汇流集中到线路区段坡度最低点处的废水泵站集水池内。汇集的方式主要是将消防废水、结构渗漏水、冲洗废水、环控系统废水等，由地漏收集，排入站台线路侧沟，然后经一定的坡度排入车站废水池。

## 二、车站消防系统

### 1. 消防栓给水系统

车站消防用水主要来自附近道路的市政给水管网，当市政提供的水压不能满足消防水压要求，必须在车站内设置消防水池，保证消防用水量。消防栓给水管设置在地铁车站站厅吊顶内并将其连通形成一个环状管网。接入站台层顶后形成一个立式环状管网。在消防栓给水干管的最低处设置泄水阀，最高处要设置排气阀，消防栓给水系统上安装两套地面消防水泵接合器，并在距接合器 15~40 m 的范围内设置相匹配的室外消防栓。

区间隧道消防供水由相邻车站消火栓管网引入，双向区间形成环路。

### 2. 自动喷水灭火系统

地铁人流量大，建筑结构复杂，环境封闭，且发生火灾，火势蔓延得很快，灭火非常困难，人员疏散面临很大的压力。为了保证乘客人身安全，必须在车站的站台层公共区域设置自动喷水灭系统，使用湿式系统，按照 30 L/s 的流量进行计算，防火等级按照二级设置。关于自动喷水灭火系统设置目前我们国家还没有出台明确的规范，各地对自动喷水灭火系统的设置也持不同意见。2003 年韩国大邱市地铁发生纵火案，火灾导致 198 人死亡。所以上海市在 2004 年颁布了《上海市城市轨道交通设计规范》，这其中明确提出地下车站的站厅层、站台层公共区长度大于 100 的出入口通道必须设置自动喷水灭火系统。天津《地铁安全防范系统技术规范》中则要求地下三层及以上的车站站厅、站台公共区和车站结合的商业开发区都必须设置自动喷水灭火系统。重庆 1 号线、2 号线、3 号线、6 号线只在站台层的公共区域设置了自动喷水灭火系统。自动喷水系统反应速度快，具有自动探火和自动喷水灭火等功能，一旦发生火灾能迅速进行喷灭，自动喷水灭火系统是目前全世界最有效的自救灭火设备。

城市轨道交通是城市重要的交通运输工具，对城市正常运行具有重要意义。因此，城市轨道交通在设计的时候，要结合城市的实际情况，采取有效的措施和方法，最大限度确保车站给、排水和消防系统的正常运行，在这个基础上，结合车站、区间建筑的实际情况，不断完善设计方案，保证车站给排水和消防系统的安全可靠性。

### 3. 建筑灭火器配置与气体灭火

在站厅、站台（严重危险级）、办公室（中危险级）设置 ABC 干粉灭火器和自救面具；在变电所、通信（信号）机械室（机房）、电源室等"四电"（电力、电化、通信、信号）用房，按严重危险级设置带非金属喇叭喷筒的 $CO_2$ 灭火器。

在变电所、通信（信号）机械室（机房）、客服总控室、客服机房、电源室等场所设置气体灭火系统保护。

# 第二节　地下车站给排水及消防初步设计实例

## 一、给水系统

车站采用生产、生活与消防供水分开的给水系统，从规划给水环状管网上各接出 1 根 DN150 的给水管，从车站的风亭引入车站，并在引入管上设水表井，井内安装 DN150 旋翼式湿式冷水表一只、DN150 蝶阀和缓闭止回阀各 1 个，并在引入管上设电动蝶阀及手动蝶阀，平时一开一闭，车站的两根引入管定期轮换供水，发生火灾时电动蝶阀全部打开。

### （一）生产、生活给水系统

车站生产、生活用水主要有车站工作人员生活用水、卫生间、盥洗间及其他房间用水以及冲洗用水等。

站厅层、站台层的两端适当位置各设置 1 个冲洗栓箱，箱内设 DN25 冲洗栓以供清扫使用。冲洗栓箱全部暗装。

从生产生活给水干管接出支管至室外供冷却塔用水。

从生产生活给水系统干管就近接管供卫生间和盥洗间生活用水。

### （二）消防给水系统

#### 1. 消火栓系统

车站消防给水系统主要供给车站及相邻区间消火栓的消防用水。

消火栓系统从引入管上接出两根 DN100 给水管后，经车站消防泵房内消防泵加压后，在站厅层、站台层水平成环，并用 4 根 DN100 立管连接竖向成环，使车站消防管道形成立体环网，站厅层环网布置于吊顶内，站台层环网布置于站台板下。去区间的消防干管在地下一层完成过轨，向下每端引出 2 根 DN100 立管供区间消防用水。

车站及出入口长度大于 20 m 的通道内均按要求设置消火栓，由站厅层环网接出支管供水。

站厅层消火栓沿侧墙两边交错设置，布置间距公共区为 40～50 m，设备及管理区为 30 m；站台层消火栓主要暗设在房间或楼梯侧墙上，布置间距小于 30 m。

在地面每条引入管上（水表后）各设置 1 个 SQS150 地下式消防水泵接合器，并在 40 m 范围内设置 1 个 SS150 地下式室外消火栓。

### 2. 手提灭火器的配置

除气体灭火保护的设备用房如通信设备室（含通信电源室）、信号设备室（含信号电源室）等按中危险级配置外，其他如设备管理用房、站厅、站台和走道等场所均按轻危险级配置灭火器。

公共区、出入口、走道主要是 A 类表面火灾，设备管理区主要是电气火灾及 B 类火灾。设备管理区采用二氧化碳手提灭火器，其余采用磷酸铵盐干粉灭火器。

## 二、排水系统

排水系统主要由雨水系统、污水系统和废水系统组成。其中雨水主要来自车站的出入口通道；污水主要是来自卫生间的冲洗、粪便污水和盥洗间的污水等生活污水；废水主要是消防废水、结构渗漏水、冲洗废水、事故废水。

车站排水经潜污泵提升至地面压力井消能后接入市政排水管网。各排水泵站均设一根扬水管。其中废水管宜从进风井和活塞风井引出，而污水管从排风井引出。

### （一）污水系统

在站台层管理区设有厕所及盥洗室，厕所冲洗及生活污水用管道引至附近污水泵房的污水池中，池内安装潜污泵。

污水由污水泵提升至地面的压力检查井，经过化粪池处理，然后就近排入市政污水管网。

污水池有效容积按不大于 6 h 的污水量确定，集水池有效容积不少于 2 m³。

### （二）废水系统

站厅层的消防废水、结构渗漏水、冲洗废水经地漏收集后，用 UPVC 落水管排入站台两侧的道床排水沟中。地漏的设置间距小于 50 m。

站台层的消防废水、结构渗漏水、冲洗废水由地漏与排水管排入道床两侧的排水明沟中。

站台板下廊道内根据 0.003 的坡度，使废水自流至车站废水泵房的废水池中。道床两侧排水沟将废水引至站台层的废水池中，废水池有效容积大于 30 m³。废水泵房内安装 2 台潜污泵。平常一用一备，轮换使用，事故时两台泵共同运行。废水经提升后经风道排至地面的压力检查井，然后就近排入市政污水管道系统。

## 三、雨水系统

车站出入口的雨水、冲洗废水、结构渗漏水经排水沟自流至站厅层横截沟，然后用排水立管引至道床两侧的排水沟，经废水泵提升后排至地面排水压力检查井。在出入口自动扶梯底部设集水井，井内安装潜污泵 2 台，互为备用，轮换使用，必要时两台同时运行。

## 四、管道材料及管道防杂散电流

### 1. 给水管材

室外埋地管道采用球墨铸铁管；室内生产、生活给水干管采用钢塑复合管，管径小于等于 DN80 时，采用丝扣接口；管径大于 DN80 时，采用法兰接口。消防给水管一律采用热镀锌钢管，管径小于等于 DN80 时，采用丝扣接口；管径大于 DN80 时，采用法兰接口。

车站内所有承压钢管的最高工作压力均小于 1.0 MPa。

管道支架采用镀锌钢制国标支架。

### 2. 排水管材

室内无压排水管采用阻燃型 UPVC 排水管、室外无压排水管采用 HDPE 双壁波纹管，室内压力排水管采用镀锌钢管，室外有压管采用铸铁管。

### 3. 管道防杂散电流

本站采用堵流的办法防治杂散电流对给排水管道的电化学腐蚀。故采取以下措施：

（1）每条给水引入管在车站内设橡胶软接头，使室内外给水管隔断，防止杂散电流流出地铁系统对室外金属管道及构件造成腐蚀。

（2）去区间的消防管上设置橡胶软接头，隔绝区间杂散电流。

（3）金属管道与金属支架之间用橡胶垫绝缘隔离以防止杂散电流弥流。

（4）暗嵌式消火栓栓体与栓箱绝缘分离。金属管道穿墙时，保证管道与套管分离，同时用防火绝缘材料对空隙进行封填。

（5）区间消防管道的接地连接到区间接地母排。

## 五、主要设备布置情况

车站主要的设备用房有：污水泵房（约 10 m²）1 处、废水泵房（12 m²）处、消防泵房（约 25 m²）1 处。

污水泵房集水池内自耦式安装潜污泵 2 台（$Q$=20 m³/h，$H$=22 m，$N$=4.0 kW）。

废水泵房设在车站端部线路的最低处，并设置有效容积不小于 30 m³ 的集水池，池内自耦式安装潜污泵 2 台（$Q$=50 m³/h，$H$=22 m，$N$=7.5 kW）。

消防泵房靠近工作人员紧急疏散通道设置，在泵房内安装消防泵 2 台（$Q$=72 m³/h，$H$=40 m，$N$=15 kW）。

在车站出入口自动扶梯底部设集水坑并安装 50QW10-15-1.5 型潜污泵（$Q$=10 m³/h，$H$=15 m，$N$=1.5 kW）2 台。

以上各种排水泵均互为备用，轮换使用，必要时两台同时运行。控制方式采取水位自动控制、就地手动控制，以自控为主，并在车站集中控制室显示水泵的工作状态及水位报警信号，由 BAS 系统实现监控。

站厅和站台层公共区采用双栓消火栓箱，箱内设 DN65 单口单阀消火栓 2 个、25 m 纤维衬胶水龙带 2 盘、Φ19 多功能水枪 2 支、25 m 自救式消防卷盘 1 套。设备区及人行通道采用单栓消火栓箱，箱内设 DN65 单口单阀消火栓 1 个、25 m 长纤维衬胶水龙带 1 盘、Φ19 多功能水枪 1 支、25 m 自救式消防卷盘 1 套。如图 6-1 ~ 6-4 所示。

## 六、车站主要设备数量统计表（表 6-1）

表 6-1　车站主要设备表

| 序号 | 名　称 | 规　格 | 单位 | 数量 |
|---|---|---|---|---|
| 1 | 冷却塔 | $Q$=125 m³/h，风机直径 2 m，$N$=7.5 kW | 台 | 2 |
| 2 | 冷却水泵 | $Q$=110 m³/h，$H$=32 m，$N$=22 kW | 台 | 2 |
| 3 | 全程水处理器 | DN200 | 个 | 2 |
| 4 | 消防泵 | $Q$=72 m³/h，$H$=40 m，$N$=15 kW | 台 | 2 |
| 5 | 消火栓箱 | 单口单阀 | 套 | 21 |
| 6 | 消火栓箱 | 单口单阀带卷盘 | 套 | 14 |
| 7 | 倒流防止器 | DN150 | 个 | 1 |
| 8 | 室外消火栓 | SS150-10 | 个 | 2 |
| 9 | 水流指示器 | 圆板式 DN100 | 个 | 4 |
| 10 | 水泵接合器 | SQS150 | 个 | 2 |
| 11 | LXS-150 水表 | DN150 | 只 | 1 |
| 12 | 电热水器 | 50 L，$N$=6 kW | 台 | 1 |
| 13 | 冲洗栓箱 | DN25 | 个 | 4 |
| 14 | 冲洗栓 | DN25 | 个 | 4 |
| 15 | LXS-80 水表 | DN80 | 只 | 1 |

续表

| 序号 | 名　称 | 规　格 | 单位 | 数量 |
|---|---|---|---|---|
| 16 | 潜污泵 | $Q$=10 m³/h，$H$=15 m，$N$=1.5 kW | 台 | 2 |
| 17 | 潜污泵 | $Q$=15 m³/h，$H$=22 m，$N$=3.0 kW | 台 | 8 |
| 18 | 潜污泵 | $Q$=10 m³/h，$H$=7 m，$N$=0.75 kW | 台 | 2 |
| 19 | 潜污泵 | $Q$=20 m³/h，$H$=22 m，$N$=4.0 kW | 台 | 2 |
| 20 | 潜污泵 | $Q$=50 m³/h，$H$=22 m，$N$=7.5 kW | 台 | 2 |
| 21 | 控制柜 | 一控二（0.75 kW） | 套 | 1 |
| 22 | 控制柜 | 一控二（1.5 kW） | 套 | 2 |
| 23 | 控制柜 | 一控二（3.0 kW） | 套 | 4 |
| 24 | 控制柜 | 一控二（4.0 kW） | 套 | 1 |
| 25 | 控制柜 | 一控二（7.5 kW） | 套 | 1 |
| 26 | 水位信号装置 | | 套 | 15 |
| 27 | 手拉葫芦 | HS 单轨（0.5T） | 台 | 15 |
| 28 | 超声波液位控制器 | | 套 | 1 |

注：比较方案设备数量与此相同。

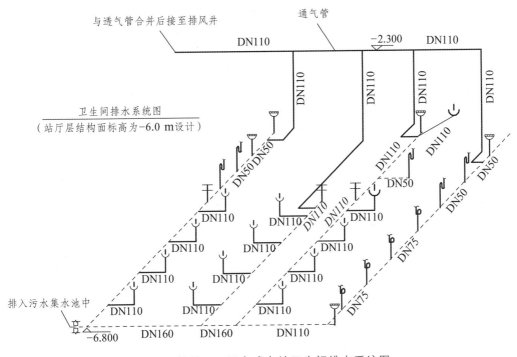

图 6-1　某地下二层岛式车站卫生间排水系统图

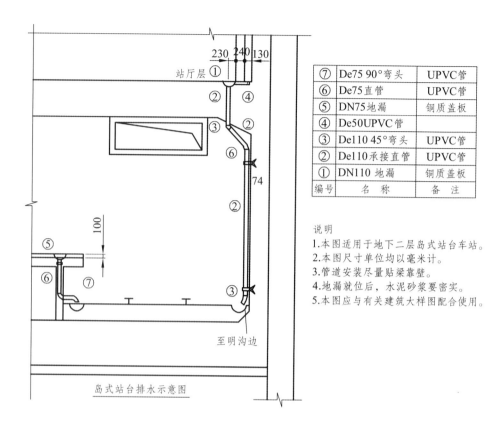

| 编号 | 名　称 | 备　注 |
|---|---|---|
| ⑦ | De75 90°弯头 | UPVC管 |
| ⑥ | De75直管 | UPVC管 |
| ⑤ | DN75地漏 | 铜质盖板 |
| ④ | De50UPVC管 | |
| ③ | De110 45°弯头 | UPVC管 |
| ② | De110承接直管 | UPVC管 |
| ① | DN110 地漏 | 铜质盖板 |

说明
1.本图适用于地下二层岛式站台车站。
2.本图尺寸单位均以毫米计。
3.管道安装尽量贴梁靠壁。
4.地漏就位后，水泥砂浆要密实。
5.本图应与有关建筑大样图配合使用。

图 6-2　某地下二层岛式车站消火栓系统图（一）

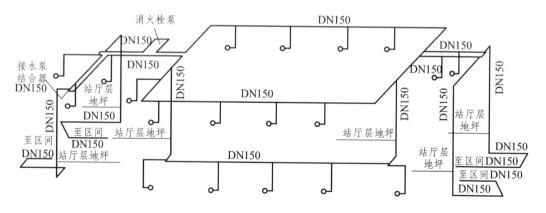

图 6-3　某地下二层岛式车站消火栓系统图（二）

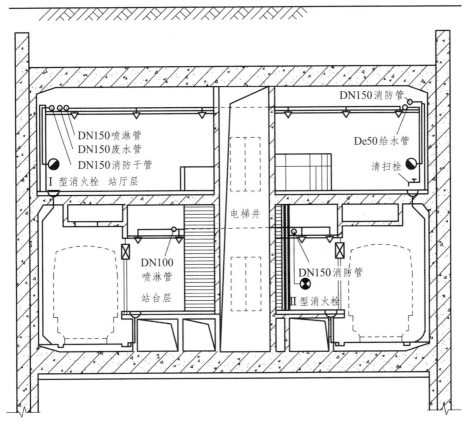

图 6-4 某地下二层岛式车站横断面管线图

# 第三节 地铁地下车站给排水及水消防施工图实例

## 一、工程概况

### 1. 车站位置

XX 站位于 XXX 路与 XXX 路交叉口西南象限绿化带内，车站沿 XX 路呈南北走向布置。该站是 XX 轨道交通 X 号线一期工程的起点站，车站有效站台中心里程 YDK9+816.000。下一站为 XX 路站。

### 2. 车站规模及建筑布置

本站为地下两层明挖岛式站台车站。地下一层为站厅层，地下二层为站台层。车站起点里程 YDK9+437.700，车站终点里程 YDK9+905.000。

车站主体外包总长 467.30 m，车站总宽 19.10 m，标准段高 12.96 m，总建筑面积 20 839.92 m²。有效站台宽度为 10.4 m，有效站台长度为 120 m。本站共设置 5 个出入口通道（现阶段设 3、4 号两个出入口），其中 3 号通道出入口靠 XX 路西侧，4a 号通道出入口靠 XX 路西侧，4b 号通道出入口靠 XX 路东侧。

### 3. 风亭、冷却塔设计

本站设 3 组风亭，为敞口风亭，设置在规划绿地内。1 号风亭组设置于 XX 路与高速交叉口西南侧绿地内，2 号风亭设置于 XX 路与规划一路交叉口西南侧绿地内。3 号风亭组设置于 XX 路与规划二路交叉口西南侧绿地内，冷却塔设于 2 号风亭附近。

### 4. 车站建筑防火分区

车站分为 9 个防火分区：站厅层公共区和站台层公共区为 1 个防火分区；站台层两端设备用房区各为 1 个防火分区；站厅左端设备用房部分为 3 个防火分区，站厅右端,1 个防火分区；商业预留开发部分划分为 2 个防火分区。

### 5. 车站站址附近市政管网概况

车站站址附近 XX 路东侧有 1 200×600 排水管 1 根，DN1400，DN400 给水管 2 根，XX 路西侧有 DN500 污水管 1 根，900×600 的排水管 1 根，DN1200 给水管 1 根，具有完善的市政管线系统。

## 二、设计依据

（1）《地铁设计规范》GB50157；
（2）《建筑给水排水设计规范》GB50015；
（3）《室外给水设计规范》GB50013；
（4）《室外排水设计规范》GB50014；
（5）《建筑灭火器配置设计规范》GB50140；
（6）《生活饮用水卫生标准》GB5749；
（7）《城市轨道交通技术规范》GB50490；
（8）《建筑设计防火规范》GB50016；
（9）《建筑给水排水制图标准》GBT50106；
（10）《民用建筑节水设计标准》GB50555；
（11）《人民防空工程设计防火规范》GB50098；
（12）《污水排入城镇下水道水质标准》GBT 31962；
（13）《地铁杂散电流腐蚀防护技术规范》CJJ49；
（14）《地下铁道工程施工及验收规范》GB50299；
（15）《给水排水管道工程施工及验收规范》GB50268；
（16）XX 轨道交通 X 号线一期工程设计总体部提供的有关文件；
（17）XX 轨道交通 X 号线一期工程的建设单位、设计总体部及其他设计单位发出的工作联系单和要求。

## 三、设计范围

自市政给排水接管点至车站范围内的给排水及水消防工程（包括室外消火栓及水泵接合器），包括车站的生活给水系统、排水系统、水消防系统、灭火器配置、系统之间接口的设计以及与其他相关专业的接口配合设计。水表井、压力井、化粪池之后至市政管网接管点接管由 XX 市相关部门负责设计、实施。

## 四、给排水专业与相关专业接口界面划分

### 1. 地铁工点与市政接口

向市政提出给水、排水接管点数量、位置、管径等资料，提供各工点用水量、排水量资料。接口界面：给水为室外水表井，压力排水为室外第一个压力排水井，重力排水为室外第一个排水检查井或者第一个化粪池。

### 2. 车站与区间接口

车站给排水在车站两端预留与区间消防管网接口。车站 A 端预留与区间消防管网 DN150 接口 2 个，里程为 YDK9+437.700；车站 B 端预留与区间消防管网 DN150 接口 2 个，里程为 YDK9+905.000。

### 3. 与其他专业接口

（1）与土建专业：给排水及消防系统的所有孔洞、设备吊钩、预埋套管、防水套管均由土建承包商实施及预留（埋）。水泵基础、排水沟、槽、坑、坡等由土建承包商负责施工。上述资料由工点给排水专业给土建专业提供相关资料，土建专业负责预留（埋）、沟槽管洞等的设计。

（2）与轨道专业：线路排水沟引至车站的废水泵房的集水坑处，集水坑轨道专业设计，集水坑之后由工点给排水专业设计。

（3）与低压配电专业：工点给排水专业提供给排水及消防设备控制（或监控）方式及供电要求、给排水用房的照明要求。低压配电专业接供电线至各用电点配电柜处，给排水及消防设备控制柜（或消火栓）至 BAS/FAS 分盘控制电缆及数据电缆由 BAS/FAS 专业设计。

（4）与通风空调专业：通风空调专业提供补水量、排水要求，工点排水专业提供给排水用房的通风要求。

（5）与 BAS/FAS 专业：工点排水专业对 BAS/FAS 提供给排水及消防设施的监控要求。各潜污泵可由 BAS 专业在车控室显示状态并进行远程控制。FAS 系统应能在车

控室或通过设置在消火栓箱附近的紧急启泵按钮远程控制消防泵组的启停。

（6）与人防接口：人防设计由人防设计单位负责。工点排水专业在乘客卫生间的给水干管上预留人防洗消用水接管，平时用设管堵。

## 五、主要设计原则及设计标准

### 1. 设计原则

（1）车站项用水水源均采用城市自来水，不设备用水源。给水系统设计应保证各用水单位对给水水压、水量、水质的要求。

（2）按同一时间内发生一处火灾考虑。车站设置消防水池、消防泵房。

（3）地铁内的污水及各类废水原则上采用分类集中，就近接入市政排水系统，达标排放。同时，排水系统应做到顺直通畅，便于清疏，维修工作量小。

（4）给排水设备的选型应采用技术先进、安全可靠、经济合理、高效节能、低噪音并经过实践运营考验、规格尽量统一、便于安装和维修、满足系统功能的技术要求，并立足于国产化以节省投资。

### 2. 设计标准

1）给水系统

（1）车站工作人员的生活用水为每班每人 50 L，小时变化系数 2.5。

（2）乘客生活用水量标准按照 6 L/（d·人）计，用水人数按照上下行总客流的 1.0% 计算。

（3）空调冷却水系统补充水量按系统循环水量的 2% 计，冷冻水的补水量为系统水容量的 1%。

（4）车站冲洗用水量为每次 2 L/m，每次按 1 h 计，每天最多冲洗 1 次。

（5）未预见用水量按最高日用水量的 10% 计算。

（6）生产设备用水量按所选设备、生产工艺的要求确定。

2）水消防系统

（1）地下车站消火栓用水量按 20 L/s 计，火灾延续时间为 2 h。

（2）消火栓水枪的充实水柱不应小于 10 m。

3）排水系统

（1）工作人员生活用水排水量按用水量的 95% 计算。

（2）冲洗及消防废水排水量和用水量相同。

（3）露天出入口和敞开风口的排雨水量按设计暴雨重现期 50 年、集流时间 5 分钟计算。

（4）地下结构渗水量为按每天 1.0 L/m 估算。

（5）生产设备排水量按照所选设备、生产工艺的要求确定。

（6）消防废水量与消防用水量相同。

## 六、生产、生活及消防给水系统

### 1. 水　源

本站水源采用城市自来水，车站内采用生产、生活和消防分开的给水系统。市政给水管网水压及水量均不能满足车站消防要求，车站设置消防加压设备及消防水池。

### 2. 生产、生活给水系统

1）用水量计算表

详见附表。

2）系统设计

本站由车站中间段，XX 路西侧市政给水管网接出 1 路 DN80 水管，经水表井（内设蝶阀、同口径螺翼式水表、可曲挠橡胶接头等设备）后由 2 号新风道引入车站，引入车站生产、生活给水管网。

站厅、岛式站台公共区两端适当位置各设一个 DN25 冲洗水栓箱，冲洗栓箱暗装于离壁墙或隔墙内。车站污水泵房、废水泵房及环控机房内设置 DN25 冲洗龙头，并设置污水池。冷却塔补水由车站生产、生活给水管接出一根 DN50 给水管补水。

## 七、消防给水系统

### 1. 消防用水量计算表

详见附表。

### 2. 消防泵房及消防水池

在车站 2 号风亭附近设消防水池及消防泵房。消防泵房服务范围为本站及 XX 站 ~ XX 路区间。消防水池补水管由市政给水管接出。消防泵房内设消防主泵两台，采用立式恒压切线泵一用一备（$Q=80$ m/h，$H=40$ m，$N=18.5$ kW）、消防稳压泵两台，一用一备（$Q=18$ m/h，$H=55$ m，$N=4$ kW）、气压罐一套（D1000，300 L），消防泵设自动巡检装置。消防泵组通过设在车站内的消防水池抽水，消防水经加压后接入站厅层消防给水环网。消火栓系统的稳压由泵组内配套的稳压泵及气压罐保证。

消防水池的有效容积为 144 m³，消防水池补水管由车站中间段市政给水管单独引入 DN100 给水管，补水管上设液位控制阀。消防水池和消防泵房的隔墙上设检修人孔及钢爬梯。如图 6-5、6-6 所示。

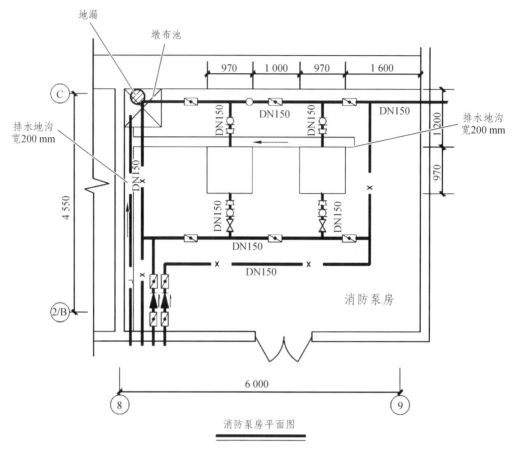

图 6-5　某地下二层岛式车站消防泵房平面图

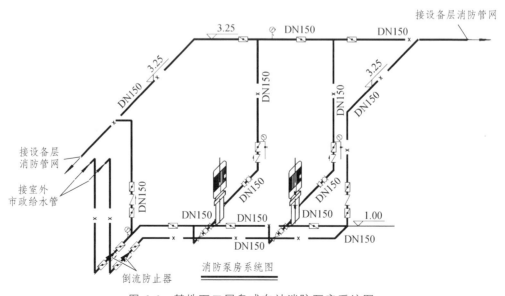

图 6-6　某地下二层岛式车站消防泵房系统图

### 3. 消火栓管网

车站站厅层吊顶内设 DN150 的环状消防给水管道,岛式站台吊顶也设 DN150 的环状消防给水管道,站厅及站台的消防给水管道在车站两端设竖向连通管,构成竖向立体环状管网。站厅两端各设竖管和区间 DN150 消防给水管相接,到区间消防管立管上安装手、电一体蝶阀,常开。

### 4. 消火栓以及水泵接合器的设置

站厅公共区、设备及出入口通道内均设置单口单阀消火栓,站台公共区设置双口单阀消火栓。消火栓的设置满足两支水枪的充实水柱同时到达车站内任何部位,每一股水柱流量不小于 5 L/s,且充实水柱长度不小于 10 m。消火栓口径为 65 mm,水枪口径为 19 mm,水龙带长度为 25m。单口单阀消火栓箱内设 DN65 单口单阀消火栓 1 个、DN65×25 m 衬胶水龙带 1 盘、DN19 多功能水枪 1 把、自救式消防卷盘 1 套、设水泵启动按钮、水泵启动指示灯。双口单阀消火栓箱内设 DN65 单口单阀消火栓 2 个、DN65×25 m 衬胶水龙带 1 盘、DN19 多功能水枪 1 把、自救式消防卷盘 1 套、水泵启动按钮,水泵启动指示灯。车站公共区和出入口通道消火栓箱均暗装于离壁墙内;设备区消火栓箱尽可能暗装,若无条件可明装或半暗装,但不得影响疏散。站台层两端各设 4 具消防器材箱,共 8 具。出入口、设备区、站厅层公共区设单栓消火栓箱,站台层公共区设双栓消火栓箱。消火栓箱规格详见大样图。

## 八、排水系统

### （一）污水系统

（1）本站在站站厅层中间段设有工作人员卫生间,卫生间冲洗水及生活污水用管道引入站台层污水泵房内的污水一体化提升装置。

（2）本站在站台层中间段设有公共卫生间,卫生间冲洗水及生活污水用管道引入站台层污水泵房内的污水一体化提升装置,提升装置采用双箱双泵,水箱容积 250 L/个。

（3）公共卫生间污水泵房一体化提升装置参数:水泵数量:2 台,一用一备,水泵参数 $Q=4$ L/s,$H=30$ m,功率为 4 kW。

（4）污水一体化提升装置设 DN100 通气管,通气管接至附近排风道,由排风井排至室外。污水泵扬水管由风亭排入化粪池处理。如图 6-7、6-8 所示。

（5）化粪池按照标准图籍 02S701 选用 4 号化粪池,有效容积 9 m。

### （二）废水系统

车站每隔 30～40 m 沿边墙设排水地漏,出入口通道和公共区连接处设横截沟并设排水篦子,沟内设排水地漏,废水均排入线路排水侧沟。

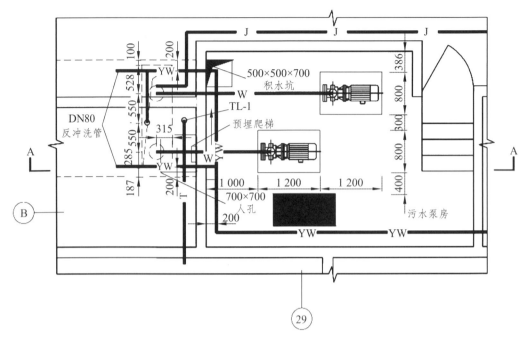

图 6-7　某地下二层岛式车站污水泵房平面图

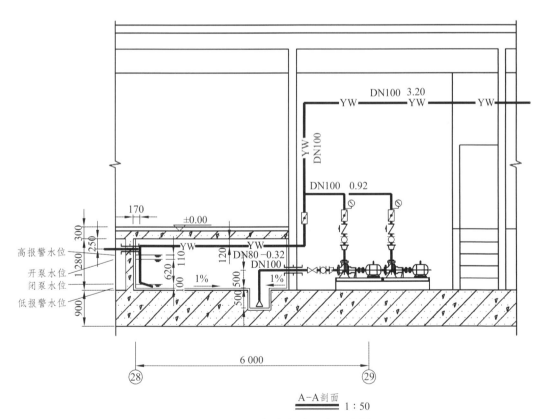

图 6-8　某地下二层岛式车站污水泵房剖面图

### 1. 废水量计算表

详见附表。

### 2. 废水排放措施

车站每隔 30～40 m 沿边墙设排水地漏，出入口通道和公共区连接处设横截沟并设排水篦子，沟内设排水地漏，废水均排入线路排水侧沟。

废水量计算表：详见附表。

废水排放措施：

沿车站纵坡汇入车站废水池。环控机房、冷冻机房及消防泵房内围绕设备基础布置排水明沟，沟宽为 100 mm，起点沟深至少为 50 mm。排水沟内设地漏，废水排入线路侧沟并沿车站纵坡汇入车站废水池。站台板下废水沿车站纵坡汇入废水池。

车站站台层中间段主废水泵房集水池的有效容积 28.5 m，废水泵房内设潜污泵两台 $Q$=50 m/h，$H$=35 m，功率为 11 kW。平时一用一备，消防时两台同时启动，废水扬水管经由 2 号排风亭排至地面压力检查井。

车站站台层左端废水泵房集水池的有效容积 25 m，废水泵房内设潜污泵两台 $Q$=100 m/h，$H$=35 m，功率为 18 kW。平时一用一备，消防时两台同时启动，废水扬水管经由 1 号排风亭排至地面压力检查井。

### （三）雨水系统

### 1. 雨水量计算

本站出入口为有盖出入口，车站设 3 组 8 个风亭，均为敞口风亭，内设集水坑，暴雨强度按 XX 市 50 年重现期，5 min 集流时间。

### 2. 雨水泵站设置

各风井底部设一个雨水集水坑，集水坑内固定安装 2 台潜污泵（10 $m^3$/h，$H$=20 m，$N$=2.2 kW）。互为备用，必要时同时使用。集水坑的有效容积 5 m，雨水经废水泵提升至地面排水压力检查井减压后接入市政雨水管网。

### 3. 局部排水系统

各出入口在扶梯基坑旁设局部排水泵站，集水坑内自耦安装 2 台潜污泵（10 $m^3$/h，$H$=20 m，$N$=2.2 kW），互为备用，必要时同时使用。集水坑的有效容积 7.5 m，局部废水经潜污泵提升至地面排水压力检查井减压后接入市政排水管网。

车站站台板下局部低洼处、污水泵房内设局部集水坑，设电源插座，配移动式潜污泵（$Q$=10 m/h，$H$=10 m，$N$=1.1 kW）。

### 4. 残疾人垂直电梯基坑废水预埋排水管接入附近出入口集水坑

## 九、手提式灭火器的配置

车站公共区及设备区设置灭火器箱，配置和数量按《建筑灭火器配置设计规范》GB50140 要求计算确定。地下车站按照严重危险等级，其中公共区为 A 类火灾，设备区为 B 类火灾计算确定灭火器数量。手提式灭火器最大保护距离 A 类严重危险级为 15 m，B 类严重危险级为 9 m，每个灭火器箱内置两具灭火器，同时配置防毒面具两具。

灭火器箱与消火栓箱尽量合设，若不满足保护距离时则另外单设灭火器（箱）。

## 十、控制方式及对供电要求

### 1. 消火栓泵（消火栓系统）

设就地（消防泵控制柜）控制、车站控制室远程控制、FAS 系统自动控制 3 种方式。此外，消火栓箱内设有消防按钮可启动消火栓泵。

### 2. 潜污泵（污、废水系统）

设现场水位自动控制、就地手动控制两种方式。

实行两级管理：车站控制室一级管理、泵房内的终端控制器二级管理。当终端控制器失灵时，现场人工手动控制。

车站废水泵房内设潜污泵两台，依次轮换工作，平时互为备用，消防或必要时两台同时工作。废水池内设超低报警水位、停泵水位、一泵启动水位、二泵启动水位、警戒水位共 5 个水位。其控制要求如下：（1）超低水位报警，同时控制回路应保证水泵均处于停泵状态。（2）当水位达到停泵水位时，二台泵均能停止工作。（3）当水位上升达 1 泵开泵水位时，第一台泵开启。（4）当水位继续上升达 2 泵开泵水位时，控制回路应保证两台泵都处于运行状态。（5）当水位继续上升到警戒水位时，发出报警信号。

车站污水泵房内设污水一体化提升装置，设潜污泵两台，依次轮换工作，平时互为备用。一体化提升装置控制由设备控制箱自动控制。

### 3. 电伴热保温系统

（1）电伴热保温系统由车站综控室 BAS 监视，可监测发热电缆断线报警信息、漏电报警信息、开启及关闭状态信息、漏电报警信息、管道超高温报警信息、管道低温报警信息、转换开关远程/本地信息。

（2）过流、断路、短路时，具有声光显示报警装置，并具有自保持功能，且只能手动解除。

（3）车站通往区间消防管上的电动蝶阀平时常开，区间发生爆管事故时可关闭对应区间两端的电动蝶阀进行检修。

（4）以上所有设备的工作状况或故障状况均应纳入 BAS 或 FAS 系统。

（5）供电要求：消火栓泵（含消防稳压泵）、废水泵、雨水泵、电伴热保温系统、手电一体阀、气体灭火系统为一级负荷供电，其他排负水泵为二级荷供电。

## 十一、管道材料及管道防杂散电流

### 1. 给水管材

如管材与招标要求有矛盾时，按招标要求执行。

车站给水管道（含：生活、生产给水管）采用热镀锌钢管，DN≤80 时采用丝接，DN≥80 时采用卡环连接。埋地或暗装时，管道还应做好防腐措施。

敷设在地下区间隧道内的消防管采用球墨铸铁管，NI 型双压兰接口，其余消防管应采用内外热镀锌钢管，管道管径大于等于 DN80 的管道采用卡箍（沟槽式）连接；管道管径小于 DN80 的管道采用丝扣连接。

站内重力排水管道除线路排水沟引入废水池排水管采用球墨铸铁管外，均采用阻燃型排水塑料管，站外重力排水管采用加筋塑料排水管。

排水管材（如管材与招标要求有矛盾时，按招标要求执行。）

站内重力排水管道除线路排水沟引入废水池排水管采用球墨铸铁管外，均采用阻燃型排水塑料管，站外重力排水管采用加筋塑料排水管。

压力排水管道采用热镀锌钢管，DN>100 采用法兰连接，DN≤100 卡环连接。管件不缩径，内壁全搪瓷处理。室内暗装和室外埋地时管道还应做好防腐措施。

### 2. 防杂散电流

地铁金属给排水管道及设备，应采取防止杂散电流腐蚀的措施。金属给排水管道应用电缆和接地母排相连。给水及消防引入管应在主体结构内侧各设一段 1 m 长给水塑料管（工作压力≥1.0 MPa），其他金属管道应在主体结构内侧设可曲挠橡胶接头。去区间的消防管上设置橡胶软接头。

## 十二、管道布置和敷设

（1）车站所有穿越不同防火分区的塑料排水立管均应在各层板底设置阻火圈。所有管道在穿越楼板及墙体处均应采用防火填缝材料封堵，封堵材料的耐火时间应与所在部位楼板及墙体的耐火时间相同。

（2）地下车站站厅层公共区给排水及水消防管道沿车站外墙内侧敷设于吊顶内，设备区沿走道或环控机房敷设。地下车站站台层给排水及水消防管道敷设于站台板下（如空间许可可敷设于站台层吊顶内）。

（3）给排水及水消防管道严禁穿过变电所、通信、信号机房、弱电设备房、弱电电源室、控制室等遇水会损坏设备和引发事故的房间，并尽量避免敷设在设备房、过道的控制箱、配电箱上方。给排水及消防管道应避免在生产设备和吊装孔的上方通过。

（4）设置在风道、出入口通道内的消防给水管、生产（生活）给水管道、压力排水管设置电伴热及保温，设置要求按中标的供货商提供的技术要求执行。电伴热及保温的施工安装和调试应在供货商的指导下严格遵循产品手册及有关国家标准、图集（03S401）等的要求。

（5）卫生间、盥洗间内的给水管道宜敷设墙体管槽内。

（6）给排水及水消防管道穿越楼板应采取防水措施。所有塑料排水管穿越轨顶排风道时应加钢套管。

（7）地铁的管道敷设，应考虑热膨胀的影响。当穿过结构变形缝时，应设不锈钢金属软管（工作压力≥1.0 MPa）。设在地下车站内的金属管道直管长度超过 100 m 时每隔 50 m 设一个不锈钢波纹管补偿器。

（8）给水干管必须固定在主体结构上。给排水及水消防管穿过地下主体结构外墙时，应设柔性防水套管。

（9）地铁金属给排水管道及附件，应采取防腐蚀措施。明设的热镀锌钢管及钢塑复合管安装试压后，镀锌层被破坏部分及管螺纹露出部分，刷防锈漆一道，面漆二道，其余刷面漆一道。镀锌钢管及埋设的钢塑复合管刷环氧沥青漆二道。

（10）管道支、吊架应采用不锈钢件，支、吊架管卡与管道之间应设 5 mm 厚绝缘橡胶垫。管道支、吊架间距按施工验收规范执行。

（11）水管穿越人防结构时应设置人防密闭套管。

## 十三、管道的防腐与保温

（1）金属埋地管道均考虑内外壁防腐，埋地铸铁管外涂冷底子油一遍，热沥青两遍。

（2）地下结构或轨道内预埋的金属管道均做石油沥青防腐。

（3）室内安装的镀锌钢管，外刷银粉漆两遍。

（4）地下站风道内的给水管用 50 mm 厚的复合硅酸镁管壳保温。

（5）设在吊顶内或者穿越走道、管理用房内的给水干管应采取复合硅酸镁材料进行防结露，设置要求按中标的供货商提供的技术要求执行。

（6）防结露保温层厚度按 20 mm 计，参照 03S401《管道和设备保温、防结露及电伴热》执行。

## 十四、施工安装及运营管理注意事项

（1）施工应严格遵守国家有关规程、规范，《地下铁道工程施工及验收规范》GB50299，《建筑给水排水及采暖工程施工质量验收规范》GB50242。

（2）施工安装中应仔细对各部件进行直观检查，发现不合格及运输中造成损伤的产品不得装入系统。

（3）管道在安装前，每根管子必须检查清通，保证无杂物存在。管道安装和铺设中断时，应用塞子管堵将敞口封闭，继续施工时再打开。

（4）消防管上的阀门应处于常开状态。装有阀门处应有明显的标志。

（5）给水管最高点设 DN20 自动排气阀，最低点设 DN25 泄水阀。

（6）管道支、吊、托架按国家标准图集制作及安装。

（7）UPVC 管的安装严格按照《建筑排水硬聚氯乙烯管道工程技术规程》CJJ/T29施工，钢管按国标做好防腐处理。

（8）管道安装完毕后做水压试验，消防给水管试验压力为 1.6 MPa，生活给水管试验压力为工作压力的 1.5 倍，但不小于 0.6 MPa，自流排水管做闭水试验。

（9）所有站台层地漏排水管穿轨底排风道时加钢套管。

（10）车站公共区和出入口通道的消火栓及消防器材箱应全部暗装，设备区范围内消火栓箱尽量暗装或半暗装。

（11）基础施工前应先校核实际到货的设备的安装尺寸，核实无误后方可施工。

（12）基施工时基础留孔及卫生设备请以本图为准，结合现场实际与土建、电力等各有关专业密切配合，以免造成返工及施工困难。

## 十五、其　他

（1）所有进出地铁的给水管、消防水管、压力排水管等进出人防工事时内侧设防爆波闸阀，防爆波闸阀设在便于操作处，并应用色漆表明不小于 1.0 MPa。

（2）图中标高除特殊说明外，均采用相对标高，即以本站各层的公共区装修面为 ±0.00。有压管是管中心标高，无压管是管底标高。

（3）车站给排水及消防管道敷设时，应结合车站综合管线设计图，同其他管线一并考虑。

（4）污水池内壁及池底贴瓷砖，用水玻璃粘贴，池顶刷沥青漆。

（5）所有给排水阀门的公称压力均为 1.0 MPa，消防管道的阀门压力为 1.6 MPa。

（6）明敷的排水立管管径大于或等于 110 mm 时，应在管道穿越楼板处设置阻火圈。排水横干管穿防火墙应在防火墙两侧设置阻火圈。此项在图纸中不便表示，由施工方现场解决。

（7）所有管道的阀门应安装在易操作的位置。

（8）施工中应预留水管穿所有后砌混凝土墙的孔洞以及预留风道内过消声器基础的排水通道。

（9）重力排水立管接入线路侧沟处应采用弯头顺水接入，避免直接冲刷道床。

（10）所有集水坑应设盖板，且所有集水坑内阀门在施工安装中应充分考虑检修方便，可根据施工现场情况适当调整管路走向以及泵和泵出水管座的位置。

（11）所有出入口若扶梯基坑与废水集水坑有混凝土墙相隔，墙上贴底应在适当位置预留两个 DN150 钢套管，并在套管孔口设篦子以防止杂物流入废水集水坑。

（12）未尽事项按有关国家规范和标准执行。

（13）防火封堵的设置要求按中标的供货商提供的技术要求执行，其施工安装应在供货商的指导下严格遵循产品手册进行。

（14）凡属供货商二次设计（如：防火封堵、电伴热及保温）的内容，由中标后的供货商提供，不在本册图纸之列。

（15）设备或材料的材质，当招标文件有明确要求时，应以招标文件为准。

（16）因目前部分设备招标或设计联络尚未完成，故设计在后期可能有调整，调整部分的图纸以最终补充或变更的图纸为准。

附表

| 车站用水量计算表 | | | | | | |
|---|---|---|---|---|---|---|
| 序号 | 用水点名称 | 用水量标准 | 计算单元数 | 时变化系数 | 使用时间 | 用水量（m³/d） |
| 一 | 生产用水 | | | | | |
| 1 | 空调冷冻水补水 | 1% | 15 m³/d | | 24 | 3.6 |
| 2 | 空调冷却水补水 | 2% | 270 m³/d | | 24 | 129.6 |
| 3 | 冲洗用水 | 2 L/（m²·次） | | | | 6.6 |
| 小　计 | | | | | | 139.8 |
| 二 | 生活用水 | | | | | |
| 1 | 工作人员生活用水 | 50 L/（班·次） | | 2.5 | 16 | 2.5 |
| 2 | 乘客生活用水 | 6 L/（人·次） | 750 | 2.5 | 16 | 4.5 |
| 小　计 | | | | | | 7 |
| 以上合计（一）+（二） | | | | | | 146.8 |
| 三 | 不可预见用水量 | 10% | | | | 14.68 |
| 日用水量 | | | | | | 161.5 |

| 车站消防用水量计算表 | | | | |
|---|---|---|---|---|
| 序号 | 消防系统名称 | 消防用水量标准 | 火灾延续时间 | 一次灭火用水量（m³/d） |
| 1 | 车站消火栓系统 | 20 L/s | 2 h | 144 |
| 合　计 | | | | 144 |

| 车站排水量计算表 | | | | |
|---|---|---|---|---|
| 序号 | 排水类型 | 排水量标准 | 最大小时排水量（m³/h） | 最高日排水量（m³/d） |
| 1 | 冲洗废水 | 2 L/m² 次 | | 6.6 |
| 2 | 工作人员生活污水 | 47.5 L/（班·人） | | 2.4 |
| 3 | 乘客生活污水 | 5.7 L/（人·次） | | 4.3 |
| 4 | 消防废水 | | | 144 |
| 5 | 结构渗漏水 | 5.7 L/（m²·d） | | 35 |
| 6 | 其他排水 | | | 4.83 |
| 平时排水量合计 | | | | 53.13 |
| 消防时排水量合计 | | | | 197.13 |

# 第四节　地铁区间给排水及水消防施工图实例

实例一。

## 一、工程概况

（1）区间位置：本工程为 XX 站～XX 站区间，区间设计起点 YDK10+904.200，设计终点 YDK12+304.700，正线全长 1400.5 m（双线），在区间线路最低点 YDK11+343.000 处设置区间废水泵房。

（2）市政管网：区间废水泵房附近城市排水管网状况在 XX 路上有 1 200×600 市政雨水管。

## 二、设计依据

（1）《地铁设计规范》GB50157。

（2）《建筑给水排水设计规范》GB50015。

（3）《室外给水设计规范》GB50013。

（4）《室外排水设计规范》GB50014。

（5）《建筑灭火器配置设计规范》GB50140。

（6）《生活饮用水卫生标准》GB5749。

（7）《城市轨道交通技术规范》GB50490。

（8）《建筑灭火器配置设计规范》GB50140。

（9）XX 轨道交通 2 号线一期工程设计总体部提供的有关文件主要：

① XX 轨道交通 X 号线一期工施工图设计技术要求；

② XX 轨道交通 X 号线一期工程施工图设计机电设备对土建的总体要求；

③ XX 轨道交通 X 号线一期工程施工图设计文件组成内容；

④ XX 轨道交通 X 号线一期工程施工图设计文件编制规定；

⑤ 给排水及消防系统施工图设计参考图；

⑥《XX 市轨道交通工程 X 号线一期工程初步设计专家组审查意见》执行情况报告。

（10）XX 轨道交通 X 号线一期工程的建设单位、设计总体部及其他设计单位发出的工作联系单和要求。

## 三、设计范围

自市政给排水接管点至区间范围内的给排水及水消防工程。包括区间的排水系统、水消防系统、灭火器配置、系统之间接口的设计以及与其他相关专业的接口配合设计。压力井之后至市政管网接管点接管由 XX 市相关部门负责设计、实施。

## 四、给排水专业与相关专业接口界面划分

### 1. 地铁工点与市政接口

向市政提出排水接管点数量、位置、管径等资料，提供各工点用水量、排水量资料。接口界面：压力排水为室外第一个压力排水井。

### 2. 车站与区间接口

车站给排水在车站两端预留与区间消防管网接口。车站 A、B 两端各预留与区间消防管网 DN150 接口 2 个，里程分别为 YDK9+904.200、YDK11+304.700。

### 3. 与其他专业接口

（1）与土建专业：给排水及消防系统的所有孔洞、设备吊钩、预埋套管、防水套管均由土建承包商实施及预留（埋）。水泵基础、排水沟、槽、坑、坡等由土建承包商负责施工。上述资料由工点给排水专业给土建专业提供相关资料，土建专业负责预留（埋）、沟槽管洞等的设计。

（2）与轨道专业：线路排水沟引至车站的废水泵房的集水坑处，集水坑由轨道专业设计，集水坑之后由工点给排水专业设计。

（3）与低压配电专业：工点给排水专业提供给排水及消防设备控制（或监控）方式及供电要求、给排水用房的照明要求。低压配电专业接供电线至各用电点配电柜处，给排水及消防设备控制柜(或消火栓)至 BAS/FAS 分盘控制电缆及数据电缆由 BAS/FAS 专业设计。

（4）与 BAS/FAS 专业：工点排水专业对 BAS/FAS 提供给排水及消防设施的监控要求。各潜污泵可由 BAS 专业在车控室显示状态并进行远程控制。FAS 系统应能在车控室或通过设置在消火栓箱附近的紧急启泵按钮远程控制消防泵组的启停。

## 五、主要设计原则及设计标准

（一）设计原则

（1）区间各项用水水源均由相邻车站广播台站供给，不设备用水源。给水系统设计应保证各用水单位对给水水压、水量、水质的要求。

（2）按同一时间内发生一处火灾考虑。

（3）结构渗漏水、消防废水均排入城市雨水系统。

（二）设计标准

### 1. 消防给水系统

（1）地下区间及地下折返线消火栓用水量按 10 L/s 计。

（2）全线按同一时间发生一次火灾计，火灾延续时间为 2 h。

### 2. 排水系统

（1）结构渗漏水量为 1 L/（m·d）计算。

（2）地下区间洞口雨水排水量按 XX 市设计暴雨重现期 50 年、集流时间计算确定。

（3）消防废水量按消防用水量的 100%考虑。

## 六、系统设计

（一）消防给水系统

（1）地下区间每条隧道分别从相邻地下车站的消火栓环状管网上引入 1 根 DN150 消防给水干管，沿区间隧道行车方向的右侧布置，使地铁车站和区间形成环状消防供水管网。

（2）在进入区间的消防管道前安装手电两用动蝶阀，由相邻车站控制室和中央级控制电动蝶阀开启，并可由专人打开蝶阀。此阀平常处于常开状态，安装在人员容易操作的地方。

（3）地下区间仅设消火栓栓口，在车站靠近区间的站台端部各设两具消防器材箱，内置水龙带、多功能水枪等附属设施。区间每间隔 50 m 布置一个消火栓，消火栓系统每隔 5 个消火栓布置一个检修蝶阀。区间在系统最低点设放水阀，在系统最高处设排气阀。

（4）地下区间消火栓系统消防用水量为 36 m³/h。

（5）消火栓口处设启泵按钮，由 FAS 系统控制，可直接启动广播台站消防泵房消防水泵。

（二）排水系统

（1）排水由区间废水组成，区间废水来自地下区间的结构渗漏水及消防废水等。

（2）区间隧道废水泵房。

① 主要排除区间隧道的结构渗漏水及消防废水，设在线路实际坡度的最低点。区间废水泵房中心里程为 YDK10+343.000，区间废水泵房压力出水管接至广播台站，由广播台站风亭排入附近市政雨水管网。

② 本区间废水泵房设 2 台废水泵，平时互为备用，依次轮换工作，消防或必要时，两台水泵同时工作。废水泵的总排水能力按消防时的排水量和结构渗水量之和确定。每台排水泵的排水能力，按大于最大小时排水量的 1/2 确定。

③ 废水泵房的集水池有效容积按不小于最大一台排水泵 15～20 min 的出水量，集水池有效容积为 20 m。

④ 废水泵采用潜水排污泵（$Q$=25 m³/h，$H$=35 m，$P$=7.5 kW）2 台，一用一备，消防时同时启动。

## 七、控制方式及对供电要求

（1）区间废水泵及洞口雨水泵房采用现场水位自动控制、就地手动控制、就近车站控制室远程强制启动水泵三种控制方式；实行二级管理，车站控制室一级监视，泵房内的终端控制器的二级监视管理，当终端控制器失灵时，在车站控制室由监视系统发现后，现场人工手动控制或远程强制启动水泵；水泵起、停泵液位信号及高、低水位报警信号、水泵故障信号、手/自动状态信号、水泵运行状况信号接入 BAS 系统。

（2）废水泵、雨水泵均按一级负荷供电。

## 八、管道材料及管道防杂散电流

### 1. 消防给水管材

如管材与招标要求有矛盾时，按招标要求执行。

区间消防给水管采用球墨铸铁给水管，NI 型双压兰接口，区间消防水管支架处的锚栓采用后扩底锚栓，设置要求按中标的供货商提供的技术要求执行"。

### 2. 排水管材

室外重力排水管采用加筋塑料排水管，密封圈插接；室内重力排水管道采用阻燃型 UPVC 管，胶水粘接；室内压力排水管道采用内外热镀锌钢管，采用卡箍（沟槽式）连接，室外压力检查井前压力排水管选用内外热镀锌钢管，采用法兰连接。

### 3. 防杂散电流

地铁金属给排水管道及设备，应采取防止杂散电流腐蚀的措施。金属给排水管道应用电缆和接地母排相连。给水及消防引入管应在主体结构内侧各设一段 1 m 长给水塑料管（工作压力≥1.0 MPa），其他金属管道应在主体结构内侧设可曲挠橡胶接头。去区间的消防管上设置橡胶软接头。

## 九、管道布置和敷设

（1）当穿过结构变形缝时，应设不锈钢金属软管（工作压力≥1.0 MPa）。

（2）给水干管必须固定在主体结构上。给排水及水消防管穿过地下主体结构外墙时，应设柔性防水套管。

（3）管道支、吊架应采用不锈钢件，支、吊架管卡与管道之间应设 5 mm 厚绝缘橡胶垫。管道支、吊架间距按施工验收规范执行。

## 十、施工安装及运营管理注意事项

（1）施工应严格遵守国家有关规程、规范，《地下铁道工程施工及验收规范》GB50299，《建筑给水排水及采暖工程施工质量验收规范》GB50242。

（2）施工安装中应仔细对各部件进行直观检查，发现不合格及运输中造成损伤的产品不得装入系统。

（3）管道在安装前，每根管子必须检查清通，保证无杂物存在。管道安装和铺设中断时，应用塞子管堵将敞口封闭，继续施工时再打开。

（4）消防管上的阀门应处于常开状态。装有阀门处应有明显的标志。

（5）区间消防给水管最高点设 DN25 自动排气阀，最低点设 DN65 泄水阀。

（6）管道支、吊、托架按国家标准图集制作及安装

（7）UPVC 管的安装严格按照《建筑排水硬聚氯乙烯管道工程技术规程》CJJ/T29 施工，钢管按国标做好防腐处理。

（8）管道安装完毕后做水压试验，消防给水管试验压力为 1.6 MPa，生活给水管试验压力为工作压力的 1.5 倍，但不小于 0.6 MPa，自流排水管做闭水试验。

在机车、车辆的检修过程中，须对机车、车辆清洗及对拆换下来的零配件进行蒸煮、清洗，因而产生大量含油废水。铁路检修企业所产生的含油废水的油类主要为废机械油、润滑油，含少量乳化油，废水中的主要污染物为石油类、COD、悬浮物等，水质变化幅度较大。

实例二。

## 一、设计依据

（1）XX 轨道交通 X 号线初步设计。

（2）XX 轨道交通 X 号线初步设计评审意见。

（3）《XX 轨道交通 X 号线工程施工图技术要求（初稿）》（2003 年 3 月）。

## 二、设计资料

（1）地下水位：地面以下 0.50 m。

（2）地震烈度：7 度。

（3）夏季主导风向：SE。

（4）地质情况（管道埋深范围内）：场地埋深 1.0 m 以浅一般分布有杂填土，结构

松散，工程力学性质差，该层局部为素填土；1.0～2.6 m 主要分布有粉质黏土，可塑状，中压缩性，工程力学性质尚好，该层在暗明水塘以及厚填土分布区缺失；1.9～6.0 m 主要分布有淤泥质粉质黏土，流塑状，高压缩性，土质不均匀，夹粉土薄层，渗透性较强，工程力学性质差。如图 6-9、6-10 所示。

## 三、给排水主要技术条件

### 1. 给 水

（1）水源：水源采用城市自来水，一路由港城路 DN500 市政给水管引入，另一路由港城路 DN1000 市政给水管引入，自两条市政给水干管上各引入一根进水管，并在室外形成环状布置，室外采用生产、生活和消防共用管网。市政供水压力为 0.14 MPa。给水系统的设计应满足车辆段生产、生活和消防对水量、水质和水压的要求。

（2）用水量：最高日生产、生活用水量为 452.4 m³/d。消防用水量：消火栓系统消防用水量室外最大用水量 20 L/s（运用库、维修及材料总库），室内 15 L/s。自动喷水灭火系统消防用水量运用库 26 L/s。

（3）生产、生活给水系统：生产、生活给水系统主要供给段内停车列检库、洗车库冲洗车辆用水及工作人员饮用水、盥洗水、厕所用水、冲洗用水等。市政引入管引入场内，形成环状布置，直接供给场内生产、生活用水。

（4）消防给水：车辆段总占地面积 22.68 公顷。同一时间内按一处失火考虑。室外消火栓给水由段内环状管网直接供给。室内消防直接从室外环网抽水，不设消防水池。

（5）室内消防系统与生产、生活给水系统分开设置。消防用水经消防泵组加压后在车辆段内形成环状管网，供各建筑室内消防使用。

综合办公楼、运用库、检修库及材料总库及其他建筑体积>5 000 m³ 的建筑均设置室内消火栓系统。综合办公楼、运用库、检修库及材料总库的室内消火栓用水量为 15 L/s，其他建筑的室内消火栓用水量按 10 L/s 计。室内消火栓的布置保证同层有两股水柱同时到达任何部位，水枪充实水柱均按 10 m 计。消火栓数量超过 10 个的建筑，室内消防给水设两条进水管，且室内管道环状布置。

综合办公楼和运用库的停车部位按有关的规范要求设置自动喷水灭火系统。综合办公楼的火灾危险等级按轻危险级设计，设置湿式自动喷水灭火系统，系统设计流量 15 L/s。运用库火灾危险等级按中危险Ⅰ级设计，考虑冬季防冻要求设置预作用自动喷水灭火系统，系统设计流量 21 L/s。

消火栓系统和自动喷水灭火系统合用消防泵组，系统管网在报警阀前分开。在综合办公楼和运用库内分别设置水泵间，内设消防泵组，综合办公楼内消防泵组供本楼的室内消防给水，运用库内消防泵组供本建筑及其他建筑的室内消防给水。其他各建筑按有关的设计规范设置消火栓灭火系统和建筑灭火器配置。

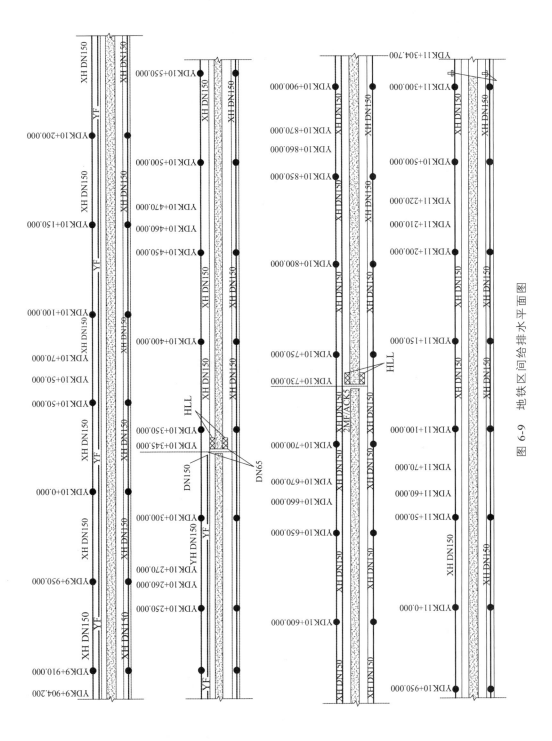

图 6-9　地铁区间给排水平面图

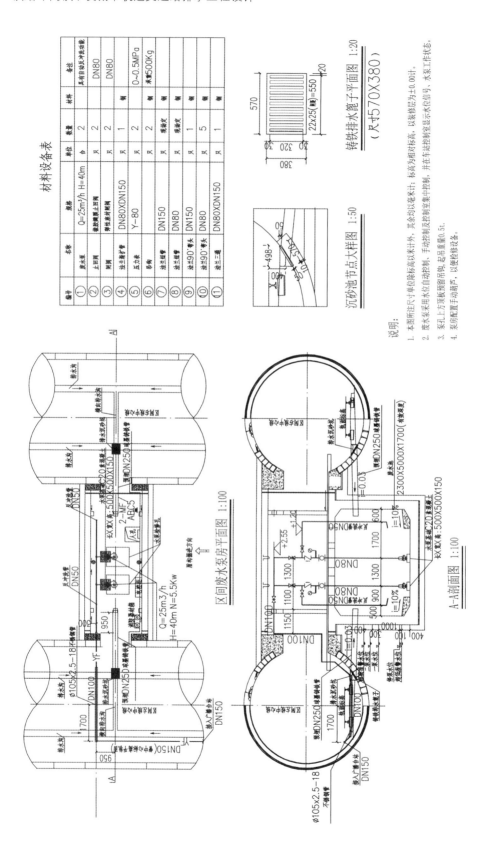

材料设备表

| 编号 | 名称 | 规格 | 单位 | 数量 | 材料 | 备注 |
|---|---|---|---|---|---|---|
| ① | 废水泵 | Q=25m³/h H=40m | 台 | 2 | | 其有自启动及反冲洗功能 |
| ② | 止回阀 | 微阻缓闭止回阀 | 只 | 2 | | DN80 |
| ③ | 闸阀 | 弹性座封闸阀 | 只 | 2 | | DN80 |
| ④ | 法兰管子 | DN80×DN150 | 只 | 1 | | |
| ⑤ | 压力表 | Y-80 | 只 | 2 | 钢 | 0~0.5MPa |
| ⑥ | 吊钩 | | 只 | 2 | 钢 | 承重500Kg |
| ⑦ | 法兰短管 | DN150 | 只 | 现场定 | 钢 | |
| ⑧ | 法兰短管 | DN80 | 只 | 现场定 | 钢 | |
| ⑨ | 法兰90°弯头 | DN150 | 只 | 现场定 | 钢 | |
| ⑩ | 法兰90°弯头 | DN80 | 只 | 5 | 钢 | |
| ⑪ | 法兰三通 | DN80×DN150 | 只 | 1 | 钢 | |

铸铁排水篦子平面图 1:20
（尺寸570X380）

沉砂池节点大样图 1:50

说明:
1. 本图所注尺寸单位除标高以米计外，其余均以毫米计。标高为相对标高，以装修层为±0.00计。
2. 废水泵采用水位自动控制，手动控制及控制室集中控制，并在车站控制室显示控制信号，水泵工作状态。
3. 泵房上方预留吊钩，起吊重量0.5t。
4. 泵房配置手动葫芦，以便检修设备。

区间废水泵房平面图 1:100

A—A剖面图 1:100

图 6-10  地铁地下区间废水泵房平剖面图

建筑物内按《建筑灭火器配置设计规范》GB50140 设置灭火器，灭火器采用磷酸铵盐干粉灭火器。

（6）给水管管材：管径＜100 mm 采用给水塑料管，管径≥100 mm 采用球墨铸铁管。

（7）从市政给水管网的不同管段接出的两路引入管，与车辆段的给水管网形成环状管网，在其引入管上设置倒流防止器。

（8）车辆段单独接出消防用水管道时，在消防用水管道的起端；设置倒流防止器。

（9）生产、生活给水系统尽可能利用市政给水管网压力直接供水，在不能满足用水点压力时，采用全自动变频调速恒压供水设备供水，并设有储水池。

## 2．雨污水

排水系统主要是排除车辆段内的雨水、生产废水、生活污水、消防废水，排水系统采用分流制。各类污、废水集中处理后就近排入市政污水管道。

需设雨水内排水的建筑采用雨水与污废水分流的排水系统，雨水汇流后，经提升排入高三港。

洗车库冲洗水经处理后回收利用，利用率 80%。

车辆段内的污水经管道收集，排入污水处理站，污水经提升进入斜板隔油沉淀池，去除悬浮杂质及可浮油后进入油水分离装置，此装置可去除乳化油，出水就近接入市政污水管道。

（1）污水排水系统主要是排除停车场生产废水、生活污水、消防废水，各类污、废水汇集处理后排入 XX 路市政污水管道。洗车库冲洗水经处理后回收利用，利用率 80%。

（2）排水量：最高日排水量为 238.6 m³/d。

（3）管材：采用排水加筋塑料管。

## 3．雨水排水

（1）雨水排水系统主要是排除停车场内的雨水、消防废水，雨水汇集抽升后排入 XX 港。汇水面积为 21.19 公顷，重现期为 5 年。

雨水设计流量：

$$Q = K_1 q \varphi F$$

暴雨强度公式：

$$i = \frac{9.450\,0 + 6.793\,2 \lg T_E}{(t + 5.54)^{2.52}}$$

径流系数见表 6-2。

室外汇水面平均径流系数应按地面的种类加权平均计算确定。如资料不足，车站综合径流系数根据建筑稠密程度在 0.5 ~ 0.8 内选用。北方干旱地区的车辆段径流系数一般可取 0.3 ~ 0.6。车站建筑密度大取高值，密度小取低值。

表 6-2　径流系数

| 覆盖种类 | 径流系数 $\psi$ |
|---|---|
| 各种屋面、混凝土和沥青路面 | 0.90 |
| 大块石铺砌路面、沥青表面处理的碎石路面 | 0.60 |
| 级配碎石路面 | 0.45 |
| 干砌砖石和碎石路面 | 0.40 |
| 非铺砌土地面 | 0.30 |
| 绿地和草地 | 0.15 |

（2）排水量：设计秒流量为 3 035.36 L/s。

（3）雨水口：雨水口采用 Ⅱ 型雨水口。

（4）管材：管径≤400 mm 采用排水加筋塑料管，管径 450 mm 采用砼管，管径 >450 mm 采用钢筋砼管。单个雨水口连接管采用 de200 排水加筋塑料管，连接两个雨水口，连接管采用 de300 排水加筋塑料管，坡降采用 0.01。

## 四、施工注意事项

（1）当给水管铺设在污水管道下面时，应采用钢套管防护，套管伸出交叉点的长度每边不得小于 3.0 m。套管两端采用防水材料封闭。

（2）管道施工过程中如遇暗水塘等不良地质，需采用中粗砂换填。给水管道坐落于软土等不良地质地区需加设 300 mm 厚中粗砂基础。

（3）排水窨井施工时，须核实井位处地面或路面高程，并调整窨井深度，施工完成后，使井盖与地面或路面保持平整。

（4）给排水必须与工艺、环控专业图纸配合使用。

（5）雨水排水必须与站场、环控专业图纸配合使用。

（6）施工中如遇实际情况与设计不符，需及时与设计单位及相关单位联系，协商解决。

（7）设计中未尽事宜，按现行相关规范、标准执行。

# 第五节　轨道交通车辆段给水排水施工图实例

## 一、设计依据

（1）XX 轨道交通 X 号线初步设计。

（2）XX 轨道交通 X 号线初步设计评审意见。

（3）XX 轨道交通 X 号线工程施工图技术要求。

## 二、设计资料

（1）地下水位：地面以下 0.50 m。

（2）场地地震动峰值加速度 0.10（0.15）g，相当于地震烈度 7 度。

（3）夏季主导风向：SE。

（4）地质情况（管道埋深范围内）：场地埋深 1.0 m 以浅一般分布有杂填土，结构松散，工程力学性质差，该层局部为素填土；1.0～2.6 m 主要分布有粉质粘土，可塑状，中压缩性，工程力学性质尚好，该层在暗明河塘以及厚填土分布区缺失；1.9～6.0 m 主要分布有淤泥质粉质粘土，流塑状，高压缩性，土质不均匀，夹粉土薄层，渗透性较强，工程力学性质差。

## 三、给排水主要技术条件

### （一）给　水

（1）水源：水源采用城市自来水，一路由 XX 路 DN500 市政给水管引入，另一路由 XX 路 DN1000 市政给水管引入，自两条市政给水干管上各引入一根进水管，并在室外形成环状布置，室外采用生产、生活和消防共用管网。市政供水压力为 0.14 MPa。给水系统的设计应满足车辆段生产、生活和消防对水量、水质和水压的要求。

（2）用水量：最高日生产、生活用水量为 452.4 m³/d。消防用水量：消火栓系统消防用水量室外最大用水量 20 L/s（运用库、维修及材料总库），室内 15 L/s。自动喷水灭火系统消防用水量运用库 26 L/s。

（3）生产、生活给水系统：生产、生活给水系统主要供给段内停车列检库、洗车库冲洗车辆用水及工作人员饮用水、盥洗水、厕所用水、冲洗水等。市政引入管引入场内，形成环状布置，直接供给场内生产、生活用水。

（4）消防给水：车辆段总占地面积 22.68 公顷。同一时间内按一处失火考虑。室外消火栓给水由段内环状管网直接供给。室内消防直接从室外环网抽水，不设消防水池。

室内消防系统与生产、生活给水系统分开设置。消防用水经消防泵组加压后在车辆段内形成环状管网，供各建筑室内消防使用。

综合办公楼、运用库、检修库及材料总库及其它建筑体积>5 000 m³ 的建筑均设置室内消火栓系统。综合办公楼、运用库、检修库及材料总库的室内消火栓用水量为 15 L/s，其它建筑的室内消火栓用水量按 10 L/s 计。室内消火栓的布置保证同层有两股水柱同时到达任何部位，水枪充实水柱均按 10 m 计。消火栓数量超过 10 个的建筑，室内消防给水设两条进水管，且室内管道环状布置。

综合办公楼和运用库的停车部位按有关的规范要求设置自动喷水灭火系统。综合办公楼的火灾危险等级按轻危险级设计，设置湿式自动喷水灭火系统，系统设计流量 15 L/s。运用库火灾危险等级按中危险 I 级设计，考虑冬季防冻要求设置预作用自动喷水灭火系统，系统设计流量 21 L/s。

消火栓系统和自动喷水灭火系统合用消防泵组，系统管网在报警阀前分开。在综合办公楼和运用库内分别设置水泵间，内设消防泵组，综合办公楼内消防泵组供本楼的室内消防给水，运用库内消防泵组供本建筑及其它建筑的室内消防给水。其它各建筑按有关的设计规范设置消火栓灭火系统和建筑灭火器配置。

建筑物内按《建筑灭火器配置设计规范》GB50140 设置灭火器，灭火器采用磷酸铵盐干粉灭火器。

（5）给水管管材：管径 < 100 mm 采用给水塑料管，管径 ≥ 100 mm 采用球墨铸铁管。

（6）从市政给水管网的不同管段接出的两路引入管，与车辆段的给水管网形成环状管网，在其引入管上设置倒流防止器。

（7）车辆段单独接出消防用水管道时，在消防用水管道的起端设置倒流防止器。

（8）生产、生活给水系统尽可能利用市政给水管网压力直接供水，在不能满足用水点压力时，采用全自动变频调速恒压供水设备供水，并设有储水池。对混凝土储水池内壁采取喷涂食品级环氧树脂内衬材料进行有效的防护，达到先进的、可靠的、卫生要求。

（二）排　水

排水系统主要是排除车辆段内的雨水、生产废水、生活污水、消防废水，排水系统采用分流制。生产污水应按照清污分流，单独收集处理；列车洗车废水按照收集处理回用；生活污水中粪便污水经化粪处理后就近排入市政污水管道。雨水、消防废水可以就近排入市政雨水管道。

（1）排水量：最高日排水量为 238.6 m³/d。

（2）车辆段内的含油污水经管道收集，排入污水处理站，污水经提升进入斜板隔油沉淀池，去除悬浮杂质及可浮油后进入油水分离装置，此装置可去除乳化油，出水就近接入市政污水管道。

（3）洗车库冲洗水经处理后循环利用，利用率 ≥ 80%。

（4）管材：由于车站场地下水位较高，软土地层，采用排水加筋塑料管，接口采用热熔焊接，不易渗漏。

（5）管道基础：对于软弱土层 ≤ 2 m 的地基采用换填垫层法进行处理，管道铺设在淤泥质粉质粘土地层，可铺设 0.6 m 厚砂和砂石垫层。砂垫层和砂石垫层材料透水性大，软弱土层受压后，垫层可作为良好的排水面，使基础下面的孔隙水压力迅速消散，加速垫层下软土层的固结和提高其强度，避免地基土塑性破坏。

对于软弱土层 > 2 m 的地基，排水管道管径 ≥ DN400，采用基坑铺设土工布的基础处理方法。土工布在软土地基加固中的作用包括排水、隔离、应力分散和加筋补强。也可做 300 mm 厚 C20 砼条形基础，保证管道不发生下沉。

## （三）污水处理站工艺

### 1. 含油污水处理

由于机车、车辆在运行过程中，有大量的砂粒，尘土等污物粘附在有油的机车车辆零部件上，在进行清洗时其带着油污一起进入污水中。因此在铁路排放的含油污水中包含有大量的吸附油的悬浮物固体颗粒。

在车辆的检修过程中，须对车辆清洗及对拆换下来的零配件进行蒸煮、清洗，因而产生大量含油废水。车辆检修所产生的含油废水的油类主要为废机械油、润滑油，含少量乳化油，废水中的主要污染物为石油类、COD、SS 等，水质变化幅度较大。

生产污水由检修车间（冲洗电池组、空调、车辆转向架高压冲洗）和轮轴车间（冲煮洗轮对、轴箱和零部件的煮洗）等排放。

污水处理工艺为：

污水→格栅井→污水泵井→斜管隔油沉淀池→油水分离装置→排入城市下水管网。

油水分离装置如图 6-11 所示。

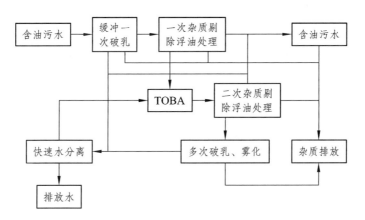

图 6-11　油水分离装置系统图

含油废水的油脂，可降至 10 mg/L 以下，废水能达到澄清程度。见表 6-3。

表 6-3　进出水指标

| 项　目 | 污水中含油 | SS | 污水的温度 |
|---|---|---|---|
| 进水指标 | ≤ 300 mg/L | ≤ 100 mg/L | ≤ 40 °C |
| 出水指标 | ≤ 10 mg/L | ≤ 3 mg/L | ≤ 40 °C |

### 2. 洗车废水处理

列车洗刷库（客车外皮机械洗刷）等车间排放洗车废水，洗车机的废水处理工艺流程图如图 6-12 所示。

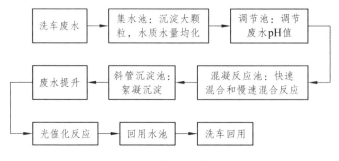

图 6-12　洗车废水处理流程

### （四）雨　水

（1）雨水排水系统主要是排除停车场内的雨水、消防废水，雨水汇集抽升后排入高三港。汇水面积为 21.19 公顷，重现期为 5 年，暴雨强度 $i=(9.45+6.79\lg T)/(t+5.54)$。

（2）排水量：设计秒流量为 3 035 L/s。

（3）雨水口：雨水口采用 II 型雨水口。

（4）管材：管径≤400 mm 采用排水加筋塑料管，管径 450 mm 采用砼管，管径 >450 mm 采用钢筋砼管。单个雨水口连接管采用 de200 排水加筋塑料管，连接两个雨水口，连接管采用 de300 排水加筋塑料管，坡降采用 0.01。

（5）需设雨水内排水的建筑采用雨水与污废水分流的排水系统，雨水汇流后，经提升排入 XX 河。

## 四、雨水泵站、污水处理站设计说明

### （一）设计依据

（1）XX 轨道交通 X 号线初步设计。

（2）XX 轨道交通 X 号线初步设计评审意见。

（3）XX 轨道交通 X 号线工程施工图技术要求。

### （二）平面布置

雨水泵站内设有泵房，管理用房，进、出水闸门井等构筑物；污水处理站内设有格栅井、污水泵井、斜管隔油沉淀池等构筑物。占地面积 2 075 m²。如图 6-13～6-15 所示。

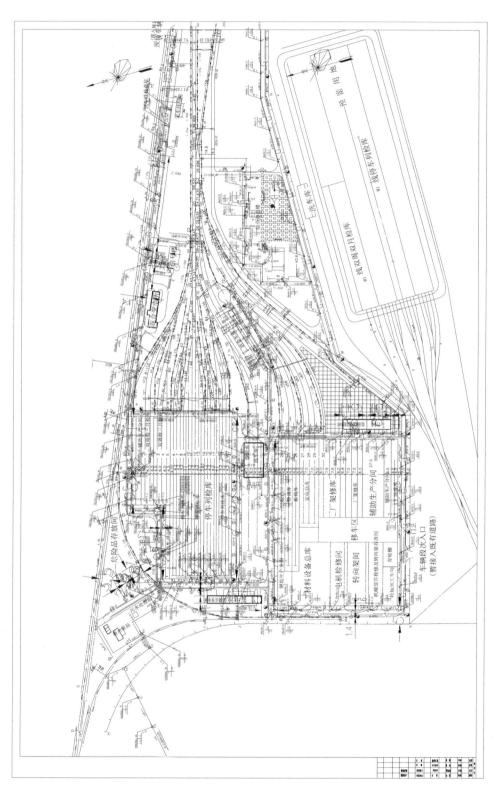

图 6-13　车辆段平面图

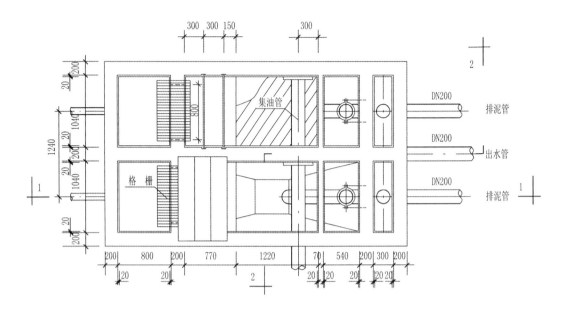

平面

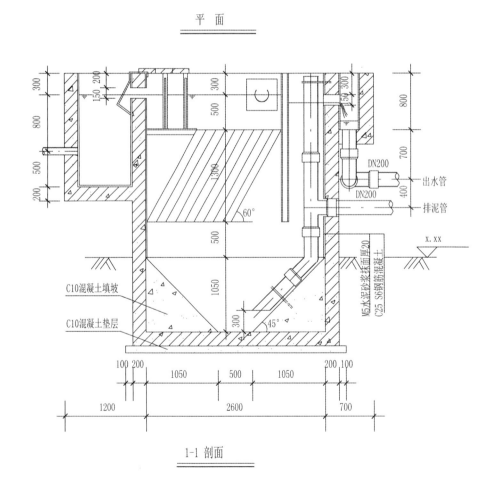

1-1 剖面

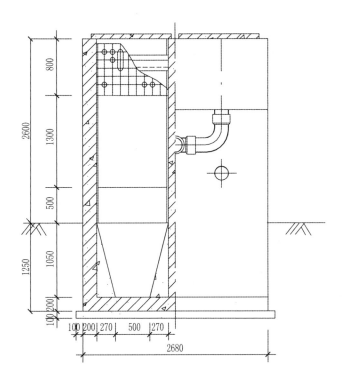

2-2 剖面

图 6-14　斜板隔油池平、剖面图

说明：

（1）斜管隔油沉淀池处理能力 20 m³/h，分两格，同时运行。

（2）采用重力排泥，每日排泥不少于 1 次。

（3）为防止堵塞和降低沉淀效率，斜管每季度要放空并用自来水冲洗 1 次。

（4）斜管采用玻璃钢蜂窝填料成品，孔径 $d=36$ mm，夹角 $\alpha=60°$，斜管总长 $L=1\ 500$ mm。

（5）本沉淀池基础应座落在褐黄—灰黄色粉质粘土层上，$[R] \geqslant 100$ kPa。开挖后如地质不符，应会知设计人员做换填处理。

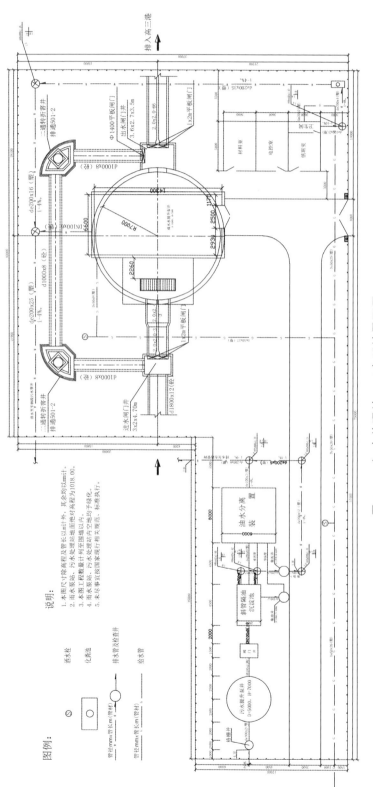

图 6-15　污水处理站、雨水泵站平面图

说明：

（1）本图纸尺寸单位高程以 m 计，其余均以 mm 计。

（2）工艺施工图必须与建筑、结构、电气和机械等图纸一并使用。

（3）雨水水泵基础应与水泵间地板浇筑成一体。雨水水泵出水穿墙短管法兰盘待短管安装完成后进行焊接。

（4）雨水泵站格栅井风雨棚待格栅格栅棚安装完毕后进行土建施工。

（5）雨水水泵安装前应将基础表面找平，并将预留孔清理干净，待地脚螺栓埋入后，用 C30 细石混凝土浇筑筑固结。

（三）雨水泵站工艺

（1）泵房内配置4台PL7061轴流潜水电泵，1台潜水排污泵。

（2）格栅井、出水闸门井与泵井合建，管理用房建于泵房旁边。

（3）格栅井设置2台格删除污机。

（4）进、出水箱涵均为双孔箱涵，设置平板闸门及手电两动闸阀启闭机。

（5）泵站设置岔道管，连接进、出水闸门井。

（四）污水处理站工艺

污水处理工艺为：净水→格栅井→污水泵井→斜管隔油沉淀池→油水分离装置→排入城市下水管网。

（五）给排水

管材：给水管道采用给水塑料管。

排水管道管径≤400 mm采用硬聚氯乙烯（UPVC）加筋管，管径 > 400 mm采用钢筋砼管。

雨水口采用Ⅱ型，连接管采用de225硬聚氯乙烯（UPVC）加筋管，管道坡降0.01。

## 五、施工注意事项

（1）本册图纸尺寸单位高程以 m 计，其余均以 mm 计。

（2）工艺施工图必须与建筑、结构、电气和机械等图纸一并使用。

（3）雨水水泵基础应与水泵间地板浇于一体。

（4）雨水水泵出水穿墙短管法兰盘待短管安装完成后进行焊接。

（5）雨水泵站格栅井风雨棚待格栅安装完毕后进行土建施工。

（6）雨水水泵安装前应将基础表面找平，并将预留孔清理干净，待地脚螺栓埋入后，用 C30 细石砼浇筑固结。

（7）油水分离装置由厂家进行指导安装。

（8）施工中如遇实际情况与设计不符，须及时与设计单位及相关单位联系，协商解决。

（9）设计中未尽事宜，按现行国家、铁路行业相关规范、标准执行。

# 第六节 城市轨道交通给水排水专业设计接口

## 一、专业设计接口重要性

在城市轨道交通（地铁）地铁工程设计的过程中，针对给排水系统设计接口实施有效的管理是给水排水专业负责人工作的关键，在开展给排水系统接口设计和管理的过程中，需要严格的对相关的接口设计原则和实际情况进行充分的熟悉了解，针对设计接口的环节逐项推进设计工作。

城市轨道交通（地铁）工程是一项涉及多专业、关系复杂、技术难度大的系统工程。地铁工程的设计有赖于各专业、各系统的相互配合。为了使地铁工程各子系统能紧密结合，有效联系，达到整个地铁安全、可靠、经济、合理，有效地发挥各个部分的功能，在设计过程中，编制完整的技术接口，注意并处理好各系统的接口关系十分重要。

编制技术接口设计的原则：专业接口界面清晰，上下游专业内容交叉少，有利于流程优化，形成"流水线"作业，节约时间，提高设计效率，提升设计质量，降低人力物力成本。

完整正确的接口是指导、检查和验证各子系统设计的完整性、安全性、可靠性、合理性和经济性的重要文件，它不仅是选择土建工程方案，也是各设备系统确定功能和规模的依据之一，它将是保持系统的总体完整性和协调运作的一致性，充分发挥地铁工程功能、降低造价、提高效益的重要保证。

总之，城市轨道交通（地铁）工程设计，涉及专业多，关系复杂，情况交叉多变，接口的编制应遵循由浅入深、由粗到细，并在各个设计阶段中逐步完善。必要时，还须根据项目的特点和实际做相应地调整和优化。

## 二、专业设计接口示例

以下内容仅作为城市轨道交通工程给排水专业各设计阶段提出资料的参考示意，实际应根据项目的具体情况和专业的设计需求仔细研究。各阶段提供资料的详细程度可根据《城市轨道交通工程设计文件编制深度规定》建质〔2013〕160办理，并应满足相关专业工作阶段深度要求。

（一）对线路平、纵断面图意见

接收专业：线路。

设计阶段：预可行性研究、可行性研究、总说明素材、初步设计、施工图。

预可行性研究阶段：提各方案线路平、纵断面图（含站位方案）反馈意见。

可行性研究阶段：先提对线路、平纵断面要求，在收到线路平、纵断面图（设计初稿）的基础上再提反馈意见。

总说明素材、初步设计阶段：在线路提供线路平、纵断曲图（设计初稿）的基础上提反馈意见。

施工图工图阶段：在线路提供线路平、纵断面图的基础上提反馈意见。

（二）限界要求

本线在区间隧道的给排水管道数量、安装位置、管径（支架）尺寸。

接收专业：车辆。

设计阶段：预可行性研究、可行性研究、总说明素材、初步设计、施工图。

备注：区间隧道断面图上绘制给排水管道（支架），标注尺寸后反馈。

（三）车站定员及房屋要求

接收专业：建筑、（建筑）结构。

设计阶段：可行性研究、总说明素材、初步设计、施工图。见表 6-4。

表 6-4　车站定员及房屋要求

| 序号 | 站　名 | 建筑面积（m²） | | | 集水坑尺寸 | 备注 |
|---|---|---|---|---|---|---|
| | | 消防泵房 | 污水泵房 | 废水泵房 | | |
| 1 | XX 车站 | 45 | 12 | 25 | | |
| 2 | XX 车站 | 无 | 15 | 20 | | |
| 3 | XX 车站 | 无 | 12 | 25 | | |
| 4 | XX 车站 | 40 | 12 | 20 | | |
| 5 | XX 车站 | 无 | 15 | 无 | | |
| 6 | XX 车站出入口自动扶梯集水坑 | 无 | 无 | 无 | 2 200×2 400 | |
| 7 | 敞口风道集水坑 | 无 | 无 | 无 | 2 200×2 400 | |

（1）车站一般不设固定给排水定员。

（2）地下车站消防泵房一般设置于站厅层。

（3）废水泵房一般设置于车站较低的一端和盾构井结合设置。

（4）污水泵房一般设置于车站内厕所的正下方，如果车站较深存在二级污水泵房一般设置于风道内。表格中的面积仅为示例，可根据项目的具体情况和建筑的布局适当调整。

（四）区间泵站设置要求

接收专业：线路、地下结构。

设计阶段：预可行性研究、可行性研究、总说明素材、初步设计、施工图。见表 6-5。

表 6-5　区间泵站设置要求

| 序号 | 泵站名称 | 泵房中心里程 | 备注说明 |
|---|---|---|---|
| 1 | 废水泵站 | DK1+200 | 明挖区间 |
| 2 | 雨水泵站 | DK1+600 | 隧道洞口 |
| 3 | 雨水泵站 | DK16+400 | 隧道洞口 |

| 序号 | 泵站名称 | 泵房中心里程 | 备注说明 |
|---|---|---|---|
| 4 | 雨水泵站 | DK20+368 | 盾构区间 |
| 5 | 废水泵站 | DK23+376 | 盾构区间 |
| 6 | 废水泵站 | DK24+169 | 盾构区间 |
| 7 | 废水泵站 | DK26+361 | 盾构区间 |
| 8 | 废水泵站 | DK29+614 | 盾构区间 |
| 9 | 盾构端头井 | 终　点 | |
| 10 | 出入段线 | L1DK+680 | 盾构井内 |
| 11 | 出入段线 | L2DK+456 | 盾构井内 |
| 12 | 废水泵房 | SS1区间电缆通道 | |
| 13 | 废水泵房 | SS2区间电缆通道 | |

（1）两站之间的站间距较小且为单向坡时，区间一般可不设泵站，考虑与车站废水泵房合并设置。

（2）两站之间线路最低点位置线间距较大，考虑上下行线各设一座泵站，建议将泵站与区间风井或联络通道的位置调整到一个位置，综合考虑设计方案。

## （五）地下线路排水沟及给水（消防）干管对轨道的要求

接收专业：线路。

设计阶段：预可行性研究、可行性研究、总说明素材、初步设计、施工图。

（1）地下线路排水沟的断面尺寸要求。

（2）地下线路给水（消防）干管对轨道的要求。

备注：区间废水系统包括结构渗漏水、事故消防废水等。

## （六）全线用地要求

接收专业：线路、建筑。

设计阶段：预可行性研究、可行性研究、总说明素材、初步设计、施工图。见表6-6。

表 6-6　全线用地要求

| 站名 | 名称 | 位置 | 数量（亩） | 用地性质 | 备注 |
|---|---|---|---|---|---|
| XX站 | 污水泵井 | | | 荒地 | |
| XX站 | 雨水泵井 | | | 农田 | |
| ... | | | | | |
| XX站 | 污水泵井 | | | 荒地 | |
| XX站 | 雨水泵井 | | | 农田 | |

注：指在远郊区间或设于远郊的车辆段、停车场及基地用地界以外的部分，包括独立的给排水房屋、道路、构筑物、管道及检查井等，可行性研究、初步设计、施工图应附图。

（七）市政管网排水能力

接收专业：站场、桥梁。

设计阶段：可行性研究、总说明素材、初步设计、施工图。

地面站、停车场、车辆段及基地、独立建筑、过渡段、地下车站出入口、沿河路基等处的市政管网排水能力（站场专业只提供停车场、车辆段及基地处的市政管网排水能力）。

（八）车辆段、停车场给排水房屋及定员要求

设计阶段：可行性研究、总说明素材、初步设计、施工图。

接收专业：建筑、（建筑）结构。见表6-7。

表6-7　停车场、车辆段定员及房屋要求

| 位　置 | 房屋名称 | 房屋面积（m²） | 房屋净高（m） | 围墙尺寸（m） | 定员（人） | 备注 |
|---|---|---|---|---|---|---|
| ××停车场 | 给水加压 | 120 | 4.5 | 25×40 | 1 | |
| | 生活污水处理站 | 80 | 4.5 | 35×40 | 2 | |
| ××车辆段 | 给水所 | 120 | 4.5 | 35×40 | 2 | |
| | 生产污水处理站 | 210 | 5.1 | 45×60 | 3 | |
| | 生活污水处理站 | 80 | 4.5 | 30×30 | 6 | |
| 全线给排水设备维修管理（巡检） | 设置于综合维修基地内的相应工区 | 给水工区120，排水工区120 | 3.5 | | | |
| 合　计 | | 850 | | | | |

备注：停车场往往只配备停放车辆的股道和一般车维修整备设备，仅能完成车辆的运用管理、清洁整备、列车安全检查和月检等日常维修保养工作。简单的停车场也可不担负月检任务，其月检设施可设于相关车辆段内，在设计中应根据实际情况灵活运用。车辆段则必须配备相应修程的各种检修设备和设施，包括检修库和各种检修线路、各种辅助生产车间和设备以及为车辆检修服务的各种设施，如试车线、镟轮线、给水设备、供电设备和污水处理设备等。

（九）房屋结构基础、起吊设施和管道、设备预留孔洞要求

接收专业：建筑、（建筑）结构。

设计阶段：可行性研究、总说明素材、初步设计、施工图。见表6-8。

表6-8　××站示例

| ××站 | 消防泵房 | 污水泵房 | 废水泵房 | 附注 |
|---|---|---|---|---|
| 设备质量 | 2×1.5 t | 2×0.5 | 2×0.5 | |
| 基础尺寸 | 600×700×450 | 无 | 无 | 长×宽×高 |

续表

| ××站 | 消防泵房 | 污水泵房 | 废水泵房 | 附注 |
|---|---|---|---|---|
| 孔洞尺寸 | 无 | 600×800 | 700×800 | |
| 起吊设施 | 单轨工字钢（如图） | 承重0.5 t的吊钩2个 | 承重0.5 t的吊钩2个 | 位置如图 |
| 门的尺寸要求 | 1 500×3 000 | 1 200×2 500 | 1 200×2 700 | 长×宽×高 |
| 泵坑尺寸要求 | 无 | 3 000×4 000×1 600 | 3 000×4 000×1 600 | 长×宽×高 |
| 最大设备尺寸 | 1 200×1 000×800 | 500×400×400 | 600×400×400 | 长×宽×高 |

备注：

（1）初步设计步设计中上述示例内容可行性研究适当简化。

（2）管道及消火栓及消火栓箱的孔洞预留位置及尺寸必要时需附图或在建筑分发的电子版建筑图中标出。

（十）雨（废）水泵房对轨道及结构的要求

接收专业：线路、地下结构。

设计阶段：总说明素材、初步设计、施工图。见表 6-9、6-10。

表 6-9 区间（车站）废水泵房设置位置及预埋管要求（示例）

| 序号 | 泵站名称 | 泵房中心里程 | 轨道下埋设排水管 | 结构穿墙套管及根数 | 附图 |
|---|---|---|---|---|---|
| 1 | 废水泵站 | DK1+200 | De200 | DN300 | 详见附图 |
| 2 | 雨水泵站 | DK1+600 | De300 | DN400 | 详见附图 |
| 3 | 雨水泵站 | DK16+400 | De300 | DN300 | 详见附图 |
| 4 | 雨水泵站 | DK20+368 | De200 | DN400 | 详见附图 |
| 5 | 废水泵站 | DK23+376 | De200 | DN300 | 详见附图 |
| 6 | 废水泵站 | DK24+169 | De200 | DN300 | 详见附图 |
| 7 | 废水泵站 | DK26+361 | De200 | DN300 | 详见附图 |
| 8 | 废水泵站 | DK29+614 | De200 | DN300 | 详见附图 |
| 9 | 盾构端头井 | 终点 | De200 | DN300 | 详见附图 |
| 10 | 出入段线 | L1DK+680 | De200 | DN300 | 详见附图 |
| 11 | 出入段线 | L2DK+456 | De200 | DN400 | 详见附图 |
| 12 | 废水泵房 | SS1电缆通道 | De300 | DN300 | 详见附图 |
| 13 | 废水泵房 | SS1电缆通道 | De300 | DN400 | 详见附图 |

表 6-10　区间废水泵房集水池容积尺寸要求（示例）

| 序号 | 泵站名称 | 基本尺寸 | 有效水深 | 有效容积要求 | 附　图 |
|---|---|---|---|---|---|
| 1 | 盾　构 | 3.5 m×2.0 m | >2 m | >8 m³ | 详见附图 |
| 2 | 明　挖 | 3.5 m×3.0 m | >2 m | >20 m³ | 详见附图 |
| 3 | 洞口雨水泵房 | 6.0 m×3.5 m | >2 m | >30 m³ | 详见附图 |
| 4 | 出入段线雨水泵房 | 5.0 m×3.0 m | >1.5 m | >36 m³ | 详见附图 |

（1）一般轨道下设采用硬质聚氯乙烯管，结构穿墙套管为防水钢套管。

（2）需要线路（轨道）和地下结构专业核对泵房里程处轨道断面，提出反馈意见，如无变化，请线路（轨道）及地下结构专业按照平面及剖面图设置集水坑和轨道下的预埋管道，设置穿墙防水套管，必要时应附图。

（3）表中数据仅为示例，实际应用应根据具体项目确定。

（十一）车站管线过人防门要求

接收专业：地下结构。

设计阶段：施工图。见表 6-11。

表 6-11　XX 站示例

| 某某站 | 穿过的管道直径 | 标高（相对） | 孔洞尺寸要求 | 附　注 |
|---|---|---|---|---|
| 1 号出入口人防门 | 消防管道 DN150 | 4.5 m | 直径 300，按人防要求设套管 | 见示意图 |
| 3 号出入口人防门 | 消防管道 DN100 | 4.5 m | 直径 200，按人防要求设套管 | 见示意图 |
| 1 号风道人防门 | 消防引入管 DN200 | 4.5 m | 直径 350，按人防要求设套管 | 见示意图 |
| 23 号风道人防门 | 压力排水管道管 DN150 | 4.5 m | 直径 300，按人防要求设套管 | 见示意图 |

（1）地下结构（人防）专业设计单位根据各专业的要求综合调整后，返回给本专业以调整专业设计图纸。

（2）必要时应附示意图。

（3）表中数据仅为示例，实际应用应根据具体项目确定。

（十二）区间管线过人防门、防淹门的要求

接收专业：地下结构。

设计阶段：施工图。见表 6-12。

表 6-12　区间给排水管线过人防门的孔洞要求（示例）

| 区间位置 | 穿过的管道直径 | 标高（距轨面） | 孔洞尺寸要求 | 备注 |
|---|---|---|---|---|
| DK20+068 上行线人防门 | 消防管道 DN150 | 4.5 m | 直径 300，按人防要求设套管 | 见示意图 |

续表

| 区间位置 | 穿过的管道直径 | 标高（距轨面） | 孔洞尺寸要求 | 备注 |
|---|---|---|---|---|
| DK21+350<br>下行线人防门 | 消防管道 DN100 | 4.5 m | 直径 200，<br>按人防要求设套管 | 见示意图 |
| DK16+190<br>上行线人防门 | 消防引入管<br>DN200 | 4.5 m | 直径 350，<br>按人防要求设套管 | 见示意图 |
| DK16+190<br>下行线人防门 | 压力排水管道管<br>DN150 | 4.5 m | 直径 300，<br>按人防要求设套管 | 见示意图 |

（1）地下结构（人防）专业设计单位根各专业的要求综合调整后，返回给本专业以调整专业图纸，必要时附示意图。

（2）表中数据仅为示例，实际应用应根据具体项目确定。

## （十三）车辆段及综合基地设置排水泵站对（建筑）结构的要求

接收专业：（建筑）结构。

设计阶段：初步设计、施工图。

排水泵站工艺设计图：标注排水集水池尺寸、预埋件、预埋孔洞、开门高度宽度尺寸等要求。

## （十四）车站用电要求

接收专业：电力。

设计阶段：可行性研究、总说明素材、初步设计、施工图。见表6-13。

表6-13 车站废水泵房可行性研究参照

| 车站 | 用电地点 | 用电设备名称 | 用电量（kW） | 用电工艺 | 说 明 |
|---|---|---|---|---|---|
| ××站 | 消防泵房 | 消防泵 | 2×15 | 一用一备 | 详见附图 |
| | 废水泵房 | 潜水泵 | 2×7.5 | 一用一备 | 详见附图 |
| | 污水泵房 | 潜水泵 | 2×3 | 一用一备 | 详见附图 |
| | 其他局部泵站 | 潜水泵 | 2×2.5 六处 | 一用一备 | 详见附图 |
| | 开水间或饮水处 | 电开水器或饮水器 | 30 | 常用 | 详见附图 |
| ××站 | 消防泵房 | 消防泵 | 2×15 | 一用一备 | 详见附图 |
| | 污水泵房 | 潜水泵 | 2×3 | 一用一备 | 详见附图 |
| | 其他局部泵站 | 潜水泵 | 2×2.2 | 一用一备 | 详见附图 |
| | 开水间或饮水处 | 电开水器或饮水器 | 30 | 常用 | 详见附图 |
| ××站 | 消防泵房 | 消防泵 | 2×15，2×22 | 一用一备 | 详见附图 |
| | 废水泵房 | 潜水泵 | 2×7.5 | 一用一备 | 详见附图 |
| | 污水泵房 | 潜水泵 | 2×3 | 一用一备 | 详见附图 |
| | 其他局部泵站 | 潜水泵 | 2×2.5+3.5 | 一用一备 | 详见附图 |
| | 开水间或饮水处 | 电开水器或饮水器 | 30 | 常用 | |

注：

（1）说明中应注明自动化要求。

（2）可行性研究、总说明素材、初步设计三个阶段提用电设备类型、数量、电压、功率等要求，可先提估算用电量，然后再二次提资料修正。

（3）提供用电设备的分布以及用电地点的具体位置，必要时附图。

（4）明确设备的运行与备用关系。

## （十五）区间泵站用电要求

接收专业：电力。

设计阶段：可行性研究、总说明素材、初步设计、施工图。见表6-14。

表6-14　区间废水泵房设置位置及用电要求（示例）

| 序号 | 泵站名称 | 泵房中心里程 | 水泵台数 | 用电量（kW） | 用电要求 | 说明 |
|---|---|---|---|---|---|---|
| 一 | 废水泵房 | | | | | |
| 1 | 废水泵站 | DK0+980 | 2 | 5.5 | 一用一备 | 消防时同时使用 |
| 2 | 废水泵站 | DK2+516 | 2 | 7.5 | 一用一备 | 消防时同时使用 |
| 3 | 废水泵站 | DK3+815 | 2 | 7.5 | 一用一备 | 消防时同时使用 |
| 4 | 废水泵站 | DK4+843 | 3 | 7.5 | 一用一备 | 消防时同时使用 |
| 5 | 废水泵站 | DK6+196 | 3 | 7.5 | 一用一备 | 消防时同时使用 |
| 6 | 废水泵站 | DK7+488 | 2 | 7.5 | 一用一备 | 消防时同时使用 |
| 7 | 废水泵站 | DK8+449 | 2 | 5.5 | 一用一备 | 消防时同时使用 |
| 8 | 废水泵站 | DK9+383 | 2 | 5.5 | 一用一备 | 消防时同时使用 |
| 9 | 废水泵站 | DK10+489 | 2 | 7.5 | 一用一备 | 消防时同时使用 |
| 10 | 废水泵站 | DK10+752 | 2 | 7.5 | 一用一备 | 消防时同时使用 |
| 11 | 废水泵站 | DK11+948 | 2 | 7.5 | 一用一备 | 消防时同时使用 |
| 12 | 废水泵房 | DK13+280 | 2 | 7.5 | 一用一备 | 消防时同时使用 |
| 二 | 雨水泵房 | | | | | |
| 1 | 出入段线 | 左L1DK+682右侧 | 3 | 15 | 三用 | |
| 2 | 出入段线 | 右L2DK+358左侧 | 3 | 15 | 三用 | |
| 3 | 正线洞口 | DK23+286左侧 | 3 | 25 | 三用 | |
| 4 | 正线洞口 | DK4+268左侧 | 3 | 25 | 三用 | |

注：

（1）说明中可行性研究注明自动化要求。

（2）可行性研究、总说明素材、初步设计三个阶段提用电要求，可行性研究先提估算用电量，然后再修正。

（3）提供用电设备的分布以及用电点的具体位置，必要时附图。

（4）明确设备的运行与备用关系。

## （十六）车辆段、停车场用电要求

接收专业：电力。

设计阶段：可行性研究、总说明素材、初步设计、施工图。见表6-15。

表6-15　用电要求（示例）

| 站名 | 用电地点 | 设备名称 | 单位 | 数量 | 单台用电量 | 备注 |
|---|---|---|---|---|---|---|
| ××<br>停车场 | 给水所 | 给水机械 | 套 | 2 | 22 | 一用一备 |
| | | 给水消毒设备 | 套 | 2 | 2 | 一用一备 |
| | 场区 | 污水处理设备 | 套 | 1 | 15 | 常用 |
| | | 污水泵 | 套 | 2 | 7.5 | 一用一备 |
| ××<br>车辆段 | 给水所 | 给水机械 | 套 | 1 | 50 | |
| | | 给水消毒设备 | 套 | 2 | 3 | 一用一备 |
| | 生产污水处理站 | 污水泵 | 套 | 4 | 7.5 | 二用二备 |
| | | 污水处理设备 | 套 | 1 | 25+20+7.5 | 常用 |
| | | 回用水泵 | 套 | 2 | 11 | 一用一备 |
| | 生活污水处理站 | 污水泵 | 套 | 2 | 7.5 | 一用一备 |
| | 蓄电池废液处理间 | 蓄电池废液处理设备 | 套 | 1 | 4.5 | 常用 |

注：

（1）说明中可行性研究注明自动化要求。

（2）可行性研究、总说明素材、初步设计三个阶段提用电要求，可行性研究先提估算用电量，然后再修正。

（3）提供用电设备的分布以及用电点的具体位置，必要时附图。

（4）明确设备的运行与备用关系。

（5）如果电缆沟需要排水时，根据需要提出泵站的用电要求。

## （十七）防雷接地要求

接收专业：电力。

设计阶段：施工图。

**防雷接地要求（示例）**

（1）消防管道为金属管道，在车站两端的合适位置与综合接地网的端子排连接。

（2）设备接地要求：

如供电采用三相五线制则设备不用考虑接地要求。

如给排水设备的供电不采用三相五线制，则消防泵、废水泵、污水泵等设备应考虑与车站综合接地网连接。

注：

1. 保护接地：一般要求使用 50 mm² 铜线接入至少 100 mm² 接地铜排。

2. 工作接地：

（1）低压电气设备保护接地电阻不大于 4 Ω，小接地短路电流（500 A 以下）的高压保护接地电阻不大于 10 Ω，大接地短路电流（500 A 以上）的高压保护接地电阻不大于 0.5 Ω。

（2）防雷装置的冲击接地电阻值不得大于 30 Ω。

3. 屏蔽接地：屏蔽、接地和等电位连接的要求宜联合采取下列措施在需要保护的空间内，采用屏蔽电缆时其屏蔽层应至少在两端，并宜在防雷区交界处做等电位连接。系统要求只在一端做等电位连接时，应采用两层屏蔽或穿钢管敷设。外层屏蔽或钢管应至少在两端，并宜在防雷区交界处做等电位连接。

### （十八）环控通风要求

接收专业：暖通。

设计阶段：总说明素材、初步设计、施工图。见表6-16。

表 6-16　通风要求

| XX 站 | 消防泵房 | 污水泵间 | 废水泵间 | 备注 |
|---|---|---|---|---|
| 最低温度要求 | -4.0 °C | 0 °C | 0 °C | |
| 最高允许温度 | 60 °C | 70 °C | 70 °C | |
| 最大允许湿度 | 95% | 99% | 99% | |
| 设备单位时间产生的热量 | 30 kJ/s | 10 kJ/s | 10 kJ/s | |

### （十九）通信要求

接收专业：通信。

设计阶段：总说明素材、初步设计、施工图。

**通信要求（示例）**

（1）XX 车辆段给水所及污水处理站各设电话一部。

（2）XX 综合维修基地的给水工区和排水工区各设电话一部。

（3）XX 停车场给水所及污水处理站各设电话一部。

（4）全线各车站的消防泵房内设置直通车站控制室和控制中心的电话一部。

（5）车站的废水泵站和区间废水泵站及雨水泵站均设置区间电话以利于检修时与车站保持沟通。

注：

（1）区间泵站及雨水泵站的位置必要时在线路图标示。

（2）仅为示例，实际应根据具体项目提要求。

## （二十）BAS 及 FAS 控制工艺要求

接收专业：电力。

设计阶段：总说明素材、初步设计、施工图。

### BAS 及 FAS 控制工艺要求（示例）

#### 1. 消火栓系统控制要求

地下站控制要求：（1）车控室 IBP 盘直接启动消火栓泵；（2）消防泵房的控制柜手动控制消火栓泵；（3）消火栓按钮通过 FAS 联动远程控制消火栓泵；（4）FAS 系统监视消火栓泵的启停状态。

地上站控制要求：（设有消防稳压泵）（1）车控室 IBP 盘直接启动消火栓泵；（2）消防泵房的控制柜手动控制消火栓泵；（3）消火栓按钮通过 FAS 联动远程控制消火栓泵；（4）当管网压力下降至设计压力+0.06 MPa 时启动稳压泵，管网压力上升至设计压力+0.12 MPa 时，稳压泵停泵；（5）FAS 系统监视消火栓主泵及稳压泵的起停状态。

#### 2. 自动喷淋系统控制要求

地下站控制要求：（设有稳压泵）（1）当管网压力下降至设计压力+0.06 MPa 时启动稳压泵，管网压力上至设计压力+0.12 MPa 时，停止稳压泵；（2）当管网压力下降至设计压力时，启动喷淋泵，同时停止稳压泵；（3）消防泵房的控制柜手动控制消火栓泵；（4）报警阀组上的压力开关连动启动喷淋泵；（5）通过水流指示器和 FAS 连接监测着火区域，监测喷淋泵的状态；（6）FAS 系统监测消火栓主泵及稳压泵的起停状态；（7）车控室 IBP 盘直接启动喷淋泵。

#### 3. 车站及区间雨水泵、废水泵、污水泵的控制要求

1）全线雨水泵站、车站废水泵站、区间废水泵站

控制要求如下：（1）水位自动控制；（2）控制柜就地手动控制；（3）BAS 系统监视并控制水泵的启停状态（区间由 FAS 系统监视并控制）；（4）报警水位时通过 FAS 系统报警。

2）车站污水泵站、自动扶梯底部及其他局部排水泵站

控制要求如下：（1）水位自动控制；（2）控制柜就地手动控制；（3）BAS 系统监视水泵的启停状态。

注：

一般总说明素材体分工要求：给排水专业提供工艺及控制要求，电力专业负责水泵以外的控制柜及相关配线。车辆段 BAS 及 FAS 控制工艺要求参照本示例，各车站废水泵站、区间废水泵站和雨水泵站必要时另附表说明。

## （二十一）（预）估算、概算输入数据

接收专业：工经。

设计阶段：预可行性研究、可行性研究、总说明素材、初步设计、施工图。

工程项目数量、定额号、主材、设备单价。

## （二十二）节能素材

接收专业：环保。

设计阶段：预可行性研究、可行性研究。

### 给排水专业节能素材（示例）

在给排水设计中在减少用水量、废水回用、选用管材设备等方面采取有效的节水措施，以节约能源。

（1）通过减少车站的冲洗次数及每次冲洗的用水量，尽量采用擦拭的方法使车站清扫用水量大大减少。

（2）车辆段内的生产废水经处理后大部分回用于转向架冲洗及车辆洗刷。

（3）采用优质、新型管材及管件，减少管道的腐蚀和滴漏。给排水及消防管径大于 DN100 的架空或埋地管道采用球墨铸铁管，室内给排水管采用塑料管，可提高管道的耐腐蚀性。

（4）水龙头采用瓷片式水龙头，避免或减少因水龙头漏水带来的浪费。厕所冲洗设延时自闭式冲洗阀，节约每次冲洗用水量。

（5）采用高效安全的节能水泵，以减少浪费。

（6）单独建筑设置水表，提高节水意识。

## （二十三）设备国产化素材

接收专业：项目总体。

设计阶段：预可行性研究、可行性研究、总说明素材。

### 一、给排水主要设备数量及来源（示例）（表 6-17）

表 6-17　给排水设备

| 序号 | 设备名称 | 单位 | 数量 | 设备来源 | 备注 |
|---|---|---|---|---|---|
| 1 | 电开水器 | 台 | 17 | 国内采购 | |
| 2 | 主排水泵 | 台 | 54 | 国内采购 | |
| 3 | 小型潜水泵 | 台 | 130 | 国内采购 | |
| 4 | 车站污水泵 | 台 | 34 | 国内采购 | |
| 5 | 消防泵 | 台 | 34 | 国内采购 | |
| 6 | 自动喷淋泵 | 台 | 12 | 国内采购 | |
| 7 | 污水潜水泵 | 台 | 24 | 国内采购 | |
| 8 | 气浮设备 | 台 | 1 | 国内采购 | |
| 9 | 过滤消毒设施 | 台 | 1 | 国内采购 | |

## 二、主要设备的选型及供应厂商分析（示例）

给排水设备均可由国内厂家提供，性能均可满足项目使用要求，质量也能保证，因此给排水设备和器材国产化率可达到 100%。

### （二十四）环境保护素材

接收专业：环保。

设计阶段：预可行性研究、可行性研究、总说明素材、初步设计。见表 6-18。

#### 示　例

车站生活污水经化粪池处理后排入既有或规划的市政污水管道或雨污合流管道；

车辆段及基地生活污水经化粪池、含酸碱废水经中和处理、含油废水经隔油→沉淀→气浮处理、车辆洗刷废水单独处理后循环回收再利用，并结合规划最终排入规划的市政污水管道。

表 6-18　各站的污废水排水量

| 序号 | 站段名称 | 污水性质 | 污水主要来源 | 用水量（m³/d） | 排放量（m³/d） | 排放去向 |
|---|---|---|---|---|---|---|
| 1 | XX 站、XX 站等 5 个高架站 | 生活污水、冲洗废水 | 车站办公、公共厕所、车站冲洗 | 40×4 | 35×4 | 排入附近城市排水管网，进入城市污水处理厂 |
| 2 | XX 站、XX 站等 12 个地下站 | 生活污水、结构渗漏水、冲洗废水 | 车站办公、公共厕所、结构渗漏 | 95×10 | 45×10 | 排入附近城市下水道，进入城市污水处理厂 |
| 3 | 控制中心 | 生活污水 | 工作人员办公 | 75 | 40 | 排入附近城市下水道 |
| 4 | XX 车辆段及综合基地 | 生活污水、生产污水及生产废水 | 办公及生产、车皮洗刷废水 | 840 m³/d | 700 m³/d | 其中，生活污水 370 m³/d，生产废水 130 m³/d，最终排入城市下水道。洗车废水 200 m³/d |

车辆段列车外皮洗刷废水应回用，污水处理应满足《铁路回用水水质标准》TB3007。

### （二十五）劳动、安全与卫生篇章素材

接收专业：环保。

设计阶段：预可行性研究、可行性研究、总说明素材、初步设计。

可行性研究根据各条城市轨道交通线具体要求及各阶段的深度参考下述内容进行编写：

（1）给排水施工和生产过程中职业危险、危害因素的分析。

①施工和生产过程中职业危险、危害因素的分析。

② 生产过程中主要工艺、设备及主要职业危险、危害因素分析。

（2）劳动安全卫生设计中采用的主要防范措施。

（3）劳动安全卫生机构设置及人员配备情况。

（4）存在问题及建议。

（5）专项投资估算。

## （二十六）车站及区间综合管线布置要求

接收专业：建筑。

设计阶段：总说明素材、初步设计、施工图。见表 6-19。

### 区间隧道给排水管道的布置要求（示例）

（1）消防给水管和区间泵站的压力排水管设置在区间隧道的高度：管道中心距离轨面 600 ~ 900 mm，可根据相关专业的设置适当调整，宜高不宜低。

（2）管道支架及敷设管道后的长度尺寸见附图。

（3）下列区间有压力排水管道，均从上行线的左侧进入车站或岔道井，请注意保留压力排水管道的位置，并符合限界要求。

表 6-19　管道布置

| 管道类型 | 里　程 | 位置说明 |
| --- | --- | --- |
| 压力排水管 | DK1+306 | XX 站右端 |
| 压力排水管 | DK21+102 | 西岔道井的东端 |
| 压力排水管 | DK23+090 | XX 站的左端 |
| 压力排水管 | DK26+572.500 | XX 站的左端 |

注：

（1）车站内给排水管道的布置参照本示例，须附图，提供建筑专业。

（2）区间给排水管道的布置参照本示例，须附图，提供地下结构专业。

## （二十七）车辆段内的综合管线

接收专业：车辆。

设计阶段：总说明素材、初步设计、施工图。

注：提供本专业给排水设计的平面图（必要时附纵断面），经过牵头专业（车辆）综合协调后返回并落实到各专业的设计中。

## （二十八）综合维修工区维修设备要求

接收专业：车辆。

设计阶段：总说明素材、初步设计、施工图。见表 6-20。

表 6-20　维修设备

| 编号 | 名 称 | 性能参数 | 单位 | 数量 | 单价（元） |
|---|---|---|---|---|---|
| 1 | 砂轮机 | | 台 | | |
| 2 | 电动套丝机 | | 台 | | |
| 3 | 万向摇臂钻床 | | 台 | | |
| 4 | 木工圆锯机 | | 台 | | |
| 5 | 交流电焊机 | | 台 | | |
| 6 | 乙炔发生器 | | 台 | | |
| 7 | 普通车床 | | 台 | | |
| 8 | 弯管机 | | 台 | | |
| 9 | 自动夹紧套丝切管机 | | 台 | | |
| 10 | 汽车 | | 台 | | |
| 11 | 柴油发电机 | | 台 | | |
| 12 | 潜污泵（备用） | | 台 | | |

注：以上仅为示例，其中电动套丝机、弯管机、电动葫芦、手拉葫芦、切割机等维修设备为本专业的专用工具及主要工器具，普通车床可由给水及排水工区公用，对于大型的钻床等需求在综合维修基地内各专业公用解决。

## （二十九）气体灭火的工艺要求

接收专业：电力。

设计阶段：总说明素材、初步设计、施工图。

### 示 例

1. 自动控制

每个气体灭火保护区域内都应设置烟感探测器和温感探测器，报警控制设备接到火宅信号后，即发出火灾警报，并同时发出灭火指令，设在该保护区域内外的蜂鸣器鸣叫并闪灯动作，在经过 30 秒延时后，控制盘启动气体钢瓶组上释放阀的电磁启动器和对应保护区域的区域选择阀，使气体沿管道和喷头输送到对应的指定保护区域灭火。保护区域门的蜂鸣器及闪灯，在灭火期间将一直工作，警告所有人员不能进入保护区域，直至确认火灾已经扑灭。

当气体灭火系统的控制盘启动所有的警铃、蜂鸣器及闪灯后，在系统处于延时阶段，如发现是系统误动作，或确有火灾发生但仅使用手提式灭火器和其他移动式灭火设备即可扑灭火灾，可按下设在保护区域门外的紧急停止开关，可以使系统暂时停止释放灭火剂。如需继续开启气体灭火系统，则只需松开紧急停止开关即可。

2. 手动控制

手动控制启动，实际上是通过电气方式的手动控制。设在保护区门口的紧急启动按钮（手动启动器）被人为启动后，灭火系统将不经过延时而被直接启动，释放气体进行灭火。

3. 应急启动

应急启动是机械方式的操作，只有当自动控制和手动控制均失灵时，才需要采用应急操作。通过操作设在气瓶间中气体钢瓶释放阀上的手动启动器和区域选择阀上的手动启动器，来开启气体灭火系统。机械应急操作宜设置在储存容器间内。

注：气体灭火的工艺根据应用场合所选灭火介质、全淹没或局部应用、自动化程度等形式不同而不同。

## （三十）设置气体灭火房间的保护要求及定员要求

接收专业：建筑。

设计阶段：可行性研究、总说明素材、初步设计、施工图。

### 示　　例

1. 气体灭火防护区要求

（1）防护区应该是一个封闭良好的防火空间，防护区的门应直通室外或疏散走道，门应该朝外开启并能自行关闭（设闭门器）。

（2）防护区隔墙的耐火极限不小于 3 h，楼板不小于 2 h，隔墙上的门采用甲级防火门，耐火极限不小于 1.2 h，门窗上的构件的耐火极限不小于 0.5 h，吊顶不小于 0.25 h。

（3）防护区围护结构及门窗的压强不低于 1.2 kPa。

（4）防护区内的各种开口应设置自动关闭装置。

（5）按照规范计算的要求设置相应面积的泄压口。

2. 气瓶间要求

气瓶间的门应直通室外或疏散走道，并采用单开甲级防火门，耐火极限不小于 1.2 h。

3. 维修定员要求

4. 沟、槽、管、洞要求

注：

（1）附表列出全线设置气体灭火设备的房间名称及地点。

（2）每座车站气瓶间数量，每个气瓶间面积为 XX $m^2$，位置应在距相应保护区 40 m 范围内。

## （三十一）气体灭火用电要求

接收专业：电力。

设计阶段：可行性研究、总说明素材、初步设计、施工图。

（1）附表列出全线设置气体灭火设备的房间名称及地点。

（2）气瓶间应设应急照明设备，其照度不应低于 5 $L_x$。

## （三十二）气体灭火环保素材

接收专业：环保。

设计阶段：可行性研究、总说明素材、初步设计。

（1）气体灭火系统设备、材料选用节能环保型产品。

（2）气体灭火系统的灭火介质应选用无毒、无害、无污染的绿色环保气体——洁净气体作灭火器。

## （三十三）气体消防（预）估算、概算输入数据

接收专业：工经。

设计阶段：预可行性研究、可行性研究、总说明素材、初步设计、施工图。

工程项目数量、定额号、主材、设备单价。

## （三十四）气体灭火环控要求

接收专业：暖通（环控）。

设计阶段：初步设计、施工图。

（1）正常情况下地下车站的气瓶间设送、排风系统，地面车站、行车调度指挥中心、车辆段等地面建筑的气瓶间设排风系统。

（2）保护区灭火时，则该防护区的通风机和通风管道的防火阀应自动关闭。

（3）灭火后的防护区应转换为机械排烟系统。

（4）每个车站防护区名称。

（5）气瓶间的环境温度应小于 50 ℃ 且相对湿度不宜大于 85%。

## （三十五）消防专篇素材

接收专业：项目总体。

设计阶段：可行性研究、总说明素材、初步设计。

内容包括：建筑防火、电气设备防火、事故通风（防排烟）、消防报警及环境监控、水消防、气体消防、防灾通信、安全疏散标志及事故照明、防灾组织管理及接援等。

## （三十六）项目风险分析及社会稳定风险分析

接收专业：行车组织。

设计阶段：预可行性研究、可行性研究。

（1）施工及运营期间的奉献因素、风险程度分析、风险防范措施。

（2）保障运营安全的措施。

（3）生产污水、噪声排放，固体废物处置风险分析。

## 三、设计中 BIM 三维协同设计模式

传统的设计模式下，专业之间是分上下序的，专业之间的设计图纸参考也是采用参照链接的方法，但下序很少实时参照上序设计进行中的文件，并依此来做自己的设计，必须上序的设计通过审核后才能流转到下序，因此，在时间上造成下序设计工期紧张。此外，当需要上序修改时，这个过程又要重来一次，使得设计者疲于修改调整。此外，传统设计采用二维计算机辅助制图，虽然解决了手绘图板之苦，但依然无法解决二维图纸空间表现乏力的情况，因此，在各专业设计上，必须每个专业精心设计，建筑及设备被分割为不同元素类型审核，避免出现漏洞，影响到下序专业。在 BIM 技术体系下，由于采用三维设计方法，设计之间发生的冲突及设计漏洞能直观地反映给设计者，不再需要原来上下序的设计流程，只需各专业设计者之间做好沟通即可，专业间的时间序概念被打破。地铁车站设计中 BIM 三维协同设计如下。

### 1. 建立轨道交通车站设计信息模型

在轨道交通的车站设计中，由于车站内部设计涉及各个专业，并且对于设计的要求极高，因此，在进行轨道交通车站设计时，要严格把控质量。在进行轨道交通车站设计时，利用工作集模式进行协同设计轨道交通车站。主要原理就是由项目负责人制定项目模板并生成一个中心文件，然后各个专业的设计人员通过打开其中心文件生成本地文件副本，进而在各自所负责的区域内进行设计，之后和各个设计者可以同时在线进行设计。这样在出现设计冲突时，双方可以针对冲突的部分进行交流意见，并进行及时修改和检查修改效果，进而避免靠语言沟通产生的理解偏差。最后，在各个专业设计人员完成任务时，中心文件将汇集全部的设计成果。因此，在进行车站设计时，三维协同设计模式可以利用其可视化的优势，将各个专业人员连接起来，共同参与，打破时间的限制和隔阂，进而提高轨道交通车站设计工作的效率和质量，促进轨道交通车站施工的正常运行，为以后的轨道交通车站设计奠定基础。

### 2. 对车站信息模型的校对、审核和评审

在建立信息模型之后，就是对车站设计模型的审核和评审。第一，要对车站设计信息模型进行校对。在进行校对时，一方面要严格按照设计图纸进行，另一方面要对给排水、通信以及通风等各个方面进行校对，进而避免不合格产生的问题和纠纷。第二，在进行审核时，要注意对各个方面的结构以及质量等进行严格审核，出现问题要及时进行修改，进而避免以后在设计中出现的问题。第三，在进行评审时，要加强对各个环节以及环节相接的评审。依照专业要求对各个环节的设计进行专业的评审，进而提高轨道交通车站信息模型的质量。

轨道交通车站设计中 BIM 三维协同设计还存在不少难点和问题，设计单位应积极研究开发 BIM 三维协同设计模式，利用科技手段提升劳动效率、提高设计质量。

# 参考文献

［1］ 朱静平，谢嘉. 水中 LAS 的光催化氧化处理研究[J]. 四川环境，2001（3）：28-29.

［2］ 刘允坚. 对广州地铁一号线列车清洗机污水处理技术的认识和思考[J]. 广州化工，2001（3）：44-47.

［3］ 崔龙哲，SHIN CHUL-HO，吴桂萍，等. 微滤技术/紫外线辅助催化臭氧氧化组合工艺处理洗车废水中试研究[J]. 现代化工，2008（3）：72-75.

［4］ 赵寒涛，王阳. 光机电一体化洗车污水回用装置的研制[J]. 黑龙江科学，2011，2（1）：21-23.

［5］ 给水排水设计手册[J]. 小城镇建设，1988（2）：32.

［6］ 武志强，张松岩. 新建铁路中小车站给排水设计探讨[J]. 铁道标准设计，2005（7）：111-112.

［7］ 黄焱歆，张继杰. 铁路集便器污水处理技术的探讨[J]. 铁道劳动安全卫生与环保，2005（5）：212-215.

［8］ 陈浩，梅棋，张宇明，等. 高压细水雾灭火系统在地铁车站的应用[J]. 都市快轨交通，2008（2）：86-89.

［9］ 景丽红. 铁路客运站雨水排放设计系统方案研究[J]. 铁道标准设计，2014，58（3）：119-121，126.

［10］ GB50015—2003：2009 年版　建筑给排水设计规范.

［11］ GB50226—2007 铁路旅客车站建筑设计规范.

［12］ TB10621—2014 高速铁路设计规范.

［13］ TB10010—2016 铁路给水排水设计规范.

［14］ GB50016—2014 建筑设计防火规范.

［15］ TB10065—2016 铁路工程设计防火规范.

［16］ GB50084—2017 自动喷水灭火系统设计规范.

［17］ GB50338—2003 固定消防炮灭火系统设计规范.

［18］ GB50219—95 水喷雾灭火系统设计规范.

［19］ GB50140—2005 建筑灭火器配置设计规范.

［20］ GB50370—2005 气体灭火系统设计规范.

[21] GB50336—2002 建筑中水设计规范.

[22] GB50013—2018 室外给水设计规范.

[23] GB50014：2016 年版　室外排水设计规范.

[24] GB/T18902—2002 城市污水再生利用　城市杂用水质.